普通高等教育新工科人才培养系列教材

材料制备技术

昌　霞　主编

崔龙辰　曹亮亮　副主编

化学工业出版社

·北京·

内容简介

　　《材料制备技术》以金属材料的制备和新材料的制备为重点并涵盖新材料制备领域的前沿技术。全书主要内容包括：高炉炼铁的设备、原理和工艺，炼钢过程中的转炉炼钢、电炉炼钢以及炉外精炼，铝合金、钛合金、镁合金及铜合金的冶炼方法、原理，薄膜材料、非晶材料、单晶材料、纳米材料的制备原理、方法及工艺，以及半固态铸造、快速凝固技术及粉末冶金等知识。本书内容系统、实用，书中每章的"本章导读"、"学习目标"、思考题也便于学生自主学习，符合应用型人才培养的目标。

　　本书可作为高等院校材料科学与工程、材料成型与控制及相关专业本科生、研究生的教材，也适合机械、环境、化工等与材料学科相关专业的师生学习、参考。

图书在版编目（CIP）数据

材料制备技术/昌霞主编；崔龙辰，曹亮亮副主编. —北京：化学工业出版社，2023.4（2024.5重印）
ISBN 978-7-122-42889-9

Ⅰ.①材…　Ⅱ.①昌…　②崔…　③曹…
Ⅲ.①材料制备　Ⅳ.①TB3

中国国家版本馆 CIP 数据核字（2023）第 022598 号

责任编辑：陶艳玲　　文字编辑：杨凤轩　师明远
责任校对：刘　一　　装帧设计：关　飞

出版发行：化学工业出版社（北京市东城区青年湖南街 13 号　邮政编码 100011）
印　　装：涿州市般润文化传播有限公司
787mm×1092mm　1/16　印张 15　字数 339 千字
2024 年 5 月北京第 1 版第 2 次印刷

购书咨询：010-64518888　　售后服务：010-64518899
网　　址：http://www.cip.com.cn
凡购买本书，如有缺损质量问题，本社销售中心负责调换。

定　　价：59.00 元

前　言

　　众所周知，材料的制备与加工、材料的成分与结构、材料的性能是决定材料使用性能的三大基本要素，构成了材料科学与工程学四面体的底面，这充分说明了材料制备及加工技术的重要作用。材料制备技术的发展既对新材料的研究开发、应用和产业化具有决定性的作用，同时又能有效地改进和提高传统材料的使用性能，对传统材料产业的更新改进具有重要作用。因此，材料制备技术的研究开发是目前材料科学与工程学科最活跃的领域之一。

　　材料的种类很多，按材料的成分和特性，可分为金属材料、无机非金属材料、高分子材料和复合材料等；按用途可分为结构材料和功能材料，其中功能材料又可细分为信息材料、电子材料、电工材料、航空航天材料、能源材料等。随着科技的快速发展，工程领域对材料品种和数量的需求迅速增加，新材料不断出现，这使得新材料的制备手段及其加工技术发生着巨大的变化，新设计思路、新技术、新工艺相互结合开拓了许多材料领域高新技术前沿。例如，多种炉外精炼工艺的组合，为钢铁材料的性能提升提供了保障；外延技术的出现，为半导体材料的大规模产业化生产开辟了道路。

　　"材料制备技术"是材料科学与工程专业的专业核心课程之一。考虑到材料制备和加工技术的多种多样，本书以金属材料的制备和新材料的制备为重点，涵盖新材料制备领域的前沿技术，内容包括：钢铁冶炼，非铁基合金熔炼，薄膜材料、单晶材料、非晶材料以及纳米材料等新材料的制备，半固体成形、快速凝固以及粉末冶金技术。要求学生在完成材料科学基础课程的基础上，通过本课程的学习掌握材料的制备原理、制备方法及所制备材料的性能特点；具有根据材料性能要求正确选择制备方法、制备设备和制定工艺及参数的初步能力；具有综合运用制备知识分析零部件生产工艺的初步能力；了解相关新材料、新技术及其发展趋势。

　　本书可作为高等院校材料科学与工程、材料成型及控制工程及相近专业本科生、研究生的教材，也适合机械、环境、化工等与材料学科相关专业师生学习、参考。

本书共 10 章，由昌霞担任主编，崔龙辰、曹亮亮担任副主编。第 1~5 章由昌霞撰写，第 6 章由张小彬撰写，第 7~9 章由崔龙辰撰写，第 10 章由曹亮亮撰写。

本书在编写过程中得到了重庆理工大学"研究生教育高质量发展行动计划"的支持。本书编写过程中参考了许多同类书籍资料、研究成果，一些主要的文献资料列在参考文献中，谨致以谢意。

材料制备所涉及的专业知识范畴十分广泛，学科交叉特色突出，新工艺、新技术的发展日新月异，由于笔者学识有限，书中难免存在疏漏，殷切希望专家和读者批评指正。

编　者

2023 年 1 月

目 录

第6章　粉末冶金技术 / 098

第7章　薄膜材料的制备 / 120

第8章　单晶材料的制备 / 152

绪　论

（1）材料的发展

材料是人类用来制造各种产品的物质，是人类生活和生产的物质基础。从人类的出现到二十一世纪的今天，人类的文明程度的不断提高，伴随着材料的不断发明和发展。

人类最早使用天然材料如石头、泥土、树枝、兽皮等。后期进入利用火来对天然材料进行煅烧、冶炼和加工的时代，例如人类用天然的矿土烧结砖瓦和陶瓷，制出了玻璃和水泥，这些都属于烧结材料；从各种天然的矿石中提炼铜、铁等金属，则属于冶炼材料。在20世纪初期出现了化工合成产品，其中合成塑料、合成橡胶和合成纤维已广泛地使用于生产和生活中。从这个阶段，人类开始利用一系列物理与化学原理及现象来创造新的材料，并且根据需要，人们可以在对以往材料组成、结构及性能间关系的研究基础上，进行材料设计。二十世纪五十年代出现了根据实际需要而设计的具有特殊性能的材料，例如金属陶瓷的复合材料，随后又出现了玻璃钢、铝塑薄膜、梯度功能材料等典型复合材料。近年来研制的现代功能材料，可以随时间、环境的变化改变自己的性能或形状，例如自修复材料、形状记忆材料等，其中形状记忆材料在金属、高分子和复合材料领域内开展研究，在现代航天、工业和医疗技术等领域应用广泛。

材料的发展从简单到复杂，材料科学技术的每次重大突破都会引起生产技术的革命，加速社会发展的进程，给社会生产和人们生活带来巨大的变化。任何工程技术都离不开材料的设计和制造工艺，一种新材料的出现，必将支持和促进文明的发展和技术的进步。材料的制备加工技术是一切材料形成的基础和保障，是推动新材料发展和创新的动力。

（2）材料制备的定义与方法

材料制备这个概念是随着材料科学的发展和材料工程的进步，以及材料的合成、加工与成形技术的不断创新而提出的，并逐渐被人们所接受，国内外高校材料及相关专业均开设相关的专业课或专业基础课。

关于材料制备，目前尚未形成一个准确的定义，一般认为材料制备即指材料的合成与制备，材料合成是指使原子、分子结合而构成材料的化学与物理过程。合成的研究既包括有关寻找新合成方法的科学问题，也包括合成材料的技术问题；既包括新材料的合成，也包括已有材料的新合成方法（如溶胶-凝胶合成，水热/溶剂热合成）及其新形态（如纤维、薄膜）的合成。材料制备研究如何控制原子与分子，使之构成有用的材料，这一点是与合成相同的，但制备还包括在更为宏观的尺度上或以更大的规模控制材料的结构，使之具备所需的性能和使用效能，即包括材料的加工、处理、装配和制造。因此，材料合成与制备是相辅相成的，许多工艺既包含合成也包括制备。

简而言之，材料制备就是将原子、分子聚合起来并最终转变为有用产品的一系列连续过程。材料制备过程包括传统的冶炼、铸锭、制粉、压力加工、焊接等，也包括新发展的真空溅射、气相沉积等新工艺。

材料制备在材料研究领域中占有重要的地位，是材料及材料科学发展的基础学科。材料制备的最终目标是制造高性能、高质量的新材料以满足各种构件、物品或仪器等物件的日益发展的需求。

金属材料的制备包括纯金属材料的冶金和提取、合金的熔炼和铸锭的制备，以及为满足和提高材料的性能和质量而采取的各种工艺技术方法，如变质处理、快速凝固、定向凝固和粉末冶金等。

陶瓷材料的制备主要包括粉体制备、压制成形和烧结等工艺过程。粉体的制备既包括物理制备方法，如机械粉碎法、雾化法、气化法或蒸发-冷凝法等，也包括由离子、原子、分子通过化学反应成核和生长、收集、后处理获得粉体的方法。压制成形包括胶态成形法如热压注成形、流延成形等，塑性成形法如滚压、轧膜、挤制等，粉末成形法如等静压、干压等。陶瓷的烧结包含常压烧结、气氛常压烧结、热压烧结以及反应烧结等工艺方法。

高分子材料的制备主要为高分子的聚合和聚合物制品的生产。首先把原料经过加工准备，进行化学反应而制得单体，然后把单体在一定温度、压力和催化剂等作用下，用各种聚合方法制成聚合物，最后配成各种高分子材料，通过注射、模压、浇注、吹塑、压延和拉丝等成形方法制成塑料、合成橡胶、合成纤维以及其他高分子材料制品。

复合材料的制备是将粉末状或液态的基体材料在模具中与嵌入的增强体受热和压力的作用而融合为一体。纤维增强复合材料的制备工艺有喷射成形法、液态金属浸渍法、熔体浸透法等多种方法。颗粒增强复合材料的制备包括外加颗粒增强制备和原位自生颗粒增强制备工艺等。

材料的制备技术多种多样，一种材料为了获得不同的组织性能可以采用多种制备技术进行制备；同时一种制备技术也可以制备金属、陶瓷或者复合材料等。制备技术是多交叉和部分重叠的工艺，在研发新材料、提高已有材料的性能和质量中，可进行多种制备方法的尝试。

（3）本课程的学习内容与学习方法

本课程以金属材料的制备和新材料如薄膜材料、单晶材料、非晶材料以及纳米材料的制备为重点，涵盖新材料制备领域的前沿技术如半固态成形、快速凝固以及粉末冶金技术等，介绍材料制备的工艺、原理及设备。

在内容上，本教材以工程材料为主线，加强各种材料的制备方法和新技术、新工艺的内容，并力图使学生能够在熟悉传统材料合成与制备的基础上，了解新材料的发展状况和制备方法，认识不断出现的各种新的材料制备技术特点、原理和应用范围，掌握一些重要材料的制备方法和主要制备技术的基本原理和工艺路线与参数，扩大视野，最终学会自己设计实验，制备材料。

为了能够迅速理解和掌握范围广泛的材料制备技术内容，学习中可以注意以下几方面的问题和方法。

① 材料制备技术既是一门专业理论课，也是一门工程实践课。学习各种材料的制备原理和方法时，要理解本制备技术的目的和解决的问题，明白其适用的材料和条件，有何优缺点，了解和掌握制备的工艺和过程，学会相关设备的使用及生产工艺参数的设计和控制，如果必要能够通过设计相关实验进行验证，从而，更好理解和掌握所学内容，具备处理和解决材料工程中的实际问题的能力。

② 材料制备技术课程内容繁多，体系庞大，技术发展迅速，日新月异，教材中不可能均有涉猎或面面俱到。本教材的内容以工程结构材料为主，重点为金属材料的制备技术。因此，若学生对本教材中或其它领域的内容有兴趣，可以参阅教学参考书或者其它资料，为今后的工作打好基础和提供线索。

③ 材料制备技术课程以理论课为基础，但同时也有解决实际问题的经验积累，因此具有一定的创新性。在学习过程中要在充分理解制备技术和工艺的原理，在符合科学基本理论基础上，进行大胆尝试和创新，从而解决生产或实验中的问题。

第 **1** 章

高炉炼铁

📖 **本章导读** ▶▶▶

　　高炉炼铁就是在高温环境下将铁矿石中的铁从氧化物中分离出来，常用的还原剂是焦炭及其反应产物 CO。本章主要阐述下列内容：

　　1. 高炉炼铁的原料和产品；

　　2. 高炉炼铁工艺设备；

　　3. 高炉冶炼原理。

✈ **学习目标** ▶▶▶

　　1. 了解高炉炼铁的原料和产品；

　　2. 了解高炉本体和附属设备的种类和用途；

　　3. 理解高炉内各区域的分布以及生铁的形成过程。

1.1 概述

炼铁过程实质上是将铁从其自然形态——矿石等含铁化合物中还原出来的过程。高炉炼铁在现代钢铁联合企业中占据极为重要的地位。首先，高炉冶炼的产品——生铁是炼钢的原料；其次，高炉冶炼产生的煤气是钢铁联合企业中的二次能源。高炉是铁矿石、焦炭和能源的巨大消耗者，一座日产 1×10^4t 生铁的高炉，每天需要消耗铁矿石约 1.6×10^4t、焦炭约 3000t、煤粉约 2000t，产生炉渣约 3000t，每天要将 1.1×10^7m³ 左右的空气由鼓风机加压至 0.4MPa 左右后鼓入炉内，从炉顶排放出约 1.4×10^7m³ 高炉煤气。由此可见，高炉炼铁对整个联合企业的均衡生产有着举足轻重的作用。

1.1.1 高炉炼铁的原料

高炉使用的原料包括铁矿石（烧结矿、球团矿和块矿）、燃料（焦炭、煤粉）、热风和少量熔剂（石灰石与白云石）。冶炼 1t 生铁大约需要 1.6~2.0t 矿石，0.3~0.6t 焦炭，0.2~0.4t 熔剂。高炉冶炼是连续生产过程，必须尽可能为其提供数量充足、品位高、强度好、粒度均匀、粉末少、有害杂质少及性能稳定的原料。

（1）铁矿石

铁矿石主要包括以下几种：①赤铁矿（Fe_2O_3）：呈红色、赤褐色，多无磁或弱磁，还原性好，是最重要的铁资源（占铁矿石埋总量的 50%）；②褐铁矿（$Fe_2O_3 \cdot nH_2O$）：呈黄褐色、赤褐色，含 0.5~4 个结晶水，矿石有时在炉内热裂，消耗炉热，较少单独用于高炉；③磁铁矿（Fe_3O_4）：呈黑色或黑褐色，强磁性，磁选可选出，理论含铁 72.4%，天然矿石中含量最高，但还原性不好，不单独用，碎后作烧结矿球团原料；④菱铁矿（$FeCO_3$）：呈淡灰色或褐色，条纹是白色或淡黄色（欧洲部分地区用）。

在大型高炉的炉料结构中，高碱度烧结矿一般占 70%~80%、酸性的球团矿和块矿占 20%~30%。

（2）燃料

高炉使用的燃料包括焦炭和煤粉，焦炭在高炉风口区域燃烧产生大量热量和煤气（$CO+N_2$）。煤气中的 CO 将铁矿石中的氧化铁还原成金属铁，将渣铁熔化成铁水和液态炉渣。焦炭在高炉内始终呈固态，它能够将整个高炉的料柱支撑起来，保持高炉内部具有良好的透气性。煤粉从高炉风口喷入炉内，在风口区域燃烧产生热量和煤气，可代替部分焦炭。但煤粉无法代替焦炭的另一个重要作用——支撑料柱。

（3）热风

空气通过高炉鼓风机加压后成为高压空气（简称鼓风），经过热风炉换热，将鼓风的温度提高到 1100~1300℃，再从高炉风口进入炉缸，与焦炭和煤粉燃烧产生热量和煤气。

在鼓风中加入氧气可提高鼓风中的氧含量（称为富氧鼓风）。冶炼 1t 生铁大约需要鼓风 1100~1400m³（标态）。

（4）熔剂

高炉冶炼使用的熔剂，按其性质可分为碱性、酸性和中性三类。常用的碱性熔剂有石灰石和白云石，酸性熔剂有石英石，中性熔剂如铁矾土和黏土页岩。熔剂在冶炼过程中的主要作用有两个：在高炉冶炼条件下，脉石及石灰不能熔化，必须加入熔剂以生产低熔点化合物，形成流动性好的炉渣，实现渣铁分离并自炉内顺畅排出；此外，加入熔剂形成一定碱度的炉渣，如碱度［$R = CaO/SiO_2$（质量比）］在 1.0 ~ 1.25 之间，可去除生铁中的有害杂质，提高生铁质量。

1.1.2 高炉炼铁的产品

高炉炼铁的产品包括铁水、高炉煤气和高炉炉渣。

（1）铁水

铁水的主要化学成分为 Fe、C、Si、Mn、P、S 等，温度 1450~1550℃。按照 Si 含量的不同，将高炉铁水分为炼钢生铁［$w(Si) < 1.25\%$］和铸造生铁［$w(Si) \geq 1.25\%$］。铁水中 C 呈饱和状态，炼钢生铁中 C 含量在 3.7%~4.3% 之间。

利用特殊矿或采用特殊的冶炼工艺，利用高炉可以生产出含钛、钒的铁水，以及锰铁、硅铁等铁合金。

（2）高炉煤气

冶炼每吨生铁产生高炉煤气 1400~3000m³，主要化学成分为 CO、CO_2、N_2、H_2 及 CH_4 等。高炉煤气发热值 2900~3500kJ/m³，是良好的气体燃料。一般高炉煤气总量的 1/3 左右用于自身热风炉的加热，其余可供动力、炼焦、炼钢、烧结、轧钢等部门使用。

（3）高炉炉渣

高炉冶炼 1t 生铁产生 250~400kg 炉渣。炉渣主要成分为 CaO、SiO_2、Al_2O_3、MgO。炉渣经高压水淬冷粒化后是生产水泥的良好原材料，也可用蒸汽吹成渣棉，作隔声、保温材料。

1.2 高炉炼铁工艺设备

高炉炼铁设备由一整套复合连续设备系统构成，主要包括高炉本体、供料设备、送风设备、喷吹设备、煤气处理设备、渣铁处理设备。通常，辅助系统的建设投资是高炉本体的 4~5 倍。生产中，各个系统互相配合、互相制约，形成一个连续的、大规模的高温生产过程。高炉开炉之后，整个系统必须夜以继日地连续生产，除了计划检修和特殊事故暂时休风外，一般要到一代寿命终了时才停炉。

高炉生产过程就是将铁矿石在高温下冶炼成生铁的过程。全过程是在炉料自上而下、煤气自下而上的运动、相互接触过程中完成的。高炉炼铁工艺流程如图 1-1 所示。

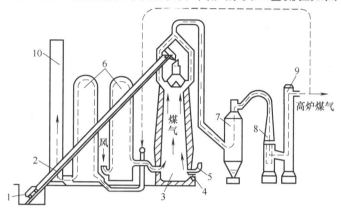

图 1-1　高炉炼铁工艺流程

1—料车；2—上料斜桥；3—高炉；4—铁渣口；5—风口；6—热风炉；7—重力除尘器；8—文氏管；9—洗涤塔；10—烟囱

1.2.1　高炉本体

高炉本体是冶炼生铁的主体设备，包括炉基、炉衬、冷却设备、炉壳、支柱及炉顶框架等。高炉本体由耐火材料砌筑成竖式圆筒形，外有钢板炉壳加固密封，内嵌冷却设备保护。在高炉的下部设置有风口、铁口和渣口，上部设置有炉料装入口和煤气导出口。

（1）高炉的内型

高炉的内型是用耐火材料砌筑而成，供高炉冶炼的内部空间的轮廓。现代高炉是五段式型（图 1-2），从下至上分别为：炉缸、炉腹、炉腰、炉身、炉喉。h_1~h_5 分别表示炉缸至炉喉各部分的高度，h_0 为死铁层深度，高炉有效高度 $H_u=h_1+h_2+h_3+h_4+h_5$；d_1、d 和 D 分别表示炉喉、炉缸和炉腰的直径；α 和 β 分别表示炉腹角和炉身角。若用 V_1~V_5 分别表示炉缸至炉喉各部分的容积，则高炉有效容积 $V_u \approx V_1+V_2+V_3+V_4+V_5$。

高炉有效容积 V_u 代表高炉的大小或生产能力。一般 将 $V_u > 3000m^3$ 的高炉称为超大型高炉，

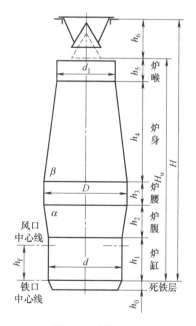

图 1-2　高炉内型

1500~2500m³ 的高炉称为大型高炉，600~1000m³ 的高炉称为中型高炉，＜300m³ 的高炉称为小型高炉。

（2）高炉炉衬

高炉内耐火材料砌筑的实体称为高炉炉衬，其作用是形成高炉工作空间。炉衬在冶炼过程中将受到侵蚀和破坏。炉衬被侵蚀到一定程度时，就需要采取措施修补。目前，大型高炉上部以碳化硅和优质硅酸盐耐火材料为主，中部以抗碱金属能力强的碳化硅或高导热的炭砖为主，高炉下部以高导热的石墨质炭砖为主。

（3）冷却设备

高炉炉衬必须冷却，冷却介质通常为水、汽水化合物及空气。高炉使用的冷却设备主要有冷却壁、冷却板和风口。冷却设备的作用是降低炉衬温度；提高炉衬材料抗机械、化学和热产生的侵蚀能力，使炉衬材料处于良好的服役状态。冷却壁紧贴着炉衬布置，冷却面积大；而冷却板水平插入炉衬中，对炉衬的冷却深度大，并对炉衬有一定的支托作用。风口是鼓风进入炉缸的入口，风口区域是高炉温度最高的区域，鼓风温度本身高达 1100~1300℃，为了保证风口得到良好冷却，风口环绕水道内流速达到 8~14m/s。

（4）高炉基础

高炉基础将所承受的静负荷、动负荷和热负荷等均匀地传给地层，并与地层承载应力相适应，由耐热混凝土基墩和钢筋混凝土基座两部分组成。

（5）高炉钢结构

高炉钢结构包括炉体支承结构和炉壳。

1.2.2　炉顶装料设备

炉顶装料设备的主要任务是将铁矿石和焦炭按冶炼工艺要求有规律地从炉顶装入高炉。按炉顶装料结构分为双钟炉顶装料设备和无钟炉顶装料设备。目前，大型高炉采用的无钟炉顶有并罐和串罐形式，如图 1-3 所示。

1.2.3　送风系统

送风系统的任务是及时、连续、稳定、可靠地供给高炉冶炼所需热风，其主要设备包括高炉鼓风机、热风炉、废气余热回收装置、热风管道、冷风管道以及冷、热管道上的控制阀门等。

（1）鼓风机

高炉鼓风机是高炉冶炼最重要的动力设备。它不仅直接为高炉冶炼提供所需的氧

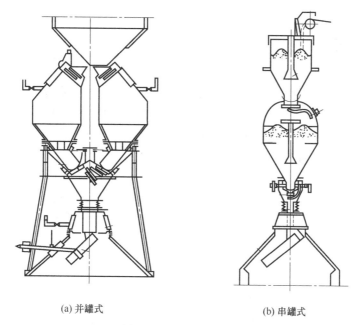

(a) 并罐式　　　　　　　　　(b) 串罐式

图 1-3　无钟炉顶装置

气，而且还为炉内煤气流克服料柱阻力运动提供必需的动力。高炉鼓风机是高炉的心脏，常用高炉鼓风机的类型有离心式、轴流式及定容式三种。

（2）热风炉

热风炉是为高炉加热鼓风的设备，是现代高炉不可缺少的重要组成部分。现代热风炉是一种蓄热式换热器。目前风温水平为 1000~1200℃，高的为 1250~1350℃，最高可达 1450~1550℃。对于每一座热风炉来说，它本身是燃烧和送风交替工作的，因此，每座高炉必须配备 3~4 座热风炉同时工作才能满足高炉生产要求。按结构形式分类，蓄热式热风炉有内燃式热风炉、外燃式热风炉、顶燃式热风炉（包括球式热风炉）三类，其结构如图 1-4 所示。

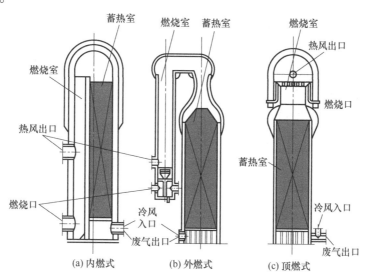

(a) 内燃式　　　　(b) 外燃式　　　　(c) 顶燃式

图 1-4　蓄热式热风炉结构

1.2.4 喷吹设备

为了合理利用煤炭资源，同时降低高炉生产成本，高炉喷吹煤粉代替部分焦炭。我国高炉以喷煤为主，其工艺流程一般包括煤粉的制备、煤粉的喷吹。原煤经干燥、细磨后储存到煤粉仓，再通过气动输送到喷吹罐，然后经过混合器将煤粉输送到高炉炉前的煤粉分配器。工艺流程如图 1-5 所示。

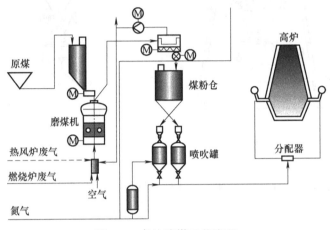

图 1-5　高炉喷煤工艺流程

1.2.5 除尘设备

除尘设备是用来收集高炉煤气中所含灰尘的设备。高炉用除尘器有重力除尘器、离心除尘器、旋风除尘器、洗涤塔、文氏管、洗气机、电除尘器、布袋除尘器等，如图 1-6 所示。粗粒灰尘（＞60~90μm），可用重力除尘器、离心除尘器及旋风除尘器等除尘；细粒灰尘则需用洗气机、电除尘器等除尘设备。

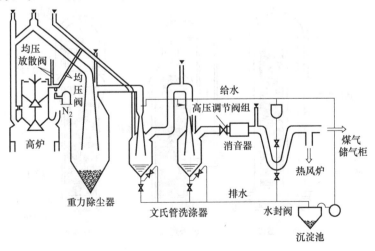

图 1-6　大型高炉煤气除尘设备和流程

1.2.6　渣铁设备

高炉渣铁处理系统主要包括：炉前工作平台、出铁场、渣及铁沟、开口机、泥炮、堵渣机、铸铁机、炉渣处理设备、铁水罐等。渣铁处理系统的主要任务是及时处理高炉排出的渣、铁，保证生产的正常运行。

铁口打开后，铁水和熔渣从铁口流入主铁沟，通过撇渣器使渣铁分离，铁水经摆动流嘴进入铁水罐内，渣子则经渣沟流入水渣处理系统，如图1-7所示。

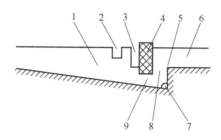

图1-7　渣铁分离器示意图

1—主铁沟；2—下渣沟砂坝；3—残渣沟砂坝；4—挡渣板；5—沟头；6—支铁沟；7—残铁孔；8—小井；9—砂口眼

1.3　高炉冶炼原理

1.3.1　高炉冶炼的基本过程

高炉生产过程就是将铁矿石在高温下冶炼成生铁的过程，全过程是在炉料自上而下、煤气自下而上的运动、相互接触过程中完成的。

高炉生产所用的原料是含铁的矿石包括烧结矿、球团矿和天然富矿石；燃料主要是焦炭；辅助原料为熔剂和洗炉剂等。通过上料系统和炉顶装料系统按一定料批、装入顺序从炉顶装入炉内，从风口鼓入经热风炉加热到1000~1300℃的热风，炉料中的焦炭在风口前与鼓入热风中的氧发生燃烧反应，产生高温和还原性气体，这些还原性气体在上升过程中加热缓慢下行的炉料，并将铁矿石中铁的氧化物还原为金属铁。

矿石温度升高到软化温度后，已熔融部分的液滴向下滴落，矿石中未被还原的成分形成炉渣，实现渣铁分离。已熔化的渣铁聚集于炉缸内，发生诸多反应，最后调整铁液的成分和温度达到终点，定期从炉内排放炉渣和铁水。上升的高炉煤气流，由于将能量（热能和化学能）传递给炉料而温度逐渐降低，最终形成高炉煤气从炉顶导出管排出。整个过程取决于风口前焦炭的燃烧，上升煤气流与下行炉料间进行的一系列的传热、传质以及干燥、蒸发、挥发、分解、还原、软熔、造渣、渗碳、脱硫等物理化学变化。因此，高炉实质是一个炉料下行、煤气上升两个逆向流运动的反应器。

总之，高炉炼铁的本质包括两个过程，即传质过程和传热过程。

传质过程是将矿石中的 O^{2-} 与 CO 反应生成 CO_2，进入煤气中，实现铁与氧的分离。

传热过程是将煤气携带的热量传给炉料，使炉料熔化，实现渣铁分离。

1.3.2 炉料在炉内的分布状态

矿石和焦炭分批装入炉内，因此，矿石与焦炭在高炉内呈有规律的分层分布。热风在风口区域与焦炭和煤粉燃烧产生高温煤气，高温煤气在向高炉上部流动过程中将氧化铁还原成金属铁，使铁矿石实现 Fe-O 分离；煤气携带的热量将铁和渣熔化并过热，实现铁与渣的分离。在这一过程中，高炉内部形成如图 1-8 所示的炉料分布状态。

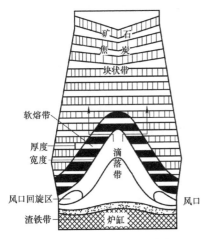

图 1-8　高炉内部炉料分布

（1）块状带

温度＜1100~1200℃，炉料以块状存在的区域。在炉内料柱的上部，矿石与焦炭始终保持着明显的固态层次而缓缓下行，但层状逐渐趋于水平，且厚度也逐渐变薄。

（2）软熔带

矿石在高温下开始软化熔融（1200~1400℃），焦炭仍然呈固态。此区域是由许多固态焦炭层和黏结在一起的半熔融的矿石层组成，焦炭与矿石相间层次分明。由于矿石呈软熔状，透气性极差，上升的煤气流主要从像窗口一样的焦炭层通过，因此又称其为"焦窗"。软熔带上缘矿石开始软化收缩（1150~1200℃），软熔带下缘渣铁开始熔融滴落（1400℃左右）。

（3）滴落带

矿石熔化后呈液滴状滴落的区域，它位于软熔带之下，矿石熔化后形成的渣铁像雨滴一样穿过固态焦炭层而滴落进入炉缸。焦炭起到支撑料柱的作用。整个滴落带包括活性焦炭区和呆滞区。

（4）风口回旋区

温度为 1100~1300℃的热风从炉缸周围的风口以 100~200m/s 风速吹入炉缸，在鼓风动能作用下，风口前端形成一个回旋区向炉缸中心延伸，在回旋区内焦炭燃烧产生大量热量和气体还原剂 CO，同时产生空间使炉料下降。风口回旋区内燃烧掉的焦炭主要由活性焦炭区补充，也使活性焦炭区变得比较松动。

（5）渣铁带（渣铁存储区）

液体渣铁储存的区域，位于炉缸的下部，主要是液态渣铁以及浸入其中的焦炭。铁滴穿过渣层以及渣铁界面后最终完成必要的渣铁反应，得到合格的生铁。

1.3.3 燃烧反应

炉顶加入的焦炭，其中风口前燃烧的碳量约占入炉总碳量的 65%~75%，是在风口前与鼓风中的 O_2 燃烧，17%~21%参加直接还原反应，10%左右溶解进入铁水。燃烧反应的作用有：①为高炉冶炼过程提供主要热源；②为还原反应提供 CO、H_2 等还原剂；③为炉料下降提供必要的空间。

（1）风口前碳的燃烧反应

鼓风以 100~200m/s 的速度从风口吹入充满焦炭的炉缸区域，在风口前形成一个近球形的燃烧空间，称为风口回旋区（图 1-9）。炉缸燃烧反应发生在风口回旋区。在风口回旋区内，气流夹带着焦炭以 4~20m/s 的速度做回旋运动，并发生剧烈的燃烧反应。

焦炭和煤粉中的碳与鼓风中的氧燃烧产生 CO_2，同时放出 33356kJ/kg（碳）的热量。在高温下 CO_2 继续与碳反应产生 CO，同时吸收 13794 kJ/kg（碳）的热量。

$$C+O_2+79/21N_2 \longrightarrow CO_2+79/21N_2+33356kJ（碳）$$
$$CO_2+C \longrightarrow 2CO-13794kJ（碳）$$

因此，实际在炉缸内发生的燃烧反应为：

$$2C+O_2+79/21N_2 \longrightarrow 2CO+79/21N_2+19562kJ（碳）$$

实际生产中，鼓风中始终还有一定量的水分，因此，在炉缸中还会发生燃烧反应：

$$H_2O+C \longrightarrow H_2+CO-10356kJ（碳）$$

因此，炉缸煤气最终成分由 CO、H_2 和 N_2 组成。

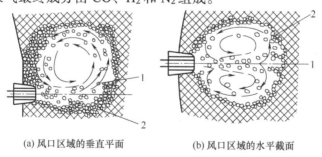

(a) 风口区域的垂直平面   (b) 风口区域的水平截面

图 1-9　风口前焦炭循环运动

1—流中心线；2—焦炭的中间层

（2）燃烧带

回旋区和中间层组成焦炭在炉缸内进行燃烧反应的区域称为燃烧带。实践中常以 CO_2 含量降至 1%~2% 的位置定为燃烧带界限。大型高炉的燃烧带长度在 1000~1500mm。燃烧带是炉内焦炭燃烧的主要场所，而焦炭燃烧所腾出来的空间是促使炉料下降的主要因素。生产中高炉的燃烧带上方总是比其他地方松动，且下料快，称为焦炭松动区或活性焦炭区，燃烧带内燃烧的焦炭 80%来自风口上方。因此，当燃烧带投影面积占整个炉缸截面积的比例大时，炉缸活跃面积大，料柱比较松动，有利于高炉顺行。

1.3.4 高炉内铁氧化物的还原反应

高炉冶炼的主要目的是从铁的氧化物中还原出金属铁，它是高炉冶炼最基本的化学反应。除铁以外，高炉冶炼也能将少量的硅、锰、磷还原出来，并溶解在铁水中。高炉冶炼的还原剂有固体还原剂焦炭，以及气体还原剂 CO 和 H_2，后者来自风口回旋区的燃烧反应。

在炉料中，铁的氧化物有三种存在形式：Fe_2O_3、Fe_3O_4 和 FeO，其中 FeO 在温度低于 570℃时会分解成 α-Fe 和 Fe_3O_4。也就是说，FeO 只有在温度高于 570℃的区域才能稳定存在。因此，铁的还原顺序为：

温度＜570℃时：$Fe_2O_3 \rightarrow Fe_3O_4 \rightarrow Fe$。

温度＞570℃时：$Fe_2O_3 \rightarrow Fe_3O_4 \rightarrow FeO \rightarrow Fe$。

（1）用 CO 作还原剂还原铁的氧化物——间接还原反应

$t<570℃$时：$3Fe_2O_3+CO = 2Fe_3O_4+CO_2+Q$

$Fe_3O_4+4CO = 3Fe+4CO_2+Q$

$t>570℃$时：$3Fe_2O_3+CO = 2Fe_3O_4+CO_2+Q$

$Fe_3O_4+CO = 3FeO+CO_2-Q$

$FeO+CO = Fe+CO_2+Q$

间接反应为可逆反应，煤气中必须有过量的 CO 才能保证氧化铁的还原反应正常进行下去。当还原温度为 900℃时，煤气中 CO 含量＞30%才能将 Fe_3O_4 还原成 FeO；当煤气中 CO 含量＞70%时才能将 FeO 还原成金属铁。

（2）用 H₂ 作还原剂还原铁的氧化物

$t<570℃$时：$3Fe_2O_3+H_2 = 2Fe_3O_4+H_2O+Q$

$Fe_3O_4+4H_2 = 3Fe+4H_2O-Q$

$t>570℃$时：$3Fe_2O_3+H_2 = 2Fe_3O_4+H_2O+Q$

$Fe_3O_4+H_2 = 3FeO+H_2O-Q$

$FeO+H_2 = Fe+H_2O-Q$

H_2 还原铁的氧化物的反应为可逆反应。用 H_2 还原铁的氧化物主要发生在高炉较高温区域（高炉中部），另外在高炉内 H_2 将铁的氧化物还原成 Fe 其实很困难，因为还原得到铁所需 H_2 的浓度高。

（3）用固体碳还原铁的氧化物——直接还原反应

$t>560℃$ $3Fe_2O_3+C = 2Fe_3O_4+CO-Q$

$Fe_3O_4+C = 3FeO+CO-Q$

$$FeO+C\!=\!\!=\!\!Fe+CO-Q$$

$t<560℃$
$$Fe_3O_4+4C\!=\!\!=\!\!3Fe+4CO-Q$$

以上反应都是吸热反应，对炉内热补偿不利，是不希望发生的反应。低温部位几乎不进行，只在高温的炉腹部位以下进行一部分。

实际发生的反应是：$FeO+CO\!=\!\!=\!\!Fe+CO_2$

$\quad\quad\quad +）CO_2+C\!=\!\!=\!\!2CO$

_____

$$FeO+C\!=\!\!=\!\!Fe+CO-Q$$

在高炉内具有实际意义的只有 $FeO+C\!=\!\!=\!\!Fe+CO$ 的反应。

直接还原反应一般在大于 $1100℃$ 的区域进行，$800\sim1100℃$ 区域为直接还原与间接还原同时存在区，低于 $800℃$ 的区域是间接还原区。从炉顶煤气分析看，间接还原占 $70\%\sim80\%$，直接还原占 $20\%\sim30\%$。

1.3.5　高炉内非铁元素的还原反应

高炉内非铁元素的还原，主要包括 Si、Mn、P 等的还原。

由于 SiO_2、MnO、P_2O_5 都比 FeO 难还原，因此，它们都是在高炉下部高温区，主要是在滴落带熔化成液态渣子后被焦炭中的碳还原出来，并溶解进入铁水中。非铁元素的还原都是强吸热的直接还原反应。

$MnO+C\!=\!\!=\!\![Mn]+CO-1248kcal/kg$（Mn，$1cal=4.1840J$）

$SiO_2+2C\!=\!\!=\!\![Si]+2CO-5360kcal/kg$（Si）

$2Ca_3（PO_4）_2+3SiO_2+10C\!=\!\!=\!\!3Ca_2SiO_4+4[P]+10CO-5471kcal/kg$（P）

磷在高炉冶炼条件下，全部被还原以 Fe_2P 形态溶于生铁。因此，必须严格控制铁矿石的磷含量。铁矿石中的锰，有 $40\%\sim60\%$ 可被还原进入铁水中。一般铁矿石中 P_2O_5 和 MnO 的含量并不高，因此，磷和锰的直接还原对高炉燃料比的影响并不大。但铁矿石中含有大量的 SiO_2，硅的还原对炉缸铁水温度和燃料比影响很大。较高的炉温和较低的炉渣碱度有利于硅的还原。铁水中的含硅量可作为衡量炉温水平的标志。目前，高炉冶炼炼钢生铁时的硅含量一般均控制在 $0.4\%\sim0.6\%$，低硅生铁冶炼时可控制到 $0.2\%\sim0.3\%$。

1.3.6　炉渣和生铁的形成

造渣是矿石中废料、燃料中灰分与熔剂熔合的过程，熔合后的产物就是渣。炉渣与熔融金属液不互熔，又比其轻，能浮在熔体表面，便于排出。反应可表示为：

$$mSiO_2+pAl_2O_3+nCaO\!=\!\!=\!\!nCaO\cdot pAl_2O_3\cdot mSiO_2$$

一般炉渣成分的范围为：$w（CaO）=35\%\sim44\%$，$w（SiO_2）=32\%\sim42\%$，$w（Al_2O_3）=6\%\sim16\%$，$w（MgO）=4\%\sim13\%$ 以及少量的 MnO、FeO 及 CaS 等。

炉渣的作用主要有：分离渣铁，具有良好的流动性，能顺利排出炉外；具有足够的脱硫能力，尽可能降低生铁含硫量，保证冶炼出合格的生铁；具有调整生铁成分、保证生铁质量的作用；具有较高熔点的炉渣，易附着于炉衬上，形成"渣皮"，保护炉衬，维持生产。

纯铁的熔点为 1538℃。在块状带，铁矿石中的氧化铁通过间接还原和直接还原反应逐渐被还原成海绵铁。CO 在海绵铁气孔内壁吸附，被新生态的金属铁催化分解出烟炭，这种烟炭可使海绵铁渗碳，使金属铁的熔点下降。当炉料下降到 1200~1400℃ 的软熔带区域时，海绵铁中的渣子开始软化熔融，与金属铁分离。这一过程增加了金属铁被焦炭直接渗碳的机会。在滴落带，液态的金属铁流经焦炭填充层时大量渗碳，直至碳达到饱和，形成熔点 1150~1250℃ 左右的生铁。生铁的饱和含碳量可用式（1-1）计算：

$$w(C) = 1.28 + 0.00142T - 0.304w(Si) - 0.31w(P) + 0.024w(Mn) - 0.037w(S) \quad (1-1)$$

按式（1-1）计算，得：炼钢生铁 $w(C)$ =3.8%~4.2%，铸造生铁 $w(C)$ <3.75%，硅铁 $w(C)$ <2%，锰铁（75Mn-Fe）$w[C]$ >7%。

1.3.7 铁水脱硫

硫在一般结构钢中是有害元素。钢液凝固时 S 在枝晶间偏析，在 γ-Fe 晶界上富集形成熔点 1190℃ 的 FeS，FeS 与 Fe 的共晶点只有 988℃，热轧时在晶界上产生热裂现象，造成内部裂纹。炼钢时在钢中加入锰，凝固时以 MnS 形式析出。MnS 熔点高于 1600℃，热轧后延伸成长条状，造成钢材各向异性。我国标准（YB/T 5296—2011）规定：炼钢生铁含硫量：一类 ≤0.030%，二类 0.030%~0.050%，三类 0.050%~0.070%。

硫主要来自于矿石、焦炭、熔剂和喷吹燃料中的硫分，其中炉料中焦炭带入的硫最多，占 70%~80%。高炉中铁水脱硫反应如下：

$$(CaO) + [FeS] + C = (CaS) + [Fe] + CO - Q$$

上述反应主要发生在炉缸内铁滴穿过渣层时。脱硫反应是强烈吸热反应，同时需要较高的炉渣碱度，反应本身需要消耗焦炭。因此，当高炉冶炼硫负荷高时，通过高炉本身的炉渣脱硫，将增加高炉焦比，降低高炉产量。将铁水进行炉外脱硫处理，是降低生产成本的有效方法。

高炉常用的炉外脱硫剂有苏打粉（Na_2CO_3）系、石灰（CaO）系、电石（CaC_2）系、金属镁系复合脱硫剂等。反应式为：

$$Na_2CO_3 + FeS = Na_2S + FeO + CO_2$$
$$CaO_{(s)} + [S] + [C] = (CaS) + CO$$
$$CaC_2 + [S] = (CaS) + 2[C]$$
$$[Mg] + [S] = MgS_{(s)}$$

依据采用脱硫剂的种类及搅拌方法，目前生产中采用的炉外脱硫方法可分为四类：铁流搅拌法、机械搅拌法、气体搅拌法和插入法。用得较多的为机械搅拌法（KR 法）和气体搅拌法（顶部喷吹法）。

KR 法是用实心旋转器搅拌铁水，脱硫剂为 CaC_2 和石灰粉加 Na_2CO_3，如图 1-10 所示。顶部喷吹法采用载气（N_2）将脱硫剂经顶部喷嘴喷入鱼雷型混铁车和铁水包的铁水中，脱硫剂为 CaC_2、Na_2CO_3，如图 1-11 所示。

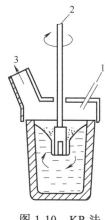

图 1-10　KR 法

1—脱硫剂；2—搅拌器；3—至除尘

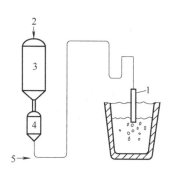

图 1-11　顶部喷吹法

1—喷枪；2—脱硫剂；3—料仓；4—称量料仓；5—载气（N_2）

 思考题 ▶▶▶

1. 高炉炼铁的生产工艺流程由哪几部分组成？

2. 高炉生产需要哪些原材料？

3. 高炉生产有哪些产品和副产品？

4. 何谓高炉本体和高炉内型？

5. 高炉大小如何表示？何谓高炉有效高度及有效容积？

6. 热风炉的基本任务是什么？

7. 简述蓄热式热风炉的工作原理。

8. 什么叫炉内块状带、软熔带和滴落带？

9. 风口前碳的燃烧在高炉过程中所起的作用是什么？

10. 什么是铁的直接还原？什么是铁的间接还原？

11. 简述铁的氧化物在高炉内的还原历程。

第**2**章

炼钢

 本章导读 ▸▸▸

炼钢是整个钢铁工业生产过程中最重要的环节。炼钢是利用不同来源的氧（如空气、氧气）来氧化炉料中所含杂质的复杂的金属的提纯过程。现代炼钢主要有两种基本方法，以铁水为主要原料的转炉炼钢和以废钢为主要原料的电炉炼钢。本章主要阐述下列内容：

1. 炼钢的基本任务、基本原理；
2. 转炉炼钢的设备、工艺和操作制度；
3. 电炉炼钢的种类、电弧炉炼钢的工艺；
4. 炉外精炼的种类和方法。

✈ 学习目标 ▸▸▸

1. 掌握炼钢的基本任务和原理；
2. 掌握转炉炼钢原理、工艺和操作制度；
3. 了解电炉炼钢的方法，掌握电弧炉炼钢的工艺；
4. 了解炉外精炼的方法。

2.1 概述

钢具有很好的力学性能和加工性能，可以进行拉拔、锻压、轧制、冲压、焊接等深加工，因此钢材比生铁的用途更广泛。除约占不到生铁总量 10% 的铸造生铁用于生产生铁铸件外，90% 以上的生铁要冶炼成钢。

2.1.1 炼钢的基本任务

炼钢过程实质上是以氧化反应为主要手段的精炼过程。高炉炼铁过程是一个还原过程，铁水含有 93%~94% 的铁，同时还含有 6%~7% 的杂质，杂质以碳为主，包括硅、锰、磷、硫等。炼钢过程就是通过氧化反应，以氧气作为主要的氧化剂，将铁水中的杂质氧化分离，将其中的碳、硅、锰、磷、硫等控制在规定的范围内。同时，还需要提高钢水温度，合理控制冶炼、精炼、连铸过程中的钢水质量，生产出合格的连铸坯，为轧钢工序提供合格的原料。因此，炼钢的基本任务可归纳为"四脱、二去、二调整"，即脱碳、脱磷、脱硫、脱氧、去除钢中的气体和非金属夹杂物、合金化和调整钢液温度。

2.1.2 钢铁生产的典型工艺

现代炼钢工艺主要有两种流程，即以氧气转炉炼钢工艺为中心的钢铁联合企业生产流程和以电炉炼钢工艺为中心的生产流程。习惯上人们把前者称为长流程，把后者称为短流程（图 2-1）。

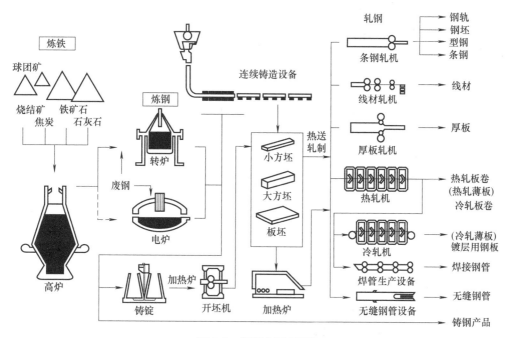

图 2-1　钢铁制造流程

长流程工艺：从炼铁原材料（如烧结矿、球团矿、焦炭等）准备开始，原料入高炉经还原冶炼得到液态铁水，经铁水预处理（如脱硫、脱硅、脱磷）后兑入顶底复吹氧气转炉，经吹炼去除杂质，得到钢水。将钢水倒入钢包中，经炉外精炼［如RH（真空循环脱气法）、LF（钢包电弧加热精炼法）、VD（钢包真空脱气法）等］使钢水纯净化，然后钢水经凝固成形（连铸）成为钢，再经轧制工序最后成为钢材。由于这种工艺生产单元多，生产周期长，规模庞大，因此称之为钢铁生产的长流程工艺。

短流程工艺：将回收再利用的废钢经破碎加工、分拣后，经预热加入到电弧炉中，电弧炉利用电作为能源熔化废钢，去除杂质（如磷、硫）后出钢，再经炉外精炼（如LF/VD）获得合格钢水，后续工序同长流程工序。由于这种工艺流程简单，生产环节少，生产周期短，因此称之为钢铁生产的短流程工艺。

2.1.3 炼钢过程的基本原理

（1）铁液中元素的氧化

氧的来源主要为直接向熔池中吹入工业纯氧（＞98%）、向熔池中加入富铁矿以及炉气中的氧传入熔池。

炼钢过程中铁液中各元素的氧化顺序如下。

① 在炼钢吹炼过程中，Cu、Ni、Mo、W等元素受到铁的保护，不会被氧化。

② Al、Ti、Si、B等元素很容易被氧化，这些元素可作为强脱氧剂使用。

③ Cr、Mn、V、Nb等元素的氧化程度随冶炼温度而变化。

铁液中元素的氧化方式有两种：直接氧化和间接氧化。直接氧化是指氧气直接与铁液中的应该去除的元素发生氧化反应。当吹入氧气时，氧化发生在铁液与气相界面上。间接氧化是指氧气首先与铁液中的铁原子反应生成FeO后进入炉渣，并同时使铁液中溶解氧。FeO和［O］再与应去除的元素发生氧化反应。

（2）脱碳反应

炼钢的一个重要任务是利用氧化方法将铁液中过多的碳去除，称为脱碳。脱碳反应贯穿于冶炼过程。［C］与氧的反应有：

在渣-金界面上：

$$[C] + (FeO) == \{CO\} + Fe$$

在气-金界面上：

$$[C] + [O] == \{CO\}$$

脱碳反应的作用：

$$[C] + 1/2 \{O_2\} == \{CO\}$$

① 促进熔池成分和温度均匀。CO上浮排出时，使熔池产生强烈沸腾和搅拌，强化了热量和质量传递，促进了成分和温度均匀。

② 提高化学反应速率。熔池的强烈沸腾和搅拌，增加了渣-金反应接触面积，有利

于化学反应的进行。

③ 降低钢液中的气体含量和夹杂物数量。CO 气泡中的 H_2 和 N_2 的分压极低，对这些气体来说，CO 气泡是一个小真空室。小颗粒夹杂物会附着在 CO 气泡的表面上浮去除。

④ 造成喷溅和溢出。CO 气泡排出不均和造成的熔池上涨，是产生喷溅和溢出的主要原因。这将带来金属的损失和造渣材料消耗过大。

（3）硅的氧化

铁液中硅的氧化存在直接氧化与间接氧化两种方式，可由下式来表示：

在气-金界面上：　　　$[Si] + O_2 == (SiO_2)$

在渣-金界面上：　　　$[Si] + 2[O] == (SiO_2)$

　　　　　　　　　　$[Si] + 2(FeO) == (SiO_2) + 2Fe$

$[Si]$ 的氧化产生大量的化学热，是转炉炼钢的主要热源之一。在钢液脱氧过程中，由于含硅脱氧剂的氧化，可补偿一些钢包的散热损失。

$[Si]$ 的氧化产物是 (SiO_2)，它影响到石灰的加入量和碱度，对炉衬有侵蚀作用。

（4）锰的氧化

铁液中的锰在高温下会与氧结合，生成 (MnO)。$[Mn]$ 的氧化反应式为：

在气-金界面上：　　　$[Mn] + 1/2\{O_2\} == (MnO)$

在渣-金界面上：　　　$[Mn] + [O] == (MnO)$

　　　　　　　　　　$[Mn] + (FeO) == (MnO) + Fe$

$[Mn]$ 氧化产生化学热，是转炉炼钢的热源之一。

(MnO) 是碱性氧化物，在冶炼初期可形成低熔点的多元系炉渣，能降低炉渣的熔化温度，有利于化渣。

（5）钢液的脱磷

脱磷是炼钢过程的重要任务之一。

用碱性炉渣进行脱磷的反应为：

在渣-金界面：　　$3(CaO) + 2[P] + 5[O] == (3CaO \cdot P_2O_5)$

　　　　　　　　$3(CaO) + 2[P] + 5(FeO) == (3CaO \cdot P_2O_5) + 5Fe$

在渣-金-气界面：$3(CaO) + 2[P] + 5/2O_2 == (3CaO \cdot P_2O_5)$

脱磷反应是强烈的放热反应，低温有利于脱磷。P_2O_5 是酸性氧化物，碱度提高，可以提高炉渣的脱磷能力。

（6）钢液的脱硫

钢中的硫主要来自于铁水、废钢、铁合金、造渣剂如石灰、铁矿石等。

脱硫反应为：

$$(CaO) + [FeS] == (CaS) + (FeO)$$

脱硫的基本条件是：高碱度、高温、低氧化性。

（7）钢液的脱氧

脱氧是向炼钢熔池或钢水中加入脱氧剂。脱氧产物进入渣汇总或成为气相排出。根据脱氧反应发生的地点不同，脱氧方法分为沉淀脱氧、扩散脱氧和真空脱氧。

沉淀脱氧：又称为直接脱氧。将块状脱氧剂加入到钢液中，脱氧元素在钢液内部与钢中氧直接反应，生成的脱氧产物上浮进入渣中的脱氧方法称为沉淀脱氧。出钢时向钢包中加入硅铁、锰铁、铝铁或铝块就是沉淀脱氧。这种脱氧方法脱氧速度快，但脱氧产物有可能难以全部上浮排出而成为钢中的夹杂物。

扩散脱氧：又称间接脱氧。它是将粉状脱氧剂如 C 粉、Fe-Si 粉、CaSi 粉、Al 粉加到炉渣中，降低炉渣中的氧势，使钢液中的氧向炉渣中扩散，从而降低钢液中氧含量的一种脱氧方法。在电炉的还原期和炉外精炼中向渣中加入粉状脱氧剂进行的脱氧就是扩散脱氧。其特点是：脱氧反应在渣中进行；钢液中的氧向渣中转移，脱氧速度慢；脱氧时间长；不会在钢中形成非金属夹杂物。

真空脱氧：是利用降低系统的压力来降低钢液中氧含量的方法。只适用于脱氧产物为气体的脱氧，如［C］-［O］反应。如 RH 真空处理、VAD（真空电弧钢包脱气法）、VD 等精炼方法。

常用脱氧元素有 Mn、Si、Al、Mn 和 Si，其常以铁合金的形式作脱氧剂。其脱氧反应为：

$$[Mn] + [O] = (MnO)$$
$$[Si] + 2[O] = (SiO_2)_{(s)}$$
$$2[Al] + 3[O] = (Al_2O_3)_{(s)}$$

（8）钢液的脱气

钢中气体是指溶解在钢中的氢气和氮气。钢中气体（H_2、N_2）的来源：①金属料如废钢和铁合金中的氢和氮；②潮湿的造渣剂分解水蒸气；③耐火材料用的焦油、沥青、树脂黏结剂中含有的氢（8%~9%）；④与空气接触的钢液吸氢；⑤炼钢用不纯的氧气中含有的氮气。

气体的溶解反应为：

$$\frac{1}{2}\{H_2\} = [H]$$

$$\frac{1}{2}\{N_2\} = [N]$$

降低钢中气体的措施有：提高炼钢原材料质量，如使用含气体量低的废钢和铁合金；对含水分的原材料进行烘烤干燥；采用高纯度的氧气等；尽量降低出钢温度，减小气体在钢中的溶解度；在冶炼过程中，应充分利用脱碳反应产生的熔池沸腾来降低钢水中的气体含量；用炉外精炼技术，降低钢水中的气体含量；如采用钢包吹氩搅拌、真空精炼脱气、微气泡脱气等方法对钢水进行脱气处理；采用保护浇注技术，防止钢水从大气中吸收气体。

（9）去除钢中夹杂物

钢中夹杂物的来源：钢中硫、磷、氧、氮等杂质元素，这些元素与钢中的合金元素如硅、锰、铝、钛、钒等形成非金属氧化物、硫化物、氮化物等，钢中的这些非金属化合物，统称为非金属夹杂物，也称为内生夹杂物；另外，钢水与炉渣和炉衬接触，炉渣、炉衬中的化合物被卷入到钢水中，也会造成非金属夹杂物，称为外来夹杂物。

降低钢中夹杂物的措施有：在冶炼中采取各种手段降低钢中杂质元素［O］、［S］、［N］、［P］等的含量，提高钢的洁净度，从根本上减少内生夹杂物；提高耐火材料质量，提高其抗冲击和耐侵蚀的能力，减少外来夹杂物数量；采用合理的脱氧制度，使脱氧产物易于聚集上浮，从钢液中排出；应用钢包冶金如真空脱氧、吹氩搅拌、喷粉处理等和中间包冶金如采用堰、坝、导流板、过滤器、湍流控制器等控流装置，去除钢水中的夹杂物；采取保护浇注技术，防止钢水从周围大气环境中吸收氧、氢、氮。

2.1.4 炼钢用原材料

炼钢原料主要有金属材料、非金属材料和氧化材料等。其中金属材料包括铁水、废钢和合金钢。非金属材料包括造渣材料（石灰、萤石、铁矿石）、冷却剂（废钢、铁矿石、氧化铁）、增碳材料和燃料（焦炭、石墨籽、煤块、重油）等。氧化材料包括氧气、铁矿石、氧化铁皮等。

（1）金属材料

金属材料包括铁水、废钢以及铁合金等。

铁水是转炉炼钢的主要原材料，一般占装入量的 70%~100%，是转炉炼钢的主要热源。

废钢是电炉炼钢的基本原料，用量占钢铁料的 70%~90%。对电炉来说，既是金属料也是冷却剂。

炼钢中广泛使用各种脱氧剂和合金化元素与铁的合金。如 Fe-Mn、Fe-Si、Fe-Cr，以及复合脱氧剂，如硅锰合金、硅钙合金、硅锰铝合金，还有铝、锰、镍等金属。加入炉内的时间原则是：作为脱氧剂的合金要先加，作为合金调整成分的要在钢液脱氧良好的情况下加入，以提高合金的收得率。

（2）造渣材料

主要造渣材料有石灰、萤石、白云石和合成造渣剂等。

碱性炼钢方法的造渣材料，主要成分为 CaO，由石灰石煅烧而成，是脱 P、脱 S 不可缺少的材料，用量比较大。

萤石的主要成分是 CaF_2，焙烧约 930℃。萤石助熔的特点是作用快、时间短。但大量使用萤石会增加喷溅，加剧炉衬侵蚀，污染环境。

白云石的主要成分是 $CaCO_3 \cdot MgCO_3$。经焙烧可成为轻烧白云石，其主要成分为 $CaO \cdot MgO$。转炉采用生白云石或轻烧白云石代替部分石灰造渣，可减轻炉渣对炉衬的侵蚀，对提高炉衬寿命具有明显效果。

合成造渣剂是用石灰加入适量的氧化铁皮、萤石、氧化锰或其他氧化物等熔剂，在低温下预制成形的。

（3）氧化材料

氧化材料主要包括氧气、铁矿石及氧化铁皮等。

氧气是转炉炼钢的主要氧化剂，其纯度达到或超过 99.5%，氧气压力要稳定，并脱除水分。

氧化铁皮亦称铁鳞，是钢坯加热、轧制和连铸过程中产生的氧化壳层，铁量约占 70%~75%。氧化铁皮还有化渣和冷却作用，使用时应加热烘烤，保持干燥。

铁矿石中铁的氧化物存在形式是 Fe_2O_3、Fe_3O_4 和 FeO，其氧含量分别是 30.06%、27.64%和 22.28%。

（4）增碳材料

在冶炼过程中，由于配料或装料不当以及脱碳过量等原因，有时造成钢中碳含量没有达到预期的要求，这时要向钢液中增碳。常用的增碳剂有增碳生铁、电极粉、石油焦粉、木炭粉和焦炭粉。转炉冶炼中，冶炼高碳钢种时，使用含杂质很少的石油焦作为增碳剂。

2.2 转炉炼钢

2.2.1 转炉炼钢的分类

氧气转炉炼钢法就是使用转炉，以铁水作为主要原料，以纯氧作为氧化剂，靠杂质的氧化热提高钢水温度，一般在 30~40min 内完成一次精炼的快速炼钢法。转炉按转炉炉衬性质的不同分为酸性转炉与碱性转炉；按其气体引入的部位不同，分为底吹转炉、侧吹转炉和顶吹转炉；根据供给气体的氧化性不同又可分为空气转炉和氧气转炉。

目前转炉炼钢法主要有氧气顶吹转炉炼钢法（LD 法）、氧气底吹转炉炼钢法（如 Q-BOP 法）和氧气顶底复合吹转炉炼钢法（复合吹炼法）等。图 2-2 为这三种方法的示意图。

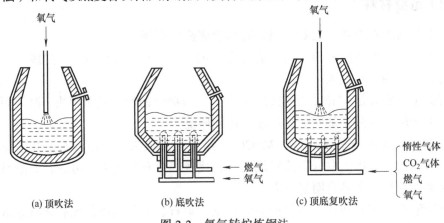

图 2-2　氧气转炉炼钢法

2.2.2 转炉炼钢的设备

转炉炼钢的设备由 4 个系统组成，每个系统又由各自的设备组成，即炼钢容器的炉子系统，提供炼钢所需的氧气和底部搅拌气体的供气系统，提供炼钢所需的金属材料和造渣材料的供料系统，对高温含尘烟气进行降温除尘处理并回收余热和煤气的烟气处理系统。图 2-3 为氧气顶吹转炉炼钢主体设备及附属设备。

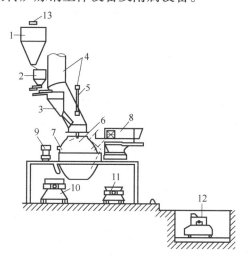

图 2-3　氧气顶吹转炉炼钢主体设备及附属设备

1—料仓；2—称量料仓；3—批料漏斗；4—烟罩；5—氧枪；6—转炉炉体；7—出钢口；8—废钢料斗；9—往钢包加料运
输车；10—钢包；11—渣罐；12—铁水罐；13—运输机

（1）炉子系统

炉子系统由转炉、托圈、耳轴、倾动机构组成，是装入原料进行吹炼的容器。它由圆台形炉帽、圆筒形炉身和球缺形或截锥形炉底三部分组成，在炉帽与炉身连接处有出钢口。

（2）供气系统

供氧系统由制氧机、储气罐、压氧机、输气管道及阀门、氧枪和底部供气元件组成。

（3）供料系统

铁水供应：混铁车（鱼雷罐车）方式流程为高炉铁水→鱼雷罐车→铁水罐→转炉。

这种供应方式投资少、铁水温降小和有较好的生产环境，适合于大型高炉向大型转炉（100t 以上）供应铁水。

废钢供应：向转炉供应废钢一般采用废钢槽方式。其流程：磁盘吊车装槽→桥式吊车+废钢槽→转炉。

造渣剂供应：转炉的造渣剂采用的供应方式为地下储料仓→胶带运输机→高位料仓→称量漏斗→汇总漏斗→溜槽→转炉。

（4）烟气处理系统

转炉炉内的气体称为炉气，炉气离开炉口进入烟罩后称为烟气。

氧气转炉在吹炼期间产生大量含尘炉气，其温度高达 1400~1600℃，炉气中含有大量 CO 和含铁 60%左右的粉尘。

转炉炉气的处理方法主要有燃烧法和未燃法。

未燃法是在炉口上方采用可以升降的活动烟罩，使炉气在收集过程中尽量不与空气接触，经降温除尘净化后，通过风机抽入煤气回收系统中。

2.2.3 转炉吹炼工艺

一炉钢的冶炼过程是指从装料到出钢、倒渣。转炉一炉钢的冶炼过程包括装料、吹炼、脱氧出钢、溅渣护炉和倒渣几个阶段。顶底复吹转炉炼钢的冶炼周期一般是 30~40min，其中的纯吹氧时间约 15~20min。具体主要由以下过程组成：

① 装料 在清除完上炉的炉渣后，按炉料配比从倾斜炉口先加入废钢，再倒入 1250~1400℃的液体生铁，然后将炉体转到垂直位置，从顶部插入喷枪，用它来吹入压力为 0.9~1.4MPa 的氧气。在开始吹氧时，需向炉内加入石灰、铁矿石等造渣剂。

② 吹炼 初期：Si、Mn 迅速氧化，同时能脱除较大比例的磷和少量的硫，大量的铁和部分的碳被氧化，氧化杂质能放出大量的热，加热熔池。

中期：进行碳的氧化，在脱碳的同时，能脱出部分磷和硫。

后期：脱碳速度减慢，喷溅减小，进一步调整好炉渣的氧化性和黏度，脱磷和硫，准备控制终点温度。

③ 造渣 在吹氧过程中要不断追加石灰等造渣材料，以便为脱硫、脱磷创造条件，当吹炼磷含量高达 0.3%的生铁石时，脱除磷必须采用双渣法，即放渣和重新造渣。

④ 脱氧和出钢 主要采用沉淀脱氧，对某些钢还可配合盛钢桶的扩散脱氧或真空脱氧。

出钢温度为 1460~1560℃，出钢温度过低会造成固炉、盛钢桶底部凝钢及钢锭各种缺陷，过高则会造成漏钢、黏膜及钢锭的各种高温缺陷，并影响炉体和氧枪寿命。

图 2-4 为氧气顶吹转炉操作进程示例。

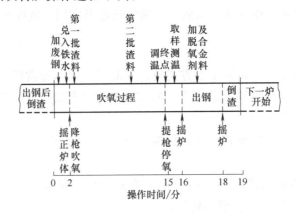

图 2-4 氧气顶吹转炉操作进程示例

2.2.4　转炉炼钢五大操作制度

氧气顶底复吹转炉炼钢工艺有五大操作制度：装入制度、供氧制度、造渣制度、温度制度、终点控制制度。

（1）装入制度

装入制度就是确定装料顺序、转炉合理的装入量及合适的铁水废钢比。

对使用废钢的转炉，一般先装废钢后装铁水。先加洁净的轻废钢，再加入中型和重型废钢，以保护炉衬不被大块废钢撞伤，而且过重的废钢最好在兑铁水后装入。为了防止炉衬过分急冷，装完废钢后，应立即兑入铁水。

装入量指炼一炉钢时铁水和废钢的装入量，它是决定转炉产量、炉龄及其他技术经济指标的主要因素之一。由于转炉炼钢一般不依靠外来热源，而是依靠铁水的物理热和铁水中杂质元素氧化反应放热，因此铁水和废钢的合理配比需根据炉子的热平衡计算确定。通常，铁水配比在 75%~90%，其值取决于铁水温度和成分、炉容比、冶炼钢种、原材料质量和操作水平等。

（2）供氧制度

供氧制度的主要内容包括确定合理的喷头结构、供氧强度、氧压和枪位控制。供氧是保障杂质去除速度、熔池升温速度、造渣制度，控制喷溅去除钢中气体与夹杂物的关键操作，关系到终点的控制和炉衬的寿命，对一炉钢冶炼的技术经济指标产生重要影响。

氧枪头氧气的出口速度通常为 2.0 马赫（1Ma=340m/s）左右，使氧气以两倍左右的声速喷出拉瓦尔喷管，射入转炉炉膛内，是具有化学反应的逆向流中非等温超声速湍流射流运动。

供氧强度：供氧强度是单位时间内每吨金氧耗量。供氧强度的大小根据转炉的公称吨位、炉容比来确定。提高供氧强度，可以缩短吹氧时间，提高转炉产量。一般供氧强度为 3.0~5.0m³/（t·min）。

氧压：为保证射流出口速度达到超声速，并使喷头出口回处氧压稍高于炉膛内炉气压力，一般转炉的氧气工作压力为 0.8~1.2MPa。

枪位控制：枪位的变化主要根据不同吹炼时期的冶金特点进行调整。枪位与氧压的配合有三种方式：恒压变枪位、恒枪位变压、变枪位变压。在我国，多半用恒压变枪位操作。

（3）造渣制度

造渣制度是确定合适的造渣方法、渣料的种类、渣料的加入数量以及加速成渣的措施，以达到去除硫磷、减少喷溅、保护炉衬、减少终点氧及金属损失的目的。

炉渣碱度是炉渣去除硫磷能力大小的指标。一般而言，对于冶炼普通铁水，转炉炉渣碱度在 3.0~4.0 之间。

石灰加入量：根据铁水中 Si、P 含量及终渣碱度 R 来确定。

采用白云石或轻烧白云石代替部分石灰石造渣，提高渣中 MgO 含量，减少炉渣对炉衬的侵蚀，具有明显效果。

常用的造渣方法有单渣法、双渣法和双渣留渣法。单渣法：整个吹炼过程中只造一次渣，中途不倒渣、不扒渣，直到吹炼终点出钢。双渣法：整个吹炼过程中需要倒出或扒出约 1/2~2/3 炉渣，然后加入渣料重新造渣。双渣留渣法：将双渣法操作的高碱度、高氧化性、高温、流动性好的终渣留一部分在炉内，然后在下一炉钢吹炼第一期结束时倒出，重新造渣。

（4）温度制度

转炉炼钢中的一个重要任务就是将钢水温度升至出钢温度。转炉炼钢中的温度控制是指吹炼过程熔池温度和终点钢水温度的控制。过程温度控制的目的是使吹炼过程升温均衡，保证操作顺利进行；终点温度控制的目的是保证合格的出钢温度。

吹炼任何钢种对终点温度范围均有一定的要求。出钢温度过低，浇注时将会造成断浇，甚至使全炉钢回炉处理。出钢温度过高，钢中气体和非金属夹杂物增加，炉材和氧枪寿命降低，甚至造成浇注时漏钢。前期结束时温度可控制在 1450~1550℃，中期控制在 1500~1600℃，到吹炼后期应均匀升温，达到钢种要求的出钢温度。

（5）终点控制制度

熔池中金属的成分和温度达到所炼钢种要求时，称为终点。吹炼到达终点的具体条件是：①钢中碳达到所炼钢种要求的控制范围；②钢中 S、P 低于规定下限要求一定范围；③出钢温度保证能顺利进行精炼和浇铸；④达到钢种要求控制的氧含量。

终点控制是转炉吹炼末期的重要操作。终点控制主要是指终点温度和成分的控制，转炉吹炼终点控制可分为自动控制和经验控制两大类。

顶吹氧气转炉冶炼钢种范围可从低碳钢到高碳钢，直至合金钢，最适合生产冷加工性能和抗时效性能要求较高的薄板钢种，以及对锻造和焊接性能有较高要求的焊接钢管和无缝钢管的钢种。

2.3　电炉炼钢

2.3.1　电炉炼钢的种类

电炉炼钢是以电能作为热源的炼钢方式。根据电能转化为热能方式的不同，电炉炼钢包括电弧炉炼钢、电渣重熔炼钢、感应法炼钢、电子束炉炼钢和等离子炉炼钢。

目前，电弧炉炼钢的产量占电炉炼钢总产量的 95%以上，因此通常所说的电炉炼钢是电弧炉炼钢。按电流特性，电弧炉可分为交流电弧炉和直流电弧炉。交流电弧炉以三相交流电作电源，以废钢为主要原料，利用电流通过 3 根石墨电极与金属炉料之间产生电弧的高温来加热、熔化炉料。直流电弧炉是将高压交流电经变压、整流后转变成稳定的直流电作电源，采用单根顶电极和炉底底电极。

2.3.2 电弧炉炼钢

（1）电弧炉炼钢设备

电弧炉炼钢通常采用三相电弧炉，其构造如图 2-5 所示。电弧炉主要由炉体、炉盖、装料机构、电极升降机构、倾炉机构、电极电气装置和水冷装置所构成。

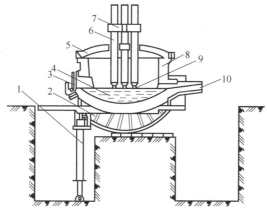

图 2-5　三相电弧炉结构

1—倾炉用液压缸；2—倾炉摇架；3—炉门；4—熔池；5—炉盖；6—电极；7—电极夹持器（连接于升降装置）；8—炉衬；

9—电弧；10—出钢槽

① 炉体　炉体是由钢板制成外壳，内部用耐火材料砌筑而成的。酸性电弧炉的炉体内部用硅砖砌筑，硅砖内部用水玻硅砂打结炉衬。碱性电弧炉的炉体内部是用黏土砖和镁砖砌筑，镁砖的内部用卤水镁砂打结炉衬。

② 炉盖　炉盖是用钢板制成炉盖圈（空心的，内部通水冷却），在圈内用耐火砖砌成。酸性电弧炉一般用硅砖筑炉盖，碱性电弧炉一般用高铝砖或铝镁砖。

③ 装料机构　机械化装料是将配好的全部炉料，预先用电磁吊车装入开底式加料罐内备用。在加料时，先将炉盖升起并旋转，以露出炉膛，用吊车将加料罐吊到炉体上方，打开料罐底，将炉料卸载炉中。

④ 电极升降机构　在炼钢过程中，电极的升降是自动控制的，电极的自动控制系统包括电器部分（自动控制线路）和电极升降机构（执行机构）。

⑤ 倾炉机构　在炼钢过程中，为了出渣和出钢，需要倾转电炉。倾炉机构有机械传动式和液压传动式。图 2-5 中所示为液压驱动式倾炉机构：炉体的下面装有月牙板以支撑炉体重力，月牙板可在支撑轨道上滚动；而炉体的倾动是由液压缸驱动的。

⑥ 电极　石墨电极是电弧炉上的重要部件。由于弧光区温度可达 4000℃以上，所

以电极应具备高的耐火度、高的导电性以及足够的强度。电极的性能指标一般为：抗压强度≥16MPa，密度2.2g/cm^3，灰分≤1.0%，电阻率≤14Ω·mm^2/m。

⑦ 电气装置　电气装置由空气断路器、高压油开关、截流线圈、电压切换开关和变压器等组成。

⑧ 水冷装置　电炉生产过程中，炉内温度高，对于炉衬（包括炉盖）、炉门、炉顶等电路上的许多装置，如电极夹持器、炉顶圈、电机孔冷圈。炉门框、炉门及炉门挡板等都采用水冷却来降温，以便提高使用寿命和改善劳动条件。

（2）碱性电弧炉氧化法冶炼工艺

传统氧化法炼钢工艺过程包括补炉、装料、熔化期、氧化期、还原期和出钢，主要工艺过程由熔化、氧化、还原三期组成，俗称"老三期"。

① 补炉　一般每炼完一炉钢以后，装入下一炉的炉料以前，照例要进行补炉。其目的是修补炉底和炉壁被侵蚀和碰坏的部位。补炉操作的要点是：炉温高、操作快、补层薄。补炉方法有人工投补和机械喷补两种。大型电炉一般采用机械喷补，小型电炉上采用人工投补。碱性电弧炉人工投补的补炉材料是镁砂、白云石和部分回收的镁砂，所用黏结剂为卤水或水玻璃。机械喷补材料主要是镁砂、白云石或两者的混合物。

② 装料　装料前先配料。配料是炼钢一项重要准备工作，它直接影响到冶炼速度和钢的质量以及炉龄、金属收得率等。合理的配料，使炉前控制化学成分较为方便。具体各种炉料的配比及金属炉料块度比例见表2-1和表2-2。

补炉完后即可装料。往炉中装料前先在炉底铺一层质量约为炉料质量1%的石灰，其作用是在炉料熔化的过程中造渣脱磷，并减少加料时炉料对炉底的冲击。然后可将炉料加入炉中，目前，广泛采用炉顶料罐（或叫料篮）装料，每炉钢的炉料分1~3次加入。装料的好坏影响炉衬寿命、冶炼时间、电耗、电极消耗以及合金元素的烧损等。现场布料（装料）经验：下致密、上疏松、中间高、四周低、炉门口无大料，穿井快、不搭桥、熔化快、效率高。

表2-1　各种炉料允许使用的配比

种类	说明	使用配比%/（质量分数）
废钢件	包括轧钢切头、锻造料头、厚钢板边角料、废品机器零件等	全部
浇冒口及废铸件	常带有黏砂	35~50
钢屑	包括切屑、薄钢板及碎料	15~30
生铁	Z22铸造生铁或L08、L10炼钢生铁	<15

表2-2　金属炉料的块度比例（质量分数）

炉子容量/t	大块料/%	中块料/%	小块料/%	细料/%
1.5~5.0	20~30	30~40	30~35	5~10
6.0~10	25~35	30~40	25~30	5~10
12~15	30~40	20~40	20~35	5~10
20~40	40~50	25~35	15~20	5~10

注：小块料——尺寸为100mm×100mm×100mm，质量为2~7kg；

中块料——尺寸为100mm×100mm×100mm~250mm×250mm×250mm，质量为8~40kg；

大块料——尺寸为250mm×250mm×250mm~600mm×350mm×250mm，质量自40kg至装料质量的1/50。

③ 熔化期 传统冶炼工艺的熔化期占整个冶炼时间的 50%~70%，电耗占 70%~80%。熔化期过程分为起弧阶段、穿井阶段、电极回升阶段、熔化低温区阶段。炉料熔化后形成钢液熔池。

熔化期的任务是将固体炉料熔化成钢液，并进行部分脱磷。

炉料在熔化过程中，铁、硅、锰、磷等元素被炉气中的氧所氧化，生成 FeO、SiO_2、MnO 及 P_2O_5 等氧化物，这些氧化物又与石灰化合形成炉渣，覆盖在钢液表面。为了脱磷，在熔化末期分批加入小块矿石，其总量约为装料量的 1%~2%。炉料熔清后，熔化期结束。此时炉渣中含有大量的磷，应扒渣处理，然后加入石灰、氟石等造渣材料，另造新渣。

④ 氧化期 氧化期的任务是：将钢液中磷含量进一步降低，优质钢含磷量 $w_P < 0.025%$、高级钢含磷量 $w_P < 0.010%$；去除钢液中的气体和夹杂物；并提高钢液的温度，一般比出钢温度高出 10~20℃。

当钢液温度提高（1550℃以上）后，进入后一阶段，此时主要是进行氧化脱碳沸腾精炼，以去除钢液中的气体和夹杂物。常用的氧化脱碳方法有矿石脱碳法、吹氧脱碳法和矿石-吹氧脱碳法。

经过氧化脱碳后，钢液中含有大量的 FeO。为了减少钢液中残留的 FeO 量，在最后一批矿石加入钢液后，经过大约 3min，钢液沸腾开始减弱，以后继续进行 10~15min 的脱碳过程，此阶段为"净沸腾"。

脱碳反应是炼钢生产上最重要的反应。在脱碳过程中，产生大量的一氧化碳气泡，使熔池受到强烈的搅动，使得钢液温度和化学成分均匀，并能有效地清除钢液中的气体和非金属夹杂物。因此可以说，在炼钢过程中，脱碳是手段而不是目的。

当钢液含磷量和含碳量符合工艺要求，钢液温度足够高时，即可扒除氧化渣进入还原期。

⑤ 还原期 还原期的任务是脱氧、脱硫和调整钢液温度及化学成分。

现在电炉炼钢一般采用沉淀脱氧和扩散脱氧相结合的方法，即先用锰（锰铁）进行沉淀脱氧，再用炭（炭粉）和硅（硅铁粉）进行扩散脱氧，最后用铝进行沉淀脱氧。

钢液在还原渣下的脱硫和钢液中的脱氧是同时进行的。炉渣中的石灰和电石起脱硫作用。

当钢液中氧含量和硫含量降到合格要求，钢液温度也达到出钢要求时，调整钢液的化学成分。冶炼碳钢时，加入适量的锰铁和硅铁来调整含锰量和含硅量。冶炼合金钢时，除了调整含锰量和含硅量外，还要调整合金元素含量。

⑥ 出钢 化学成分调整好后，即可用铝脱氧（终脱氧），一般加铝量为钢液质量的 0.10%~0.15%。用铝终脱氧有两种方法：插铝法和冲铝法。插铝法是在临出钢以前，用钢钎将铝块插到钢液中进行脱氧。冲铝法是在出钢时，将铝块放在出钢槽上，利用钢液将铝冲熔进行脱氧。插铝后，升起电极，倾炉出钢。钢液在钢水包中镇静 5min 以上后开始浇注。

因出钢过程的钢-渣接触可进一步脱氧与脱硫，故要求采取"大口、深冲、钢-渣混合"的出钢方式。

2.3.3 电渣重熔法炼钢

电渣重熔法炼钢是将电极下端部浸埋在熔融的熔渣中,交流电流通过高电阻渣池时产生大量热量,将浸埋在熔融的熔渣中的电极端部熔化,熔化产生的金属熔滴穿过渣池滴入金属熔池,然后被水冷结晶器冷却后得到高质量铸锭的熔炼方法。这种方法是以炉渣和钢液之间的反应清洗钢液中的夹杂物,来生产特殊钢和合金钢的。电渣重熔炉如图2-6所示。

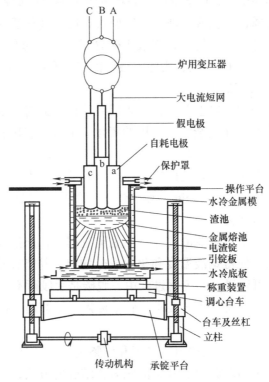

图 2-6 电渣重熔炉

电渣重熔法炼钢具有以下特点。

① 高温活泼的炉渣。电流在通过熔渣时,产生大量的热,一般炉渣温度可超过2000℃。从金属电极融化后滴落到熔池完全凝固,是强烈的渣-金界面反应过程。

② 渣洗过程。由于自耗电极埋在高温炉渣中,以金属熔滴的形式滴落且分散为细小的液滴,同时金属液滴要通过炉渣滴落到熔池,因此熔滴与炉渣之间有很大的接触面积,为金属液的精炼提供了良好的接触条件。

③ 金属液凝固顺序。金属熔池受到高温炉渣与金属液滴的加热和结晶器水平与向下方向的散热的双重作用,钢锭的结晶过程基本是由下到上呈人字形或者垂直生长,也有利于钢液中气体和夹杂物的上浮去除。

2.3.4 感应电炉炼钢

感应电炉熔炼是利用交流电磁感应的作用,使坩埚内金属炉料本身产生热量,将其熔化，并进一步使金属过热的一种熔炼方式。炼钢用的无芯式感应电炉，其结构如图 2-7 所示。坩埚由耐火材料筑成，外面有螺旋形的感应器（感应线圈），在坩埚内装有金属炉料，当交流电流通过螺旋形感应器时，围绕线圈产生交流磁场，在金属炉料内部则产生感应电动势和涡流。由于炉料本身有电阻，故在涡流通过时会发出热量，将金属加热熔化。实际上，感应电炉是综合利用交流电的集肤效应、邻近效应和圆环效应来加热和熔化金属的。

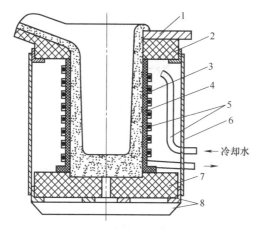

图 2-7　无芯式感应电炉结构
1—水泥石棉盖板；2—耐火砖上框；3—捣制坩埚；4—玻璃丝绝缘布；
5—感应器；6—水泥石棉防护板；7—耐火砖底座；
8—不锈钢（不感磁）边框

感应电炉炼钢具有以下特点。

① 电磁感应加热。感应电炉炼钢不使用电极，不存在钢液增碳问题，可生产碳含量极低的钢和合金。感应电炉不存在电弧炉炼钢时生成的过热区和钢液吸气的问题，有利于获得气体含量低的产品。

② 熔池的比表面积小。熔池的比表面积小有利于减少易氧化元素（如钛、铝或硼）的氧化和钢液吸气。炉渣不能被加热，不利于脱磷，因此感应炉冶炼对原料要求严格。

③ 熔池存在一定的搅拌强度。电磁感应导致的熔池搅拌有利于钢液成分的均匀，夹杂物的上浮和去除。

2.3.5　电子束炉炼钢

电子束熔炼法是在真空度很高（0.00133~0.133Pa）的条件下，用电子枪作为阴极发射高速电子束，轰击阳极（金属料棒和金属熔池），高速电子的动能转化为料棒的热能，从而加热、熔炼料棒的一种熔炼方法。金属料棒熔化、滴落后在铜制水冷结晶器中快速凝固，金属料棒在熔化、滴落、凝固过程中得到精炼。常见的电子束熔炼工艺原理如图 2-8 所示。

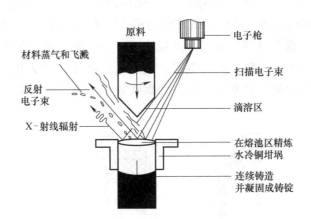

图 2-8　电子束熔炼工艺原理

电子束熔炼法具有以下特点：

① 真空度高。在高真空度下，非金属夹杂物和有害元素的去除更彻底，净化精炼效果更高。

② 熔池温度高。金属熔池温度可达到1850℃，可用来熔炼高熔点金属。

③ 熔炼时熔池的温度及其分布可控，熔池的维持时间可在很大的范围内调整。

2.3.6　等离子熔炼

等离子熔炼是利用等离子弧作为热源来熔化、精炼、重熔金属的一种新型的冶炼方法。主要用于特殊钢、超低碳不锈钢、高温合金以及活性和难熔金属（如钨、钼、铼、钽、铌、锆等）的生产。常见的等离子熔炼如图2-9所示。

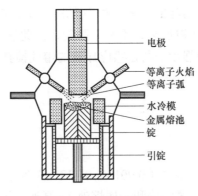

图 2-9　等离子熔炼

等离子熔炼法具有以下特点：

① 熔化速度快，热效率高；

② 去除气体和非金属夹杂物较充分；

③ 合金元素烧损少。

2.4 炉外精炼

2.4.1 炉外精炼的手段和分类

炉外精炼过程是先采用电弧炉（或平炉、感应电炉等）进行钢的初炼（熔化炉料以及脱磷等），而将其后的精炼（脱碳、脱硫、脱氧等）放在精炼设备中完成。炉外精炼能够提高钢的纯净度，减少合金元素的烧损，准确控制钢的化学成分，并为冶炼超低碳钢提供了良好的工艺条件。

炉外精炼的主要任务有：①钢水成分和温度的均匀化；②精确控制钢水成分和温度；③脱氧、脱硫、脱磷、脱碳；④去除钢中气体（氢气、氮气）；⑤去除夹杂物及夹杂物形态。

（1）炉外精炼的手段

炉外精炼采用的基本手段有：搅拌、真空、加热、添加精炼剂（如渣洗、喷吹及喂丝）。目前名目繁多的炉外精炼方法都是这些基本手段的不同组合。

① 搅拌　对反应容器中的金属液进行搅拌，是炉外精炼的最基本、最重要的手段。它是采取某种措施给金属液提供动能，促使它在精炼反应器中对流运动。搅拌可改善冶金反应动力学条件，强化反应体系的传质和传热，加速冶金反应，均匀钢液成分和温度，有利于夹杂物聚合长大和上浮排出。常用的搅拌方法有电磁搅拌和气体搅拌。

② 真空　当反应的生成物为气体时，通过减小反应体系的压力——抽真空，可以使反应向着生成气态物质的方向移动。因此，在真空下，钢液将进一步脱气、脱碳及脱氧。向钢液中吹入氩气，从钢液中上浮的每个小气泡都相当于一个"小真空室"，气泡内的 H_2、N_2 及 CO 等分压接近于零，钢中的［H］、［N］以及碳氧反应产物 CO 将向小气泡中扩散并随之上浮排出。因此，吹氩对钢液具有"气洗"作用。

③ 加热　钢液在出钢过程及添加剂的加入、与钢包进行热交换以及钢液在精炼过程的操作中，将有大量的热量损失，会造成温度下降。若炉外精炼方法具有加热升温功能，可避免高温出钢和保证钢液正常浇铸，增加炉外精炼工艺的灵活性。常用的加热方法有化学加热和电加热。化学加热是利用放热反应产生的化学热来加热钢液的，如吹入氧气与硅、铝、CO 反应，产生热量。常用的方法有硅热法、铝热法和 CO 二次燃烧法。电加热是将电能转变成热能来加热钢液的。这种加热方式主要有电弧加热和感应加热。

④ 添加精炼剂　炉外精炼中金属液的精炼剂一类为以钙的化合物（CaO 或 CaC_2）为基的粉剂或合成渣，另一类为合金元素如 Ca、Mg、Al、Si 及稀土元素等。将这些精炼剂加入钢液中，可起到脱硫、脱氧、去除夹杂物、夹杂物变性处理以及合金成分调整的作用。常见的添加方法有合成渣洗法、喷吹法和喂线法。

合成渣洗法采用预制的合成渣，在出钢时利用钢流的冲击作用使钢包中的合成渣与钢液混合，精炼钢液。

喷吹法是用载气（Ar）将精炼粉剂流态化，形成气-固两相流，经过喷枪，直接将精炼剂送入钢液内部。由于精炼粉剂粒度小，进入钢液后，与钢液接触面积大大增加，显著提高精炼效果。

喂丝法是将易氧化、密度小的合金元素置于低碳钢包芯线中，通过喂丝机将其送入钢液内部。

（2）炉外精炼的分类

炉外精炼发展迅速，具体方法有 30 多种，各自的侧重点不同，如脱硫、脱碳、脱氮、脱氧、减少非金属夹杂物、改变夹杂物形态、均匀浇注温度和微调成分等。炉外精炼方法及示意见图 2-10，包括钢包密封吹氩、调整成分精炼法（CAS），钢包吹氩喷粉脱硫法（CAB），真空浇注法（VC），倒包法（SLD），出钢过程中的真空脱气（TD），真空渣洗精炼法（VSR），真空提升脱气法（DH），真空脉动脱气精炼法（PM），气体精炼氩弧炉法（GRAF），真空吹氧脱碳法（VOD），氩氧脱碳精炼法（AOD），喂丝法（WF），喷粉钢包精炼法（TN）等。

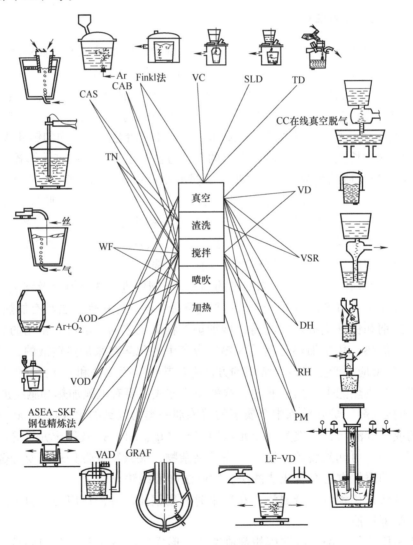

图 2-10　各种炉外精炼方法及示意

2.4.2 几种常用炉外精炼方法

(1) 钢包吹氩技术

一般电弧炉炼钢中进行脱碳的目的，主要是利用反应生成的 CO 气泡上浮过程中吸收钢液中的气体，并促使非金属夹杂物上浮，从而使钢液净化。但为了进行脱碳，须使钢液具有强氧化性，而这将使后期的脱氧任务加重，并会产生新的夹杂物。而往钢液中吹入氩气，利用氩气泡代替 CO 气泡进行精炼，则能解决这一问题。

钢包吹氩装置见图 2-11。吹氩是通过透气塞使氩气泡细小而分散，以延缓气泡在钢液中的上升速度，提高净化效果。吹氩压力根据钢液高度而定，一般为 0.4~0.6MPa 左右。吹氩所形成的钢液沸腾，不仅能清除钢液溶解的气体和悬浮的非金属夹杂物，起到净化作用，而且还能起到一定的脱氧作用。其原理是处于钢液中的氩气泡内 CO 的分压力为零，因而促使钢液中的碳与氧化亚铁进行反应。反应在氩气泡-钢液界面上进行，生成的 CO 气体随即进入氩气泡内，从而起到脱氧作用。

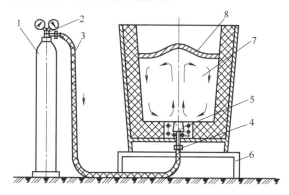

图 2-11　钢包吹氩装置

1—氩气瓶；2—减压阀；3—耐压橡胶管；4—活接头；5—透气塞；6—钢包支架；7—钢液；8—炉渣

钢包吹氩精炼常见的有 CAS 和 CAS-OB 两种方法。

① CAS　提高钢包吹氩强度，有利于熔池混匀和夹杂物上浮，当吹氩强度过大，会使钢液面裸露，造成二次氧化。为解决这一问题，采用强吹氩工艺将渣液面吹开后，在封闭的浸渍钟罩内迅速形成氩气保护气氛，避免钢水的氧化，这一吹氩工艺通常称为 CAS（composition adjustment by sealed argon bubbling）法，如图 2-12（a）所示。CAS 法不仅提高了吹氩强度，而且钟罩内氩气气氛使合金收得率提高，又使钢包吹氩工艺增加了合金微调的功能。

② CAS-OB　为了解决精炼过程中钢水降温的问题，在 CAS 设备上增设铝丸和顶吹氧枪设备，通过溶入钢水内的铝氧化发热，实现钢水升温，通常称为 CAS-OB（oxygen blowing）工艺，如图 2-12（b）所示。

(2) 钢包电弧加热（LF）精炼法

LF 精炼装置由钢包（底部装有多孔塞吹气装置）、加热炉盖（包括加热用的电极及附属的电气系统）、真空炉盖（包括附属的蒸汽喷射泵和附属的控制系统）、调整化学成分用原材料的添加装置、钢包移动装置以及除尘系统等部分所构成，见图 2-13。

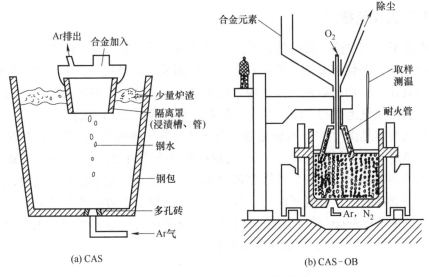

(a) CAS   (b) CAS-OB

图 2-12　CAS 与 CAS-OB 设备

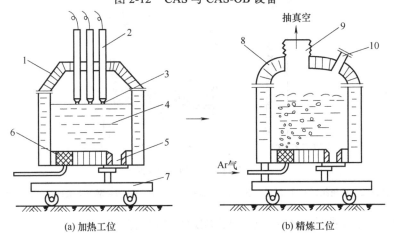

(a) 加热工位   (b) 精炼工位

图 2-13　LF 精炼炉构造

1—加热炉盖；2—加热电极；3—电弧；4—钢液；5—滑动水口；6—透气塞；7—移动车；
8—真空炉盖；9—真空接管；10—加料孔

LF 精炼工艺操作分别在加热和精炼两个工位进行。在不加炉盖情况下，将由电弧炉（或平炉）炼出的合格钢液，倾注到 LF 精炼炉的钢包中。LF 精炼炉进入加热工位，降下加热炉盖，加下电极并通电，对钢液进行加热，将钢液温度提高至正常出钢温度以上30~50℃。随后将钢包移至精炼工位，降下除气炉盖，抽真空，并从钢包底部吹氩，进行精炼。将钢包重新移至加热工位，进行最后的钢液化学成分和温度的调整。精炼完成后，往钢包中插入终脱氧剂，并出钢浇注。

（3）真空循环脱气（RH）法

RH 法其基本工艺原理是向上升管内吹入氩气，利用氩气泡将钢水不断地提升到真空室内进行脱气、脱碳等反应，然后通过下降管回流到钢包中。因此，RH 处理不要求特定的钢包净空高度，反应速率也不受钢包净空高度的限制。

随着技术的进步，随后又开发出了 RH-OB（oxygen blowing）、RH-KTB（Kawasaki top blowing）、RH-PB（powder blowing）、RH-PTB（powder top blowing）等精炼装置。其工作示意图如图 2-14 所示。

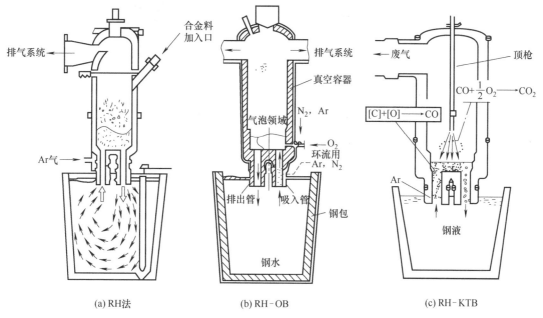

(a) RH法　　　　　　　　(b) RH-OB　　　　　　　　(c) RH-KTB

图 2-14　RH 法设备

（4）氩氧脱碳精炼（AOD）法

氩氧脱碳过程是在 AOD 装置（图 2-15）中进行的，首先用电弧炉熔化炉料并使钢液达到足够高的温度（≥1560℃），然后将钢液装入容器，开始吹入气体，并回转容器，使之处于竖直位置进行吹炼。吹炼开始时，吹入的气体全部是氧气，随着过程的进行，氧气逐渐减少，氩气逐渐增多，至后期则全部用氩气吹炼。在吹炼过程中，可从加料口取钢液，浇注成试样进行化学成分分析。吹氧使钢液脱碳，会产生很多热量，因而一般情况下，在吹炼过程中钢液温度不至于下降，有时还会上升。待钢液的化学成分和温度达到要求时，倾炉出钢。

（5）真空氧氩脱碳（VOD）精炼法

真空氧氩脱碳法精炼是首先用电弧炉熔化炉料成钢液，并提高至足够温度（≥1560℃），然后倾入底部有吹氩装置的钢包内，并将钢包装入 VOD 精炼装置的真空罐内，将罐盖盖好，抽吸真空，从上面进行吹氧脱碳，从底部进行吹氩搅拌。在罐盖上装有观察孔、加料口和取样装置，以便于观察罐内情况、加料和抽取钢的化学成分试样，其装置如图 2-16 所示。

VOD 法与 AOD 法相比，脱碳和清除钢液中气体的能力更强，并能节省氩气的用量，不过设备结构复杂，投资较大。

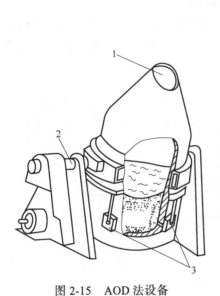

图 2-15　AOD 法设备

1—加料、取样、出钢口；2—转轴；3—吹氧、氩用风口

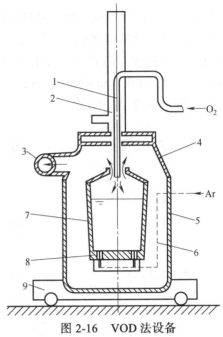

图 2-16　VOD 法设备

1—吹氧管（氧枪）；2—真空密封罩；3—真空管路；4—真空罐盖；5—真空罐；6—氩气管；7—钢包；8—透气砖；9—小车

（6）真空氧氩脱碳转炉精炼（VODC）法

真空氧氩脱碳转炉精炼法所用的设备实际上是 VOD 炉与 AOD 炉的结合，其装置见图 2-17。其容器的形状和炉体转动装置与 AOD 炉基本相同，不同的是这种方法采用从容器底部吹氩，从顶部吹氧，并有一个可移动的真空罩。当需要对容器抽取真空时，将容器转至竖直位置，将真空罩平移至容器口的位置，然后将罩压紧在容器口上，实现罩与容器之间的密封，然后抽吸真空。当不需要抽真空时，可将真空罩从容器口松开，并将罩移走。

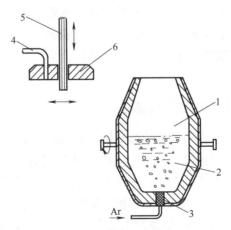

图 2-17　VODC 法设备

1—炉体；2—钢液；3—透气塞；4—抽真空管；5—吹氧管；6—真空炉盖

VODC 法的精炼过程可分为两个阶段：第一阶段是在不加真空条件下进行氧氩脱碳的过程，使钢液含碳量接近（稍高于）钢的规格成分要求；然后进行第二阶段，将真空罩盖上，在真空条件下进行吹氩精炼，进一步脱气和去除非金属夹杂物，并将含碳量降低至要求，添加合金元素调整化学成分后，即可松开和移走真空罩，倾炉出钢。

 思考题 ▶▶▶

　　1. 名词解释：转炉炼钢，电弧炉炼钢，炉外精炼。

　　2. 简述现代炼钢的两种工艺流程。

　　3. 转炉炼钢是利用氧气将铁水中的杂质元素氧化分离，是一个氧化过程。列举钢液中的主要元素，并简述其氧化顺序。

　　4. 钢液为什么要脱氧？脱氧的方法有哪些？各有何特点？

　　5. 请简述一炉钢的冶炼工艺过程。

　　6. 转炉炼钢有哪五大操作制度？其主要任务是什么？

　　7. 碱性电弧炉氧化法冶炼工艺有哪几个阶段？简述其工艺过程。

　　8. 简述碱性电弧炉氧化法炼钢的一般过程，以及氧化期和还原期的任务。

　　9. 电炉炼钢是以电能作为热源的炼钢方式，电炉炼钢主要包括哪几种方式？

　　10. 在碱性电弧炉炼钢中，为什么脱碳是手段而不是目的？

　　11. 论述炉外精炼采用的基本手段及作用。

　　12. 钢包吹氩主要有哪些作用？

　　13. 简要比较 AOD 法和 VOD 法。

第 **3** 章

有色金属冶炼

📗 **本章导读** ▶▶▶

有色金属的冶炼是采用不同的冶金方式（如火法、湿法或电法）从矿石中提取金属或金属化合物，并经过各种加工方法制成具有一定性能的金属材料。本章主要阐述下列内容：

1. 铝冶炼过程中氧化铝的生产、铝电解过程及铝合金的熔炼；
2. 钛冶炼过程中富钛料的生产、富钛料的氯化、精制和海绵钛的生产过程以及钛合金的熔炼；
3. 镁冶炼中电解法和热还原法制备镁的工艺方法以及镁的精炼；
4. 铜冶炼中火法冶金工艺的原理及工艺过程。

🚀 **学习目标** ▶▶▶

1. 掌握氧化铝生产、电解铝的基本原理，拜耳法和碱石灰烧结法的工艺过程；
2. 掌握钛冶炼过程的主要步骤；
3. 了解电解法和热还原法制备镁的工艺方法；
4. 了解火法冶金制备铜的原理和工艺过程。

3.1 铝冶炼

铝是地壳中含量最丰富的金属元素，平均含量为 8.7%，在自然界只能以化合物形式存在。炼铝原料最主要的矿石资源是铝土矿，世界上 95% 以上的氧化铝是用铝土矿生产的。按矿物的存在形态不同，铝土矿分为三水铝石型（$Al_2O_3 \cdot 3H_2O$）、一水软铝石型（$Al_2O_3 \cdot H_2O$）和一水硬铝石型（$Al_2O_3 \cdot H_2O$）以及混合型。铝土矿的主要成分是 Al_2O_3，含量在 40%~70%（质量分数）之间，另外，还含有 SiO_2、Fe_2O_3、TiO_2 和少量的 CaO、MgO，以及 Ga、V、P、Cr 等元素。

现代铝工业有三个主要生产环节：①从铝土矿提取氧化铝——氧化铝的生产；②用冰晶石-氧化铝熔盐电解法生产金属铝——电解铝的生产；③铝及铝合金生产加工——铝合金的生产。

3.1.1 氧化铝的生产

生产氧化铝的方法可大致分为碱法、酸法和电热法。碱法是当前氧化铝生产的主流工艺。

碱法生产氧化铝是使矿石中的氧化铝与碱在一定条件下生成铝酸钠溶液。矿石中的铁、钛等杂质和绝大部分的硅则成为不溶解的化合物，将不溶残渣与溶液分离，经洗涤后弃去或综合利用，以回收其中的有用组分，纯净的铝酸钠溶液分解析出氢氧化铝，经与母液分离、洗涤后进行焙烧，得到成品氧化铝。分离母液可循环使用，处理另外一批矿石。

碱法生产氧化铝分为拜耳法、碱石灰烧结法和拜耳-烧结联合法等多种流程。

3.1.1.1 拜耳法生产氧化铝

（1）拜耳法工艺原理

拜耳法的基本原理基于拜耳提出的两项专利。一项是他发现 Na_2O 和 Al_2O_3 分子比为 1.8 的铝酸钠溶液在常温下，只要添加 $Al(OH)_3$ 作晶种，不断搅拌，溶液中的 Al_2O_3 便可以 $Al(OH)_3$ 析出，直到其中 Na_2O 和 Al_2O_3 分子比提到 6 为止。这即是铝酸钠溶液的晶种分解过程。另一项是他发现，已经析出大部分 $Al(OH)_3$ 的溶液，在加热时，又可以溶出铝土矿中的 Al_2O_3 水合物，这也就是利用种分母液溶出铝土矿的过程。

拜耳法是一个完整的循环生产过程，可由下述基本化学反应式说明：

$$Al(OH)_3 + NaOH \underset{<100℃}{\overset{>100℃}{\rightleftharpoons}} NaAl(OH)_4$$

（2）主要工序

拜耳法生产氧化铝的主要工序包括：原矿浆制备、高压溶出、溶出矿浆的稀释及赤泥的分离洗涤、晶种分解、氢氧化铝分离与洗涤、氢氧化铝的煅烧、种分母液蒸发与碳酸钠的苛化。其基本工艺流程见图3-1。

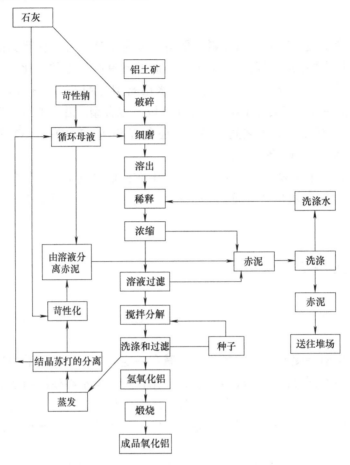

图 3-1 拜耳法生产氧化铝基本工艺流程

① 原矿浆制备 所谓的原矿浆制备，就是把原料如铝土矿、石灰、铝酸钠溶液等按一定配料比例，加入到棒磨机中，将矿石和石灰充分磨制，磨制出化学成分、物理性能都符合溶出要求的原矿浆。

② 高压溶出 溶出是拜耳法生产氧化铝的两个主要工序之一。溶出的目的在于将铝土矿中的氧化铝水合物溶出以铝酸钠形式转入溶液，而铁、硅等杂质进入赤泥。铝土矿的溶出通常是在高于溶液常压沸点的温度下用苛性钠溶液处理的化学反应过程。

从铝土矿溶出 Al_2O_3 所用母液的主要成分为 NaOH、$NaAlO_2$、Na_2CO_3 等，起主导作用的是 NaOH。

$$Al_2O_3 \cdot nH_2O + 2NaOH \longrightarrow 2NaAlO_2 + (n+1) H_2O$$

目前氧化铝工业生产中铝土矿的溶出工艺主要有压煮器溶出和管道化溶出两种。

③ 溶出矿浆的稀释及赤泥的分离洗涤 Fe_2O_3 在溶出过程中不与 NaOH 作用，而直接以固相进入残渣，使残渣呈粉红色，故将残渣称为赤泥。为了从铝土矿溶出料浆中得到纯净的铝酸钠溶液，并尽可能减少由赤泥以附着碱液形式带走的 Na_2O 和 Al_2O_3 的损失，需要对赤泥进行分离与洗涤。大多数氧化铝厂均采用沉降槽分离和洗涤赤泥。

综上所述，铝土矿高压溶出的结果是 Al_2O_3 进入溶液，而 SiO_2、Fe_2O_3、TiO_2 等杂质留在赤泥中，用机械的方法可使残渣与溶液分开，从而达到把 Al_2O_3 与杂质分离的目的。

④ 晶种分解　晶种分解是向铝酸钠溶液中加入晶种，充分搅拌，控制分解条件，使铝酸钠溶液分解析出氢氧化铝的过程，是拜耳法生产氧化铝的另外一个关键工序。其目的是获得质量良好的氢氧化铝产品，同时得到苛性比值较高的种分母液。

分解反应可以写成下式：

$$Al(OH)_4^- + xAl(OH)_3 \longrightarrow (x+1)Al(OH)_3 + OH^-$$
$$\text{（晶种）} \qquad\qquad \text{（结晶）}$$

经澄清后的铝酸钠溶液分解成 $Al(OH)_3$，洗涤后方可送去煅烧制得 Al_2O_3，其稳定性对分解至关重要。溶液稳定时，分解时间长，将降低设备利用率，相应生产周期变长。

晶种分解采用的设备主要为空气搅拌分解槽或机械搅拌分解槽，连续分解，每组分解槽由 7~20 个单槽组成。

⑤ 氢氧化铝分离与洗涤　晶种分解得到的氢氧化铝浆液，用过滤设备将氢氧化铝和母液分离，分离得到的氢氧化铝一部分直接返回生产流程，作种子分解的晶种，其余部分经进一步洗涤生产氢氧化铝成品。其过滤主要设备有转鼓式真空过滤机、平盘过滤机等。

⑥ 氢氧化铝的煅烧　铝酸钠溶液加种子分解所得的氢氧化铝结晶是多晶集合体，通常含有 12%~14% 的附着水。煅烧使氢氧化铝完全脱水，得到氧化铝。目前，大多数氧化铝厂在回转窑进行煅烧，最大的窑炉尺寸为 4.5m×110m。

一般，在煅烧过程中发生的反应如下：

$$Al_2O_3 \cdot 3H_2O \xrightarrow{225℃} Al_2O_3 \cdot H_2O + 2H_2O$$
$$Al_2O_3 \cdot H_2O \xrightarrow{500\sim550℃} \gamma\text{-}Al_2O_3 + H_2O$$
$$\gamma\text{-}Al_2O_3 \xrightarrow{900℃开始} \alpha\text{-}Al_2O_3$$

γ-Al_2O_3（尖晶石型立方晶系）在 900℃ 开始转变为 α-Al_2O_3（六方晶系），但须在 1200℃ 维持足够长的时间，γ-Al_2O_3 才能转变为适合电解的 α-Al_2O_3。

⑦ 种分母液蒸发与碳酸钠的苛化　蒸发的目的是排出流程中多余的水分，保持循环系统中液量的平衡，使母液蒸发浓缩到能满足拜耳法溶出铝土矿所需的碱度。拜耳法生产氧化铝是一个闭路循环流程，母液要循环使用。

$NaOH$ 与铝土矿中的碳酸盐及空气中的 CO_2 反应会生成碳酸钠。当母液蒸发后，碳酸钠的溶解度下降，形成 $Na_2CO_3 \cdot H_2O$ 结晶，必须将其转变成 $NaOH$ 溶液才能返回流程。通常先将其溶解，然后加入石灰乳，进行苛化反应。

$$Na_2CO_3 + Ca(OH)_2 \longrightarrow 2NaOH + CaCO_3$$

3.1.1.2　碱石灰烧结法生产氧化铝

随铝土矿的铝硅比降低，拜耳法的生产效益下降，铝硅比低于 7 时，拜耳法就不适合了。为处理低铝硅比的铝土矿，开发了碱石灰烧结法生产氧化铝。

（1）基本原理

在碱石灰烧结法中，在铝土矿中配入石灰石（或石灰）、纯碱（Na_2CO_3）及含有大量 Na_2CO_3 的提取氧化铝后的剩余母液，使原料中的各成分通过烧结反应（高温固相反应）转变为铝酸钠 $Na_2O \cdot Al_2O_3$、铁酸钠 $Na_2O \cdot Fe_2O_3$、硅酸二钙 $2CaO \cdot SiO_2$ 和钛酸钙 $CaO \cdot TiO_2$。其中铝酸钠易溶于水和稀碱溶液，铁酸钠则易水解为 NaOH 和 $Fe_2O_3 \cdot H_2O$，硅酸二钙和钛酸钙在溶出条件控制适当时不与碱液反应。所以由上述四种化合物组成的熟料，在用稀碱液溶出时 Al_2O_3 和 Na_2O 转入溶液，而同其余不溶杂质分离。得到的铝酸钠溶液经过净化（脱硅），通入 CO_2 气体，析出氢氧化铝，此方法叫碳酸化分解。碳酸化分解的母液，主要含 Na_2CO_3，可再去配料。在烧结法中碱也是循环使用的。

（2）工艺流程

烧结法的主要工艺过程有：生料配料与烧结、熟料溶出、赤泥分离与洗涤、粗液脱硅、碳酸化分解、氢氧化铝分离和洗涤、氢氧化铝焙烧、母液蒸发。碱石灰烧结法基本流程如图 3-2 所示。

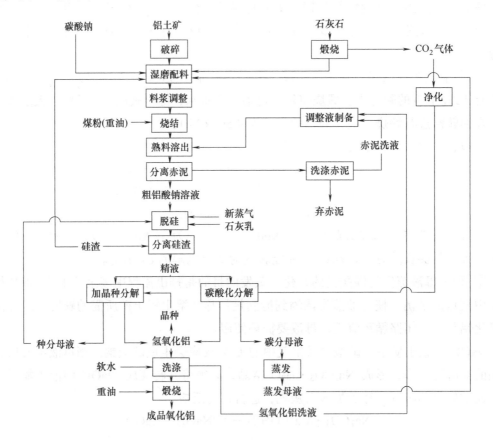

图 3-2　碱石灰烧结法基本流程

① 生料配料与烧结　生料主要有铝土矿、石灰石（石灰）、Na_2CO_3（苏打）、循环

母液和其他循环物料，其主要成分有 Al_2O_3、Na_2CO_3、Fe_2O_3、SiO_2 等。将生料在回转窑中烧结，烧结温度 1200℃。

烧结后主要产物为铝酸钠、铁酸钠、硅酸钙组成的块状多孔熟料与含尘炉气。

② 熟料溶出　熟料经过破碎达到要求后，用生产过程中产生的赤泥洗液和氧化铝洗液配制的稀碱液在球磨机内进行粉磨性溶出，使有用成分 $Na_2O \cdot Al_2O_3$ 尽可能转入溶液，而杂质 Fe、Ca、Ti、Si 的氧化物则转入赤泥。

③ 赤泥分离与洗涤　为了减少溶出过程中的化学损失，赤泥和铝酸钠溶液必须快速分离。为了回收赤泥溶液带走的有用成分 Na_2O 和 Al_2O_3，将赤泥进行多次反向洗涤再排入堆场。

④ 粗液脱硅　熟料溶出过程中，原硅酸钙不可避免与溶液发生反应，造成粗液中含有 5~6g/L 的 SiO_2，这部分杂质将影响成品氧化铝的质量。为了保证产品质量，粗液必须进行专门脱硅处理，制成精液。

⑤ 碳酸化分解　在分解槽中，连续不断地往其中溶入二氧化碳气体，可以使铝酸钠溶液分解析出氢氧化铝，生产上称为碳酸化分解。发生的反应如下：

$$NaAl(OH)_4 \longrightarrow Al(OH)_3 \downarrow + NaOH$$
$$2NaOH + CO_2 \longrightarrow Na_2CO_3 + H_2O$$

从而降低溶液稳定性，引起溶液分解，析出 $Al(OH)_3$。

⑥ 氢氧化铝分离和洗涤　采用过滤机将分解后的 $Al(OH)_3$ 与溶液分离。分离后的母液蒸发浓缩后返回配料。

⑦ 氢氧化铝焙烧。

⑧ 母液蒸发。

铝硅比（A/S）>9 的矿石适合采用拜耳法生产氧化铝，当 A/S 为 5~7 的矿石时，单纯的拜耳法就不适用了，一般采用拜耳法和烧结法的联合流程。当处理 A/S<4 的矿石时，碱石灰烧结法几乎是唯一得到实际应用的方法。

3.1.2　电解铝的生产

（1）生产工艺原理

现代铝工业生产，主要采取冰晶石-氧化铝熔盐电解法。炼铝的原料是氧化铝，直流电流通入电解槽，在阴极和阳极上发生电化学反应，阴极获得铝液，阳极析出 CO_2 和 CO气体。电解质通常由 95%冰晶石和 5%氧化铝组成，电解温度为 950~970℃。电解液的密度为 $2.1g/cm^3$，铝液密度为 $2.3g/cm^3$，两者因密度差而上下分层。铝液用真空抬包抽出，经过净化和澄清之后，浇铸成商品铝锭，其 Al 含量达到 99.5%~99.8%。阳极气体中还含有少量有害的氟化物和沥青烟气，经过净化之后，废气排放入大气，收回的氟化物返回电解槽。图 3-3 是铝电解生产流程简图。

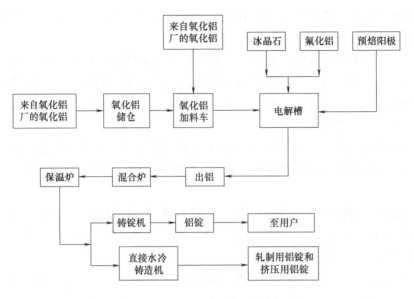

图 3-3　铝电解生产流程简图

（2）电解槽的结构

铝电解的主要设备是电解槽，如图 3-4 所示，是由型钢和钢板做成敞口的长方体，内部砌筑耐火材料。侧面及底部均用碳块做成的内衬作为阴极，插入电解质中的碳单质作为阳极，冰晶石-氧化铝溶液作为电解质。

图 3-4　电解槽结构

（3）铝电解的电极过程

① 电解质的离解　包括熔融冰晶石的离解和溶解于其中的氧化铝的离解。

冰晶石的离解可表示为：

$$3NaF \cdot AlF_3 = 3Na^+ + AlF_6^{3-}$$

$$AlF_6^{3-} = AlF_4^- + 2F^-$$

Al_2O_3 由于和 AlF_6^{3-} 以及 F^- 发生反应结合为 Al-O-F 配离子而溶解在冰晶石中，反应式为：

$$4AlF_6^{3-} + Al_2O_3 = 3AlOF_5^{4-} + 3AlF_3$$

$$2AlF_6^{3-} + Al_2O_3 = 3AlOF_3^{2-} + AlF_3$$

$$2F^- + Al_2O_3 = AlOF_2^- + AlO_2^-$$

② 铝电解过程中的两极反应

a. 阴极反应　在 1000℃左右，冰晶石-氧化铝熔液中纯钠的平衡析出电位大约比纯铝的平衡析出电位负 250mV。由于阴极上离子放电不存在很大的过电位（析出铝的过电位大约是 10~100mV），所以在这样大的析出电位差之下，阴极上的反应主要是析出铝。

在该反应中，铝氧氟配离子中的 Al^{3+} 获得三个电子而放电

$$Al^{3+}（配合的）+3e^- \longrightarrow Al$$

b. 阳极反应　在适当的电流密度下炭阳极上的气体产物几乎是纯 CO_2。氧离子（基本上是配合在铝氧氟离子中的离子）在炭阳极上放电，生成二氧化碳的反应是：

$$2O^{2-}（配合的）-4e^-+C \longrightarrow CO_2$$

因此，铝电解的总反应式是：

$$2Al_2O_3+3C \longrightarrow 4Al+3CO_2\uparrow$$

综上所述，电解过程是，氧化铝和碳阳极不断消耗，阴极析出金属铝，阳极产生 CO_2 气体。值得注意的一个问题是，当氧化铝含量小于 2% 时，会发生阳极效应。当其发生时，阳极上出现许多细小的电弧，发出轻微的啪啪声，槽电压急剧升高，4.5~5V 升高到 30~40V。其原因是氧化铝浓度降低（0.5%~1.0%），电解质与阳极浸润性降低，阳极表面形成气膜所致。这预告向电解槽加入氧化铝的时间并判断电解槽工作是否正常，否则会造成电能消耗增加，电解质过热，挥发损失增大。

3.1.3　铝合金的生产

铝合金是以电解铝、中间合金及低熔点纯金属为原材料，在电阻炉、反射炉或真空熔炼设备中进行重熔和合金化制备的。因为铝液在高温下极易吸气和氧化，所以熔炼的关键是进行除气和除渣精炼，提高铝液的纯净度。铝合金熔炼工艺流程如下所示。

配料计算→炉料准备→熔炉、工具准备→装料→加热熔化→搅拌→铝液精炼→调整成分→变质、细化处理→静置、保温→调整温度→铸造

（1）精炼

熔融铝液中一般包含气体元素（H）、氧化物、金属间化合物、碱金属和碱土金属（如 Na，Li，Ca 等）等。这些夹杂物损害冷热成形性以及力学和化学性能，在铸造之前必须尽可能彻底地将这些夹杂物从熔体中除掉，即精炼。

精炼的方式有吸附精炼和非吸附精炼两大类。

① 吸附精炼是在熔体中加入吸附剂（各种气体、液体和固体精炼剂等），与熔体中的气体和固态夹杂物发生物理化学的、物理或机械的作用，达到除气、除渣目的的方法。例如吹气精炼、氯盐精炼、熔剂精炼、熔体过滤（包括陶瓷管过滤和氧化铝球过滤，滤掉夹杂物）等。

吹气精炼是指向熔体中不断吹入气泡，在气泡上浮过程中将氧化物夹杂和氢带出液面的一种精炼方法。其原理如图 3-5 所示，通入的气体产生气泡时，气泡中的 $p_{H_2}=0$，因

此，溶解于铝液中的 H 将进入气泡，直至与熔体的 H 浓度相平衡，满足关系：

$$[H] = K(p_{H_2})^{1/2}$$

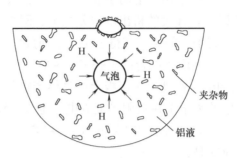

图 3-5　吹气精炼原理

吹入的气泡吸附熔体中的氧化夹杂物，在气泡上浮过程中将其带出液面，同时也去除了吸附在夹杂物上的原有小气泡。

通常，用于精炼的吹入气体有氯气、氮气和加入氯盐后产生的气体。大多数铸造铝车间采用这种精炼法，氯气法得到广泛应用，其原理如下：

$$3Cl_2 + 2Al \longrightarrow 2AlCl_3 \uparrow （183℃升华点）$$

$$Cl_2 + H_2 \longrightarrow 2HCl \uparrow （也可除化合氢）$$

$$2Na + Cl_2 \longrightarrow 2NaCl （进入渣）$$

$$3Na + AlCl_3 \longrightarrow Al + 3NaCl （进入渣）$$

② 非吸附精炼指不用吸附剂，而通过物理的作用（如真空、超声波、密度差等），改变金属-气或金属-夹杂物系统的平衡状态，从而实现气体和固态夹杂物分离的方法。例如静置处理、真空处理、超声波处理、预凝固处理、在线精炼系统［包括 FILD（无烟在线处理）和 SNIF（惯性悬浮离心喷头）］等。

真空处理是将铝液置于真空中进行净化的方法，其原理是：在真空中，铝液的吸气倾向很小，溶解度降低，熔体中的 H 会不断析出。溶解于熔体的气泡压力大于熔体上方真空的残余压力时会发生沸腾，在沸腾过程中，形成的 H 气泡上浮带出非金属夹杂物。铝合金真空处理温度 720~780℃，真空度 133~1333Pa，处理 10min 即可。

（2）铸造

目前铝合金铸造采用的方式有锭模铸造、连续铸造（半连续铸造）、连续铸轧等。

锭模铸造技术，如砂模铸造、树脂模和硬模铸造、压铸以及其他方法都能生产高质量的铸造产品。

连续铸造是以一定的速度将金属液浇入到结晶器内并连续不断地以一定速度将铸锭拉出来的铸造方法。如果只浇注一段时间把一定长度铸锭拉出来再进行第二次浇注叫半连续铸造。与锭模铸造相比，连续（半连续）铸造的铸锭质量好，晶内结构细小，组织致密，气孔疏松，氧化膜废品少，铸锭的成品率高。

如图 3-6 所示，将熔融金属液注入带有底座的水冷框形金属模中，底座以 5~10cm/min 的速度下降，与熔融金属液浇注速度相等。现在已经能在同一装置中浇注几个锭坯，而且轧制板坯的质量可以达到 15~18t。厚板、薄板、带材、型材和锻件之类半成品生产一般是从轧制板坯或挤压坯料开始的，这些坯料是用直接冷却连续铸造（DC）法生产的。

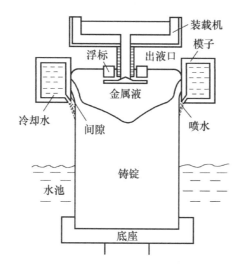

图 3-6　直接冷却连续铸造示意

连续铸轧过程中金属熔体在凝固区流入由水冷旋转圆筒、履带、环状轨道或无端钢带所形成的模子中。铸轧致使熔体快速凝固并迅速冷却到远低于固相线温度，含量超过其固溶度极限的合金元素，特别是过渡金属，如 Fe、Mn、Cr、Zr 和 Ti 将完全地或至少部分地被抑制在过饱和固溶体中，并引起力学性能的改善。具体内容将在第 4.3 节内进行介绍。

3.2　钛冶炼

钛的资源十分丰富，且分布很广，几乎遍布全世界。由于钛的化学活性很强，所以自然界中没有钛的单质存在，它总是和氧结合在一起。钛矿石主要以 TiO_2 和钛酸盐的形式存在，重要的原生矿物有钛铁矿（$FeTiO_3$）和金红石（TiO_2），其次是白钛石、锐钛矿、板钛矿、钛铁晶石等。目前世界上 90% 以上的钛矿用于生产钛白，约 4%~5% 的钛矿用于生产金属钛，其余钛矿用于制造电焊条、合金、碳化物、陶瓷、玻璃和化学品等。

目前国内外钛冶炼的精矿都是以钛铁精矿为主，冶金过程的主要步骤包括：①钛铁矿还原熔炼生产富钛料；②氯化法分解富钛料生产四氯化钛；③粗四氯化钛提纯制取纯四氯化钛；④还原四氯化钛制取海绵金属钛；⑤真空熔炼制取金属钛锭。具体工艺流程如图 3-7 所示。

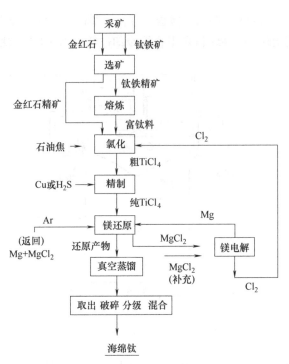

图 3-7　由钛铁精矿生产金属钛的流程

3.2.1　富钛料的生产

　　富钛料一般指 TiO_2 含量不小于 85%的电炉冶炼钛渣或人造金红石。用电炉冶炼钛精矿制取的产品 TiO_2 含量不小于 90%时，产品称为钛渣。以钛精矿为原料，用其他方法制取的产品称为人造金红石。按生产工艺，可分为以干法为主和以湿法为主两大类。干法包括电炉熔炼法、等离子熔炼法、选择氯化法等。湿法包括部分还原-盐酸锈蚀法、部分还原-硫酸浸出法、全还原-锈蚀法、全还原-$FeCl_3$ 浸出法以及其他的化学分离法。目前应用最广的工艺是电炉熔炼法。

　　在矿热式电弧炉内，于 1600~1800℃高温下还原熔炼钛铁矿。一般以无烟煤或石油焦为还原剂，铁的氧化物被选择性地还原成金属铁，钛氧化物富集在炉渣中成为钛渣。由于钛铁矿的熔化温度约为 1470℃，所以还原过程大部分时间是在熔融状态下进行的。钛渣的密度比生铁的密度小，因此渣相浮在上面，熔融铁水位于下面。利用生铁与钛渣的密度差别，使铁与钛氧化物分离，分别产出生铁和含 72%~95%TiO_2 的钛渣（或称高钛渣）。图 3-8 所示为熔炼钛渣的圆形密闭电炉体。

　　钛铁矿还原熔炼的主要反应为：

$$FeTiO_3+C = Fe+TiO_2+CO$$

$$3/4FeTiO_3+C = 3/4Fe+1/4Ti_3O_5+CO$$

$$2/3FeTiO_3+C = 2/3Fe+1/3Ti_2O_3+CO$$

$$1/3FeTiO_3+4/3C = 1/3Fe+1/3TiC+CO$$

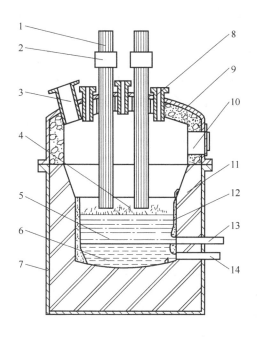

图 3-8 熔炼钛渣的圆形密闭电炉体

1—电极；2—电极夹；3—炉气出口；4—炉料；5—钛渣；6—半钢；7—钢壳；8—加料管；9—炉盖；10—检测孔；11—筑炉材料；12—结渣层；13—出渣口；14—出铁口

$$1/2FeTiO_3+C \Longrightarrow 1/2Fe+1/2TiO+CO$$

通过上述反应，钛和非铁杂质也有少量被还原，铁主要富集在铁水中。但随着还原过程的深入进行，渣中 FeO 活度逐渐降低，致使渣相中部分 FeO 不可能被完全还原而留在钛渣中。

3.2.2 四氯化钛的制取

四氯化钛是金属钛及钛白生产的重要中间产品。它是由富钛物料（高钛渣、金红石等）在高温和还原碳存在的条件下，经氯化而制得的。最常用的氯化剂有氯气和盐酸等。其反应式为：

$$TiO_2+C+2Cl_2 \Longrightarrow TiCl_4+CO_2$$

在 TiO_2 氯化过程中碳不仅使 CO_2 转变成 CO，更起着催化作用，氯分子吸附于碳的表面而被活化（由分子状态变为原子状态），从而加快了其反应速率。

生产实践中有三种氯化方法：竖炉氯化法、流态化氯化法（也称沸腾氯化法）和熔盐氯化法。目

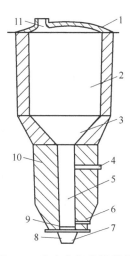

图 3-9 流态化氯化炉结构

1—炉盖；2—扩大段；3—过渡段；4—加料口；5—反应段；6—排渣口；7—氯气进口；8—气室；9—气体分布板；10—炉壁；11—炉气出口

前世界上约有 90%的 TiCl₄ 是用流态化氯化法生产的，所用设备为流态化氯化炉，其结构示意图，如图 3-9 所示。

工艺流程是用富钛物料与石焦油配制的炉料和氯气分别从加料口和氯气进口连续加入炉内，在 1123~1273K 温度和一定流化床层压下进行氯化反应，生成的 TiCl₄ 等气态产物从炉气出口出炉后经后续冷凝分离系统处理得到粗 TiCl₄，炉渣定期由炉底排出。

沸腾氯化法具有过程可以自热进行，传热传质条件好，反应温度很均匀，反应速率快，生产效率高，过程连续自动控制等许多优点。缺点是粉尘逸出量在 7%~8%以上。

3.2.3 四氯化钛精制

（1）粗四氯化钛中的杂质及除杂方法

粗四氯化钛是一种红棕色浑浊液，含有许多杂质，成分十分复杂。其中，重要的杂质有：$SiCl_4$、$AlCl_3$、$FeCl_3$、$FeCl_2$、$VOCl_3$、$TiOCl_2$、Cl_2、HCl 等。这些杂质对于用作制取海绵钛的 TiCl₄ 原料而言，几乎都是程度不同的有害杂质，特别是含氧、氮、碳、铁、硅等元素的杂质。例如 $VOCl_3$、$TiOCl_2$ 和 Si_2OCl_6 等含有氧元素的杂质，它们被还原后，氧即被钛吸收，相应地增加了海绵钛的硬度。如果原料中含 0.2%$VOCl_3$ 杂质，可使海绵钛含氧量增加 0.0052%，使产品的硬度 HB 增加了 4。显然必须除去这些杂质，否则，用粗 TiCl₄ 液作原料，只能制取杂质含量为原料中杂质含量 4 倍的粗海绵钛。

按照杂质在 TiCl₄ 冷凝过程中所收集到的物态和溶解度的不同可分为四类：

① 固体悬浮物　TiO_2、SiO_2、$MgCl_2$、$ZrCl_4$、$FeCl_2$、C、$MnCl_2$、$CrCl_3$；

② 可溶性气体杂质　H_2、O_2、HCl、Cl_2、CO、CO_2、COS；

③ 可溶性液体杂质　CCl_4、$VOCl_3$、$SiCl_4$、$SnCl_2$、$SOCl_2$；

④ 可溶性固体杂质　$AlCl_3$、$FeCl_3$、$NbCl_5$、$TaCl_5$、$MoCl_5$。

工业生产中常根据 TiCl₄ 和有关杂质的性质来选择精制方法。

不溶悬浮物常采用沉降法分离。大部分气体杂质在 TiCl₄ 中的溶解度不大，并随温度升高而下降，易于在蒸馏或精馏过程中去除。溶于 TiCl₄ 中的液体杂质与固体杂质，按与 TiCl₄ 沸点（410K）的差别可分为高沸点杂质、低沸点杂质和沸点相近的杂质。高沸点杂质和低沸点杂质采用蒸馏法或精馏法除去，沸点相近的一般采用化学法除去。

（2）蒸馏法和精馏法

蒸馏法基于溶解在四氯化钛中杂质的沸点与四氯化钛沸点的差别，除高沸点杂质（如 $FeCl_3$）是在蒸馏塔中进行的。控制蒸馏塔底温度略高于 TiCl₄ 的沸点（140~145℃），使易挥发组分 TiCl₄ 部分气化，难挥发组分 $FeCl_3$ 等残留于塔底。控制塔顶温度为 TiCl₄ 的沸点（137℃），沿塔上升的 TiCl₄ 蒸气中的 $FeCl_3$ 等高沸点杂质逐渐减少，纯 TiCl₄ 蒸气自塔顶逸出，经冷凝器冷凝成蒸馏液，而釜残液中 $FeCl_3$ 等高沸点杂质不断富集，定期排出使之分离。

低沸点杂质包括溶解的气体和大多数液体杂质。精馏法除低沸点杂质时，气体杂质加热蒸发时易于从塔顶逸出，分离容易。但 $SiCl_4$ 等液体杂质大多数和 TiCl₄ 互为共溶，相互的沸点差和分离系数又不是特别大，必须经过一列蒸馏釜串联蒸馏才能完全分离。这种蒸馏装置称为精馏塔。

（3）化学法除钒

粗 $TiCl_4$ 中的钒杂质主要是 $VOCl_3$ 和少量的 VCl_4，它们的存在使 $TiCl_4$ 呈黄色。精制除钒的目的，不仅是为了脱色，而且是为了除氧。这是精制工序极为重要的环节。常采用化学法除钒。可使用的化学试剂已达数十种，目前铜、铝粉、硫化氢和有机物四种已在工业上广泛应用。这些试剂在适当的操作条件下，都具有良好的除钒效果。但是，每一种试剂都具有各自的优缺点。

原理是：利用四价钒化合物（$VOCl_2$）难溶于 $TiCl_4$ 中的性质而将五价的 $VOCl_3$ 还原成四价的 $VOCl_2$。

① 铜法和铝法。

$$VOCl_3 + Cu = VOCl_2 \downarrow + CuCl$$
$$AlCl_3 + H_2O = AlOCl \downarrow + 2HCl$$
$$3TiCl_4 + Al = 3TiCl_3 + AlCl_3$$
$$TiCl_3 + VOCl_3 = TiCl_4 + VOCl_2 \downarrow$$

② 硫化氢法。

$$2VOCl_3 + H_2S = 2VOCl_2 \downarrow + 2HCl + S$$

③ 碳氢化合物法。

碳氢化合物（如石油、矿物油）作还原剂，加入到四氯化钛中，加热到 130℃，使碳氢化合物炭化，新产生的炭粒具有很大的活性，使 $VOCl_3$ 还原成 $VOCl_2$。

3.2.4 镁热还原法制备海绵钛

镁热还原法是用镁还原 $TiCl_4$ 制取金属 Ti 的过程。此方法于 1940 年被卢森堡科学家克劳尔（W.J.Kroll）研究成功，故又称克劳尔法。1948 年杜邦公司开始用这种方法生产商品海绵钛。

（1）基本原理

镁热还原法的原理是：在 880~950℃下的氩气气氛中，让四氯化钛与金属镁进行反应得到海绵状的金属钛和氯化镁，用真空蒸馏除去海绵钛中的氯化镁和过剩的镁，从而获得纯钛，蒸馏冷凝物可经熔化回收金属镁，氯化镁经熔盐电解回收镁和氯气。还原工艺原理涉及还原和真空蒸馏两个方面：

① 还原　$TiCl_4$ 液体以一定速度注入到底部盛有液体金属镁的反应罐中，气化成 $TiCl_4$ 蒸气与反应罐内的气态和液态金属镁发生反应：

$$TiCl_4（g）+2Mg（g，l）= Ti（s）+2MgCl_2（l）$$

该反应为放热反应。反应一经开始，就不需要外加热量，还原过程就可维持在 1073~1223K 的温度范围内而自动向右进行。

② 真空蒸馏 还原过程结束后，反应产物是 Ti、Mg 和 $MgCl_2$ 的混合物，故需要对其进行分离。一般采用真空蒸馏法将海绵钛中的 Mg 和 $MgCl_2$ 挥发除去。还原产物的分离之所以要在真空条件下进行，主要是由于钛在高温下具有很强的吸气性能，即使存有少量的氧、氢和水蒸气等也会被钛吸收而使产品性能变坏。在常压下，凝聚相的金属镁和 $MgCl_2$ 只有在沸点下才具有较高的蒸发速度（金属镁和 $MgCl_2$ 的沸点分别为 1363K 和 1691K）；而在真空条件下，温度较低时即可达到沸腾状态，具有较高的蒸发速度。生产上在 1073~1273K 下进行真空蒸馏，当反应罐内压力低于蒸馏温度下金属镁和 $MgCl_2$ 的蒸气压时，便能有效地将它们分离。在真空条件下能降低蒸馏作业温度，从而可避免在反应罐壁处生成 Fe-Ti 合金，减少 Fe-Ti 熔合后生成的壳皮。

（2）工艺流程

大型的钛冶金企业都为镁钛联合企业，多数厂家采用还原蒸馏一体化工艺。这种工艺被称为联合法或半联合法，它实现了原料 $Mg-Cl_2-MgCl_2$ 的闭路循环。它们的流程大体相同（图 3-10），但所用设备存在差异。

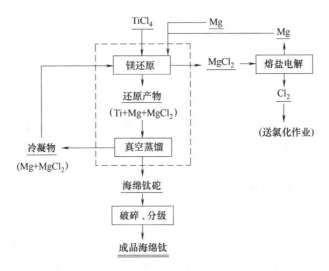

图 3-10　镁热还原法生产海绵钛的工艺流程

3.2.5　钛合金的生产

从钛化合物制取金属钛的过程都在低于钛熔点的温度下进行，只能得到多孔的金属——海绵钛。只有将海绵钛或钛粉制成致密的可锻性金属，才能进行机械加工并广泛地应用于各个工业部门。采用真空熔炼法、冷床炉熔炼法或粉末冶金的方法就可实现这一目的。目前熔炼法可以制得 3~10t 重的金属钛锭，粉末冶金的方法只能获得几百公斤以下的毛坯。

（1）真空熔炼法

真空电弧熔炼法广泛应用于生产致密稀有高熔点金属。这一方法是在真空条件下，利用电弧使金属钛熔化和铸锭的过程。由于熔融钛具有很强的化学活性，几乎能与所有的耐火材料发生作用而受到污染。因此，在真空电弧熔炼中通常采用水冷铜坩埚，使熔融钛迅速冷凝下来，大大减少了钛与坩埚的相互作用。

真空熔炼法包括非自耗电极电弧熔炼法和自耗电极电弧熔炼法。目前以真空自耗电极电弧熔炼法为主。

自耗电极电弧熔炼法是将待熔炼的金属制成棒状阴极，水冷铜坩埚作阳极，在阴、阳极之间高温电弧的作用下，钛阴极逐渐熔化并滴入水冷铜坩埚内凝固成锭。这种方法的阴极本身就是待熔炼的金属，在熔炼过程中不断消耗，故称为自耗电极电弧熔炼法，如在真空中进行，则称为真空自耗电极电弧熔炼法。

在此过程中，钛阴极不断熔化滴入水冷铜坩埚，借助于吊杆传动使电极不断下降。为了熔炼大型钛锭，采用引底式铜坩埚，即随着熔融钛增多，坩埚底（也称锭底）逐渐向下抽拉，熔池不断定向凝固而成钛锭，真空自耗电极电弧熔炼炉如图3-11所示。

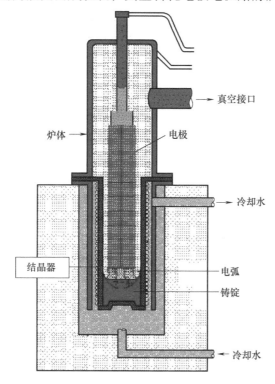

图3-11　真空自耗电极电弧熔炼炉

由于熔炼过程在真空下进行，而熔炼的温度又比钛的熔点高得多，熔池通过螺管线圈产生的磁场作用对熔化的钛有强烈搅拌作用，因此，海绵钛内所含的气体及易挥发杂质和残余盐类会大量排出，故此方法有一定的精炼作用。

真空电弧熔炼法存在着一些缺点，如成本高，加工复杂，金属损失大，直收率低。熔铸钛部件的价格昂贵，这大大限制了钛材的应用范围。

（2）冷床炉熔炼法

冷床炉熔炼法包括电子束冷床炉熔炼法和等离子冷床炉熔炼法两种。

冷床炉包括三个工作区：熔化区、精炼区和结晶区，结构示意如图 3-12 所示。在熔化区，炉料在电子束或等离子的作用下由固态变为液态，流向精炼区。在精炼区，液态金属进行精炼，通过挥发、溶解上浮、沉淀等机制去除杂质和夹杂物，并充分实现合金化，然后缓慢注入结晶器，凝固成圆形铸锭或扁锭。电子束冷床炉要求在 $1 \times 10^{-3} Pa$ 高真空下进行，等离子枪在接近大气压的惰性气氛下工作。在熔炼过程中，施加在熔化区、精炼区和结晶区的电子束（或等离子）功率密度、温度等参数分别控制，这是普通的真空电弧熔炼法无法实现的。

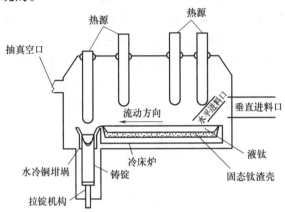

图 3-12　冷床炉结构示意

冷床炉熔炼法具有保证成分均匀化、气体杂质含量低，原材料可用回收钛残料降低成本，一炉多锭生产率高，可生产方锭、空心锭减少后续加工及金属损耗等优点。

（3）粉末冶金方法

粉末冶金方法直接用海绵钛生产钛制品，则有一系列的优越性，特别是生产小型钛制件和钛合金制件。有些特殊用途的多孔钛制品只有用粉末冶金方法才能生产。

具体工艺流程包括混粉、精密压制、烧结、整形精致部件，本部分内容将在第 6 章进行详细介绍。

3.3　镁冶炼

地壳中镁的含量为 2%，在各种金属中仅次于铝和铁，海水中镁以氯化物形式存在，浓度为 $1.3 kg/m^3$，其他重要矿石是白云石（碳酸镁和碳酸钙的配合盐）、菱镁矿 $MgCO_3$、光卤石 $KCl \cdot MgCl_2 \cdot H_2O$。

按照原料的不同炼镁方法可分为两大类：电解法和还原法。前者采用氯化镁作原料；后者采用煅烧后的氯化镁或白云石作原料，还原剂为 75% 硅铁或铝屑。世界各国的炼镁方法都是根据自己国家的资源特点来组建镁工业的，并且都有自身独特的经验。

3.3.1　电解法制备镁

炼镁采用氯化物熔盐体系电解，得到的产品是金属镁和氯气。现行电解制镁工艺包括电解原料的制备及氯化镁的电解两大过程。

（1）原料准备

依所用原料的不同，氯化镁原料准备方法可分为四种：道乌法（Dow process）、阿玛克斯法（Amax process）、诺斯克法（Norsk Hydro process）、氧化镁氯化法。

① 道乌法　用海水作原料，用石灰乳沉淀得到氢氧化镁，用盐酸处理氢氧化镁，得氯化镁溶液，氯化镁溶液提纯与浓缩后，电解含结晶水的氯化镁 $[MgCl_2 \cdot (1\sim2) H_2O]$，制取纯镁。

② 阿玛克斯法　以盐湖的卤水为原料，在太阳池中浓缩，经进一步浓缩提纯和脱水后，得到氯化镁，最后电解得镁。

③ 诺斯克法　所用原料是海水，或者是 $MgCl_2$ 含量高的卤水。跟道乌法不同的是所得氢氧化镁不是用盐酸去氯化，而是加以煅烧，以得 MgO。MgO 与焦炭混合制团后，用电解槽产出的氯气去氯化。

④ 氧化镁氯化法　在此方法中利用天然菱镁矿，在温度 700~800℃下煅烧，得到氧化镁。经过细磨，然后与碳素还原剂混合制团。在竖式电炉中氯化，制取无水氯化镁。

（2）电解法基本原理

镁电解工业虽然已有超过 100 年的历史，但其生产方法一直在变化。过去使用过的及现在正在使用的电解炼镁法共有十几种，各种方法中电解和精炼虽不断发展而有不同，但其基本原理是一样的，都是在电解槽中电解熔融氯化镁从而得到金属镁及其他副产物。

电极反应式如下：

阳极（石墨）：$2Cl^- - 2e^- \longrightarrow Cl_2$

阴极（钢）：$Mg^{2+} + 2e^- \longrightarrow Mg$

氯化镁熔体的物理化学性质（熔点高、易挥发、黏度大、电导率低、极易水解）决定了不能用纯氯化镁或单一的氯化镁熔体作为电解质来进行电解，一般采用 $MgCl_2$、KCl、$NaCl$、$CaCl_2$、$BaCl_2$ 的混合熔体作电解质。

工业镁电解的一个重要特点是液体金属镁漂浮在熔融电解质之上。由于氯气也向上逸出，容易发生反应，所以在阳极和阴极之间需要用隔板来隔离。镁电解槽的结构比较复杂，图 3-13 为双极性电极的镁电解槽结构示意图。

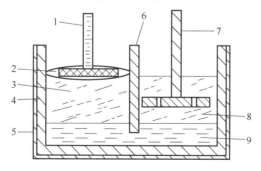

图 3-13　双极性电极的镁电解槽

1—钢阴极；2—镁；3—电解质A；4—耐火砖内衬；5—钢壳；6—耐火材料隔板；7—石墨阳极；8—电解质B；9—Mg-Al 合金液

3.3.2 热还原法制备镁

热还原法主要采用还原剂加热还原氧化镁,根据还原剂不同,热还原法炼镁又分为硅热法、碳化物热还原法和炭热法,其中后两种在工业上较少采用。

硅热法又分为外热法和内热法。采用硅铁还原氧化镁生产金属镁的工艺有皮江(Pidgeon)工艺和玛格尼特(Magnetherm)工艺。Pidgeon工艺属于外热法,Magnetherm工艺属于内热法。我国目前广泛使用的是Pidgeon工艺。

(1)皮江工艺

1941年加拿大科学家皮江(L. M. Pidgeon)教授发明了一种硅热还原炼镁工艺,称为皮江(Pidgeon)工艺。该工艺将煅烧后的白云石和硅铁按一定配比磨成细粉,压成团块,装在由耐热合金制成的蒸馏器(图3-14)内,在1423~1473K及1~13Pa条件下还原得到镁蒸气,冷凝结晶成粗镁,粗镁再精炼成镁锭。

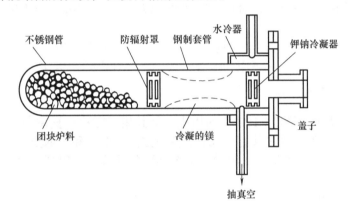

图3-14 皮江法蒸馏器

白云石是$CaCO_3$与$MgCO_3$的复合物($CaCO_3 \cdot MgCO_3$),加热到一定温度,按下式分解:

$$CaCO_3 \cdot MgCO_3 = CaO \cdot MgO + CO_2$$

白云石煅烧产物$CaO \cdot MgO$称为煅白。

煅白还原反应式为:

$$2(MgO \cdot CaO) + Si(Fe) = 2Mg + 2CaO \cdot SiO_2 + (Fe)$$

该方法的优点是还原设备结构简单,容易操作管理,产品质量好;缺点是周期性操作,设备产能低,成本比电解法高。

(2)玛格尼特工艺

玛格尼特法是1947年由法国发展起来的一种炼镁新工艺,也称为半连续熔渣导电法。玛格尼特工艺的冶炼设备为一个钢外壳内砌有保温材料及炭素内衬的密封还原炉,采用电热元件内部加热。炉料中除煅烧白云石和硅铁外,还有煅烧铝土矿。加入铝土矿的目的是为了降低熔渣的熔点。利用电流通过熔渣产生的热量来加热炉料并保持1450~1500℃的还原温度。炉内的压强为30~50Pa。连续加料,间断排渣和出镁,为半连续生产。其还原反应为：

$$2（MgO \cdot CaO）（s）+2Si（Fe）（s）+nAl_2O_3（s）=\!=\!=2Mg（l）+2CaO \cdot SiO_2 \cdot nAl_2O_3（l）+Si\text{-}Fe（l）$$

Magnetherm 工艺与 Pidgeon 工艺相比，该工艺的反应温度高，生成的熔渣为液态，可以直接抽出而不破坏设备内的真空，设备的产能大，劳动生产率高，成本低。

3.3.3　镁的精炼

金属镁因生产方法不同，其杂质也不同。电解法炼镁获得的粗镁，其氯化物杂质主要是电解质，如镁、钙、钠、钾、钡等的氯化物，还有电解过程中在阴极上由于电化学作用析出的钾、钠、铁、硅、锰等金属杂质，以及电解槽内衬材料及铁制部件的破损，使粗镁中含有铝和硅等。硅热法炼镁获得的粗镁中主要含有蒸气压较高的钾、钠、锌等金属杂质以及来自炉料的氧化物，如 MgO、CaO、Fe_2O_3、SiO_2、Al_2O_3 等。硅热法炼镁获得的粗镁通常也叫结晶镁，由于我国硅热法炼镁占总产量的 95%，所以后面的讨论中主要以结晶镁为对象。

杂质降低镁的抗腐蚀性能及力学性能，这是限定镁中杂质含量和对粗镁进行精炼的基本原因。

（1）熔剂法精炼

熔剂法精炼是通过向液态镁中添加适当熔剂的方法来实现精炼的目的。在熔铸镁时，熔剂的基本成分为氯化物和氟化物，可分为精炼熔剂和覆盖熔剂。精炼熔剂用来清除镁中的某些杂质，覆盖熔剂用来使熔融的镁避免被空气氧化，同时也能清除一定的氧化物杂质。具体分类及成分见表 3-1。所用设备如图 3-15 所示。

表 3-1　结晶镁精炼熔剂的成分

熔剂	化学成分/%					
	$MgCl_2$	KCl	NaCl	$CaCl_2$	$BaCl_2$	MgO
钙熔剂	38±3	37±3	8±3	8±3	9±3	≤2
精炼熔剂	（90%~94%的钙熔剂）+（6%~10%CaF_2）					
覆盖熔剂	（75%~80%的钙熔剂）+（20%~25%S）					

（2）镁的升华精炼

镁的升华提纯一般在竖式蒸馏炉中进行，如图 3-16 所示。其原理是根据镁和其中所含杂质的蒸气压不同，在一定的温度和真空条件下，使镁蒸发，而与杂质分离。凡是蒸气压高、沸点低于镁的金属和盐类，首先蒸发；而蒸气压低、沸点高于镁的金属和盐类，则残留下来。因此，镁得以提纯。升华提纯时，镁从固态出发，直接冷凝成固态镁。

当升华温度为 600℃和冷凝温度为 500℃时，镁的升华过程进行得相当快，这时候，镁中的大多数杂质实际上不升华。此时容器内镁的蒸气压稍大于 266.6Pa。因此，可得到纯度 99.99%以上的镁。

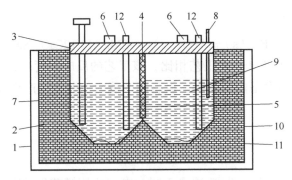

图 3-15 双室连续粗镁精炼炉结构

1—外壳；2—内衬；3—盖板；4—隔墙；5—溢流孔道；6—清理孔；7—注镁管；8—排镁管；9—镁；

10—熔融盐；11—渣；12—内浸式加热器

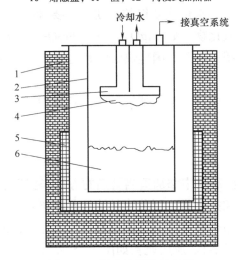

图 3-16 镁升华精炼炉结构

1—电炉炉体；2—真空罐；3—结晶器；4—结晶镁；5—电热加热装置；6—原料镁

3.4 铜冶金

铜在地壳中的含量为 0.01%。炼铜原料主要是铜矿石，目前所开采的是两种不同类型的矿石——氧化矿和硫化矿，90%的铜来自于硫化矿，10%来自于氧化矿。硫化矿物包括黄铜矿（$CuFeS_2$）、斑铜矿（Cu_3FeS_2）、辉铜矿（Cu_2S）、铜蓝（CuS）等。氧化矿物有孔雀石［$CuCO_3 \cdot Cu(OH)_2$］、硅孔雀石（$CuSiO_3 \cdot 2H_2O$）、赤铜矿（Cu_2O）、胆矾（$CuSO_4 \cdot 5H_2O$）等。

两类不同的矿石用不同的冶金工艺：火法冶金工艺用于处理硫化铜矿；湿法冶金工艺用于处理氧化矿。火法冶金工艺主要包括：造锍熔炼，锍的吹炼，粗铜火法精炼，阳极铜电解精炼。湿法冶金工艺主要包括：焙烧，浸出，净化，电沉积。目前世界上80%的铜是用火法冶炼生产出来的，特别是硫化矿，基本上全用火法处理。本节仅介绍火法冶金工艺。

3.4.1 火法冶金工艺原理

进入冶炼厂的铜矿都为浮选后的铜精矿，品位 10%~35%Cu。因此，要把铜矿中的铜提取出来，其基本思路是：精矿在高温下熔化时，各种铜的硫化物都要转变成 Cu_2S，先制得硫化物（造锍），再将其氧化得到粗铜（转炉吹炼），随后对粗铜进行火法精炼（阳极炉），最后电解精炼（阴极铜）。工艺流程如图 3-17 所示。

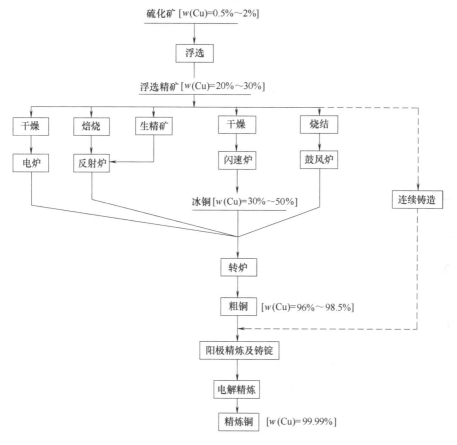

图 3-17　火法炼铜工艺流程

3.4.2 造锍熔炼

（1）造锍原理

造锍熔炼的目的有两个：其一是使原料中任何形态的铜尽可能以稳定的 Cu_2S 形态富集到冰铜中，同时使原材料中的氧化物和铁的氧化物与脉石矿物形成炉渣。其二是使冰铜与炉渣分离。

之所以能实现是因为：当有足够的 S 时，在高温下由于 Cu 对 S 的亲和力大于 Fe，而 Fe 对氧的亲和力大于 Cu，故下列反应可使 Cu 硫化。

$$FeS (l) + Cu_2O (l) \longrightarrow FeO (l) + Cu_2S (l)$$

理论计算表明，在 1200℃下，反应常数 $K=104.2$，这说明 Cu_2O 几乎完全会被 FeS 硫化。因此，对 Cu 的硫化物原料进行造锍熔炼，控制氧化气氛，保证有足够的 FeS，就可以使 Cu 以 Cu_2S 形态进入冰铜（或形成冰铜）。

（2）主要化学反应

造锍熔炼时，在高温作用下，发生两类化学反应：

① 高价硫化物、碳酸盐和硫酸盐的热分解：

$$4CuFeS_2 \longrightarrow 2Cu_2S + 4FeS + S_2 \qquad （黄铜矿）$$
$$2Cu_3FeS_3 \longrightarrow 3Cu_2S + 2FeS + 1/2S_2 \qquad （斑铜矿）$$
$$FeS_2 \longrightarrow FeS + 1/2S_2 \qquad （黄铁矿）$$
$$CaCO_3 \longrightarrow CaO + CO_2 \qquad （方解石）$$

② 各种化合物的相互作用：

$$3Fe_3O_4 + FeS \longrightarrow 10FeO + SO_2$$
$$Cu_2O + FeS \longrightarrow Cu_2S + FeO$$
$$ZnO + FeS \longrightarrow ZnS + FeO$$

反应生成的硫化物相互溶解生成冰铜，反应生成的氧化物、脉石矿物以及熔剂反应形成硅酸盐型炉渣。

（3）闪速炉（flash furnace）造锍熔炼

铜的造锍熔炼可以使用不同的炉子来实现，例如反射炉、鼓风炉、电炉以及闪速炉等。其中闪速炉工艺主要有：将预热空气（500~900℃）或富氧空气（27%~29% O_2）和干燥的精矿，加入反应塔顶部的喷嘴中，在喷嘴中空气和精矿发生强烈混合后一起吹入反应塔内，硫化物颗粒立即与周围的氧化性气氛发生反应，放出大量的反应热，这些热成为反应所需的大部分或全部能量，形成的冰铜和炉渣落入沉淀池澄清分离，随后出冰铜和出渣。闪速熔炼炉的结构示意图如图 3-18 所示，主要由反应塔和沉淀池组成。

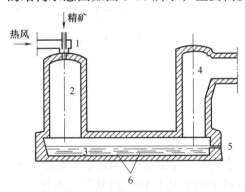

图 3-18　闪速熔炼炉结构

1—精矿喷嘴；2—反应塔；3—沉淀池；4—直升烟管；5—放渣口；6—放冰铜口

3.4.3　冰铜转炉吹炼

冰铜是 Cu-Fe-S 体系，主要成分是 Cu_2S 和 FeS，此外，还有少量的 PbS、ZnS、Ni_3S_2、Fe_3O_4 等。吹炼的目的是通过氧化除去冰铜中的 Fe 和 S 以及其中的一部分杂质，从而将冰铜转变成粗铜（blister）。吹炼是周期性作业，每个周期分为两个阶段，即造渣期和造粗铜期。

（1）造渣期

造渣期的主要任务是将冰铜（Cu_2S 和 FeS 等，铜含量 40%~75%）变成白冰铜（Cu_2S）。

$$2FeS+3O_2 \longrightarrow 2FeO+2SO_2+936800J$$
$$2FeO+SiO_2 \longrightarrow 2FeO \cdot SiO_2+92930J$$

（2）造粗铜期——吹炼得到粗铜

$$2Cu_2S+3O_2 \longrightarrow 2Cu_2O+2SO_2$$
$$Cu_2S+2Cu_2O \longrightarrow 6Cu+SO_2$$

总反应为：

$$Cu_2S+O_2 \longrightarrow 2Cu+SO_2+202kJ$$

冰铜吹炼是放热反应，其过程可自热进行，一般吹炼温度为 1150~1300℃。卧式转炉的结构如图 3-19 所示。

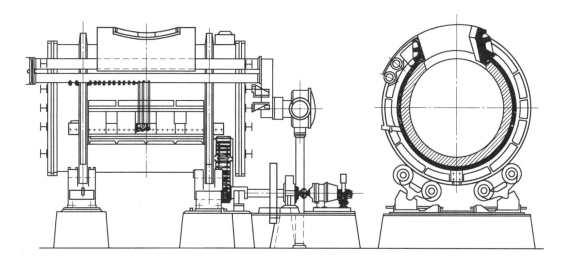

图 3-19　卧式转炉结构

3.4.4　粗铜精炼

粗铜精炼的目的是除去粗铜中的有害杂质，并富集金、银等贵金属，以便在电解精炼时回收。

火法精炼的原理是：粗铜中多数杂质对氧的亲和力大于 Cu 对氧的亲和力，而且杂质氧化物在 Cu 中的溶解度非常小，因此，杂质以氧化物炉渣的形式除去。而氧化过程的进行，也必然在铜中产生过量的氧化铜，最终需要还原。

（1）氧化过程 （氧化除渣阶段）

空气进入铜熔体，首先与铜反应生成 Cu_2O，再与其他金属杂质（用 Me 表示）作用使杂质氧化，化学反应式如下：

$$4Cu+O_2 \longrightarrow 2Cu_2O$$
$$Cu_2O+Me \longrightarrow MeO+2Cu$$
$$Cu_2S+2Cu_2O \longrightarrow 6Cu+SO_2$$

除 S 在氧化后期进行，因为有其他对 O 亲和力大的金属时，铜的硫化物不易被氧化。SO_2 气体的逸出，使铜液产生沸腾，称为铜雨。铜雨的出现意味着氧化除渣阶段结束，可进行还原过程。

（2）还原过程

氧化除渣后铜液中有 7%~8% 的 Cu_2O，用还原剂进行还原。还原剂主要有重油、天然气、液化石油气、木炭等。反应如下：

$$Cu_2O+H_2 \longrightarrow 2Cu+H_2O$$
$$Cu_2O+CO \longrightarrow 2Cu+CO_2$$
$$Cu_2O+C \longrightarrow 2Cu+CO$$

火法精炼铜被浇铸成阳极板送往电解精炼，故火法精炼铜又称为阳极铜，相应地把火法精炼用的炉子称为阳极炉。

3.4.5 电解精炼

电解精炼的目的，是要得到纯度高的电铜（含铜为 99.95%~99.99%），以满足电气工业和合金生产的需要。此外，电解精炼时贵金属和稀有金属均富集在阳极泥中，可进一步分别提取。

电解精炼的过程，是将火法精炼后浇铸成的铜阳极放入有电解液（硫酸铜和硫酸的水溶液）的电解槽中，阴极是纯铜薄片（又叫始极片）。当导电板分别接上电源，两极通直流电流后，溶液中的铜离子便移向阴极，获得电子后成为铜原子沉积在阴极上，产出纯度很高的电解铜。阳极方面，由于电源不断地从它上面把电子取走，结果阳极方面的铜原子因为失去电子成为离子。当硫酸根离子移向阳极而与这些铜离子接触时，便形成 $CuSO_4$，Cu^{2+} 陆续从阳极脱离，进入溶液。杂质进入阳极泥或电解液，从而实现铜和杂质的分离。由此可见，整个电解精炼过程包括阴极反应和阳极反应，其总反应为：

$$Cu（粗） \longrightarrow Cu（纯）$$

1. 简述拜耳法制备氧化铝的基本原理及优缺点。
2. 简述碱石灰烧结法的基本原理。
3. 简述铝电解的基本原理。
4. 什么是铝电解槽的阳极效应？发生阳极效应的原因是什么？
5. 我国高钛渣的生产工艺主要为电炉熔炼法，请简述其原理。
6. 简述镁热还原法（Kroll）制备金属钛的原理。
7. 钛合金的熔炼一般采用真空自耗电极电弧熔炼法，简述其熔炼过程。
8. 镁的冶金有哪两种方法？所用的原料分别是什么？
9. 简述电解法制备镁的基本原理及优缺点。
10. 简述皮江法炼镁的工艺过程。
11. 简述镁精炼的各种工艺过程。
12. 简述火法炼铜的工艺原理。
13. 画出火法炼铜的工艺流程图，并说明各主要工序的目的，可能发生的化学反应及其原理。

第4章

半固态金属成形技术

本章导读 ▶▶▶

半固态金属成形是对半固-半液状态的金属进行加工成形。半固态成形技术可获得均匀细小细晶组织，从而具有提高性能、缩短加工工序、节约能源等优势，非常适合现代金属材料及其复合材料的成形加工。本章主要阐述下列内容：

1. 半固态金属成形的原理、工艺流程、特点；

2. 半固态合金浆料的制备方法（包括机械搅拌法、电磁搅拌法、应力诱发熔体激活法、喷射沉积法、超声波处理法）；

3. 半固态金属成形方法（包括流变压铸、触变压铸、半固态挤压、半固态模锻、半固态轧制）。

学习目标 ▶▶▶

1. 了解半固态金属成形的原理、工艺流程、特点；

2. 掌握半固态合金浆料的制备方法；

3. 掌握半固态金属成形方法。

4.1 概述

通常，金属的成形工艺有两种：一种是采用完全呈液态的金属成形，例如各种铸造技术；另一种是采用完全是固态的金属成形，例如锻造、挤压等。半固态金属成形则是对于半固-半液状态的金属进行加工成形。半固态成形技术采用非枝晶半固态浆料，打破了传统的枝晶凝固模式，所以半固态金属与过热的液态金属相比，含有一定体积比的球状初生固相；与固态金属相比，又含有一定比率的液相，因此，半固态金属成形在获得均匀细晶组织、提高性能、缩短加工工序、节约能源、提高模具寿命等方面具有明显的优势，非常适用于现代金属材料及其复合材料的成形加工。

4.1.1 半固态金属成形原理

半固态金属成形的工艺原理是将合金熔化后，待它冷却到液相线温度以下时，对合金进行搅拌。在搅拌力的作用下，合金中析出的树枝状晶被破坏，并在周围金属液的摩擦熔融作用下，晶粒和破碎的枝晶小块形成卵球状的颗粒，分布在整个液态金属中。这时合金即使固态组分达 40%~60%，仍然像糊状的悬浮液，具有一定的流动性，仍可以用压铸等铸造方法成形，而在剪切力较小或为零时，它又具有固体性质，可以进行搬运储存。

半固态金属的内部特征是固-液相混合共存，在晶粒边界存在金属液体，根据固相含量的不同，其状态有所不同，如图 4-1 所示。

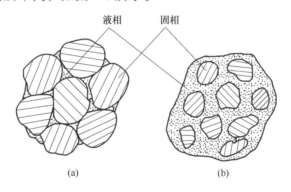

图 4-1　半固态金属的内部结构

和普通铸造所得的树枝状枝晶组织不同，半固态合金具有独特的非枝晶、近似球形的显微组织，如图 4-2 所示。在强烈搅拌下凝固组织造成枝晶之间互相磨损、剪切，颗粒间相互摩擦、破碎及粗化等，使其初晶组织呈球状、近球状或半树枝状的初次固体（尺寸为 100~200μm），均匀分布在金属液中。但在静止时，颗粒有聚集现象，内部形成了一定的结构，使合金也具有固体的特性。半固态组织的形态和大小与合金的温度、剪切速率和固相比例有关。随合金温度下降，最终获得更简单的球状结构。

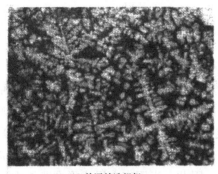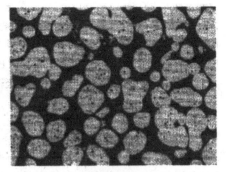

(a) 普通铸造组织   (b) 半固态铸造组织

图 4-2   在相同冷却条件下 ZA12 合金的普通铸造和半固态铸造显微组织（×100）

4.1.2 半固态金属成形特点

半固态金属成形利用金属从固态向液态或从液态向固态转变过程中的半固态温度区间实现金属的成形加工。金属半固态成形与常规的金属成形工艺相比，具有以下优点：

① 半固态浆料黏度比液态金属高，容易控制。模具夹带的气体少，减少氧化，改善加工性，减少模具黏接，可进行更高速的部件成形，改善表面光洁度，易实现自动化和形成新加工工艺。

② 半固态浆料流动应力比固态金属低。半固态浆料具有流变性和触变性，变形抗力非常小，可以更高的速度成形部件，而且可进行复杂件成形，缩短加工周期，提高材料利用率，有利于节能节材，并可进行连续形状的高速成形（如挤压），加工成本低。

③ 应用范围广。凡具有固液两相区的合金均可实现半固态加工。可适用于多种加工工艺，如铸造、轧制、挤压和锻压等，并可进行材料的复合及成形。

4.1.3 半固态金属成形工艺流程

半固态金属成形工艺路线主要有两条：一条是金属从液态冷却到半固态温度，然后将所得的半固态浆料直接成形，通常称为流变成形；另一条是将半固态浆料完全凝固，先制备成坯料，然后根据产品尺寸下料，再重新加热到半固态温度成形，通常称为触变成形。两条工艺流程如图 4-3 所示。

（1）流变成形

流变成形是在金属凝固过程中，通过施加搅拌或扰动或改变金属的热状态或加入晶粒细化剂等手段，改变合金熔体的凝固行为，获得一种液态金属母液中均匀地悬浮一定球状初生固相的固-液混合物（半固态浆料），并利用此浆料直接成形加工（如压铸、挤压或轧制）的方法。流变成形工艺中，半固态浆料中固相颗粒的尺寸和形状与冷却速度、搅拌方法、搅拌速度等显著相关，并且易于维持在低固相分数状态，通过搅拌可用于凝固区间小甚至共晶合金或纯金属。

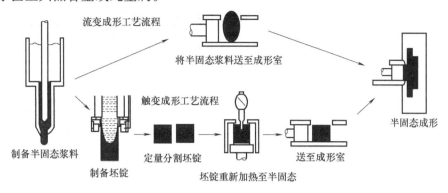

图 4-3　半固态金属成形的两条工艺流程

　　流变成形在半固态发展初期就被认为是最具发展潜力的工艺过程，它具有工艺流程短、设备简单、节省能源、适用合金不受限制等特点，是未来半固态金属成形的一个重要发展方向。但是由于半固态金属浆料的保存和输送很不方便，严重制约这种成形方法的实际应用。

（2）触变成形

　　触变成形是获得半固态浆料后，将其进一步凝固成坯料（通常采用连铸工艺），根据需要将坯料切分，然后把切分的坯料重新加热至固-液两相区形成半固态坯料，利用这种半固态坯料进行加工成形的方法。触变成形工艺中，半固态浆料中固相粒子由母材晶粒未熔化的部分构成，颗粒尺寸与形状依赖于母材，并且易于维持在高固相状态，适合用于凝固区间大的合金。

　　与流变成形相比，触变成形解决了半固态浆料制备与成形设备相衔接的问题，易于实现自动化操作。因此，触变成形工艺已成功实现了工业应用，目前国外已形成了一定的商业生产规模。但是，随着触变成形工艺的不断推广和应用，其主要缺陷也逐渐暴露出来；浆料制备成本高、设备投资大、坯料的成分和微观结构的不均匀性、浆料制备过程控制难度大等，成为制约触变成形工艺发展的主要瓶颈，也成为近年来半固态成形技术的研究重点。

4.2　半固态合金浆料的制备

　　半固态加工用浆料要求初生相固态细小，呈非枝晶的球状颗粒均匀分布在低熔点液相中。制备具有流变性的半固态合金浆料或具有触变性的非枝晶组织结构的坯料是实现半固态加工的首要环节。

　　目前浆料的制备方法很多，具体分类见表 4-1。通常，半固态金属浆料的制备方法有机械搅拌法、电磁搅拌法、应力诱发熔体激活法、喷射沉积法等。

表 4-1 半固态浆料的制备方法分类

搅拌法	机械力搅拌	机械搅拌法、剪切冷却轧制法、双螺旋搅拌法
	电磁力搅拌	电磁搅拌法
	超声搅拌法	超声波处理法
	自重力搅拌	冷却斜槽法、阻尼冷管法、斜管法、蛇形管法
	复合作用力搅拌	剪切低温浇注法、锥桶式剪切流变成形法
非搅拌法	增强形核法	化学晶粒细化法、新 MIT 法、NRC 法、不同熔体混合法
	控制冷却法	连续流变转换法、浇注温度控制法、流变容器制浆法、半固态等温热处理法、浆料快速冷却法、旋转热焓平衡法 SEED、自孕育法
	气流成形	喷射成形法、紊流效应法
固相法	冷热变形法	应力诱发熔体激活（SIMA）法、新 SIMA 法、形变热处理法
	粉末法	粉末冶金法

4.2.1 机械搅拌法

机械搅拌法是制备半固态金属最早使用的方法，它可以通过控制搅拌温度、搅拌速度和冷却速度等工艺参数，使初生树枝状晶破碎而成为颗粒结构。机械搅拌法分为非连续机械搅拌法和连续机械搅拌法。

半固态浆液制备器，一般均由采用感应加热的液态金属熔池和与其相连的坩埚混拌冷却室组成。该装置基本分为两种类型，一种由两个同心的圆筒所组成，内筒保持静止，外筒旋转，使切分的树枝晶破碎。另一种是在熔融的金属中插入一搅拌棒进行搅拌。几种机械搅拌装置结构如图 4-4 所示。它具有两个垂直相连的同心圆柱形筒，上部是合金储存室，下部是合金混合搅拌冷却室，通过搅拌棒的升降，调节浆液中固液组成及流出速度。

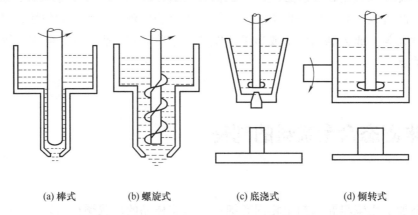

(a) 棒式　　　　　(b) 螺旋式　　　　　(c) 底浇式　　　　　(d) 倾转式

图 4-4　几种机械搅拌装置示意

由直流电动机带动的搅拌棒是用富铝红柱石和石英制成的，也有用高纯度的三氧化二铝制成的，也可以直接用陶瓷热电偶保护管作搅拌棒，方形搅拌棒比圆形具有更好的搅拌效果。搅拌的速率为 100~1000r/min，多为 800~1000r/min。搅拌棒可以一直延伸到搅拌室的底部，并通过其升降来调节浆液的流出速度，这样也就控制了浆液的温度和固体组分。

机械搅拌法可以获得很高的剪切速率，冷却速度大，有益于形成细小、均匀的显微组织，搅拌在金属液面下进行，因而减少了空气的进入。机械搅拌法设备简单，但操作困难，搅拌腔体内部往往存在搅拌不到的死区，影响了浆料的均匀性，而且金属熔体与搅拌叶片直接接触，影响到搅拌器的寿命，同时金属浆料也易受到污染。由于在工业生产中难以解决这些问题，该方法在实验室的研究中应用较多。

4.2.2　电磁搅拌法

电磁搅拌法是利用感应线圈产生的平行于或者垂直于铸形方向的强磁场对处于液-固相线之间的金属液形成强烈的搅拌作用，产生剧烈的流动，使金属凝固析出的枝晶充分破碎并球化，进行半固态浆料或坯料制备的方法。

电磁搅拌法是工业制备铝合金半固态坯料的主要工艺方法，与连铸相结合进行高效率坯料连续制备。该方法不污染金属液，金属浆料纯净，不卷入气体，可以连续生产流变浆料或连铸锭坯。目前，工业上用电磁搅拌法可以生产出直径达 38～152mm 的半固态铸棒。但是，交变电流的集肤效应使得电磁力从铸棒四周到中心逐渐减弱，所以电磁搅拌法不宜生产更大直径的铸棒，而且该种方法的电能消耗量大，搅拌效率有待于进一步提高。图 4-5 为电磁搅拌法制备半固态坯料的三种搅拌方式。

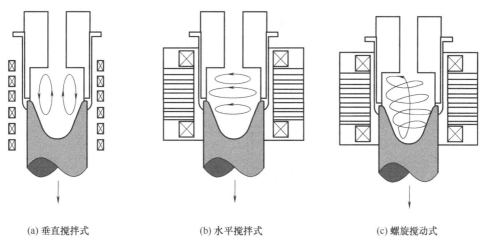

(a) 垂直搅拌式　　　　　　　(b) 水平搅拌式　　　　　　　(c) 螺旋搅动式

图 4-5　电磁搅拌法制备半固态坯料的三种搅拌方式

4.2.3　应力诱发熔体激活法

应力诱发熔体激活（stress induced melted activation，SIMA）法首先要使常规铸锭经过挤压、辊压、轧制等变形工艺获得足够的冷变形、温变形甚至热变形，制成具有强烈拉伸形变结构显微组织的棒料，而后加热到固液两相区并保温，得到非常细小的、非枝晶的球状显微组织，形成半固态原料，然后加热到半固态状态保温，即可获得具有触变性的球状半固态坯料。图 4-6 所示为应力诱发熔体激活法工艺路线及温度变化图。

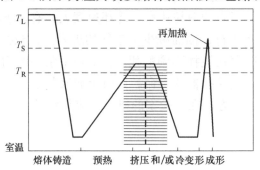

图 4-6　应力诱发熔体激活法工艺路线及温度变化

　　SIMA 法中最重要的 3 个工艺参数是预变形量、加热到半固态期间的温度和保温时间。因此 SIMA 工艺效果主要取决于低温热加工和重熔两个阶段，若在两者之间设置冷加工工序，可以增加工艺的可控性。

　　应用该方法获得的金属纯净，产量大，是目前工业生产中采用的主要技术之一。但是由于增加了预变形工序，因此生产成本提高。此外，与电磁搅拌法相比，它仅限于生产小型零件，作为电磁搅拌法的补充，应用于高熔点半固态合金。

4.2.4　喷射沉积法

　　金属熔化成液态后，通过气体喷雾器雾化为熔滴颗粒，在喷射气体的作用下高速冲向下方的成坯冷却靶上，直径约为 100μm 的液珠在向下运动的过程中，受惰性气体的冷却，表面温度迅速下降，发生凝固，形成外壳。在沉积时由于重装作用，外壳破裂，内部正在结晶的树枝晶破碎，形成非常细小的球化晶。经加热到局部熔化时，也可得到半固态金属浆料。图 4-7 为喷射沉积法装置示意图。

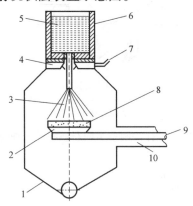

图 4-7　喷射沉积法装置

1—沉积室；2—基板；3—喷射粒子流；4—气体雾化器；5—合金液；6—坩埚；7—雾化气体；
8—沉积体；9—运动机构；10—排气及取料室

应用该方法能够得到一般熔铸条件无法实现的细晶组织及某些高合金成分，如高铝硅合金，尤其是均匀弥散的颗粒增强金属基复合材料；喷射沉积法得到的预成形毛坯料，可为半固态成形大的复杂零件做准备。但其生产成本高，设备及工艺复杂，在国外此项技术比较成熟，我国还处于实验室研究阶段。

4.2.5 超声波处理法

超声波处理法制备半固态金属浆料的基本原理是：在液态金属中加入细化剂，并利用超声机械振动波扰动金属的凝固过程，细化金属晶粒，获得球状初晶的金属浆料。超声振动波作用于金属熔体的方法一般有两种：一种是将振动器的一面作用在模具上，模具再将振动直接作用在金属熔体上，但更多的是振动器的一面直接作用于金属熔体上。实验证明，对合金液施加超声振动波，不仅可以获得球状晶粒，还可以使合金的晶粒直径减小，获得非枝晶坯料，如图 4-8 所示。

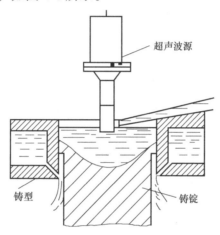

图 4-8　超声振动波制备半固态浆料装置

4.3　半固态金属成形方法

利用半固态合金的特殊组织和流变特性，依据材料和成形工艺不同，可将半固态成形方法分为流变压铸、触变压铸、半固态挤压、半固态模锻及半固态轧制等。

4.3.1　流变压铸

半固态金属的流变压铸是最早进行研究的半固态金属成形工艺，它将制备出的半固态合金浆料，直接送往压铸机的压射室进行流变压铸。

（1）新流变成形工艺（NRC工艺）

NRC（new rheocasting processing）法是将熔融金属控制在液相线温度以上几度范围内，将其导入隔热容器中，由于容器的冷却作用，在熔融金属内部产生大量的初生相晶核，容器上下用陶瓷片覆盖，防止过多的局部散热；利用风冷将金属冷却到设定的半固态温度；通过隔热容器外部的高频感应加热器调整浆料的温度，调整金属浆料的固相体积分数，满足成形需要，这个过程需要 3~5min；翻转隔热容器，将半固态浆料倒入套筒，这样浆料上表面的氧化层沉到套筒底部，可防止氧化层进入铸件；将浆料直接推到模腔中，并迅速成形。工艺过程如图 4-9 所示。

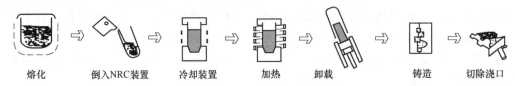

熔化 　　倒入NRC装置 　　冷却装置 　　加热 　　卸载 　　　铸造 　　切除浇口

图 4-9　新流变成形工艺过程

该方法流程简单，生产成本较低，适合于各种合金系，已在镁合金、铝合金零件生产中得到应用。

（2）双螺旋流变成形

双螺旋流变成形机由液态金属浇注系统、高速双螺旋剪切挤压系统、组合模具系统和中央控制系统组成。利用双螺旋的旋转，使液态金属产生剧烈的紊流，增加切变率来达到细化晶粒、均匀成分的目的。双螺旋的旋转使其内部金属浆料产生"8"字形运动，并且使金属浆料沿螺杆轴向向前运动，在螺纹的啮合处及根部分别达到最大和最小的剪切变形。在挤压筒外沿着挤压机轴线方向分布着加热单元和冷却单元，形成一组加热-冷却带，温度控制精度可达到±1℃，能准确地控制半固态金属浆料固相体积分数。

成形零件时，定量的金属液经浇注系统进入双螺旋剪切系统，液态金属快速冷却至半固态温度区间的同时承受双螺旋剪切系统的剪切、挤压作用，至预定的固相体积分数和较为理想的非枝晶组织结构后，经过注射杆的挤压作用以预定的压力和速度注入预先加热的模具成形，这一过程由中央控制系统连续控制完成，图 4-10 为双螺旋流变成形工艺原理。

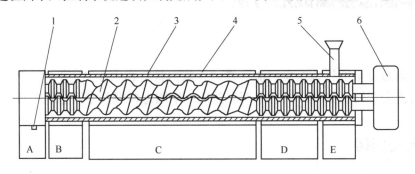

图 4-10　双螺旋流变成形工艺原理

1—出浆阀；2—双螺杆；3—筒体；4—加热器；5—加料口 6—驱动系统

A—出浆区段；B—浆料熟化区段；C—搅拌、挤压、剪切和搓碾制浆区段；D—导向区段；E—加料区段

双螺旋流变成形工艺是在密封的环境中完成浆料剪切、注射等过程，因此具有剪切速率高、半固态颗粒细小均匀，可生产薄壁、断面复杂的零件，不足之处是双螺旋结构存在螺杆工况差、消耗高、寿命短等问题，不适用大型零件生产。

4.3.2 触变压铸

（1）工艺过程

触变压铸是将制好的半固态坯料重新加热到固液两相区，获得所需固相组分后进行压铸的成形技术。为进行半固态触变铸造成形，首先要进行半固态合金坯料的部分重熔，重熔的程度依据合金的成分和成形工艺不同而有所不同。一种工艺是重熔到液相体积分数占 35%~50%，形态类似"黄油"；另一种工艺是重熔到液相体积分数占 50%~60%，形态类似"粥"。目前，前一种工艺应用较为广泛，因为此时的部分重熔坯料可以像固体一样被搬运，简化了送料系统。半固态触变铸造工艺过程如图 4-11 所示。

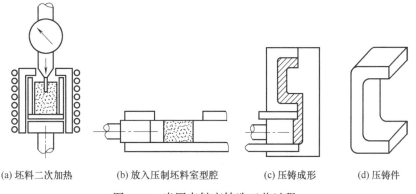

(a) 坯料二次加热　　(b) 放入压制坯料室型腔　　(c) 压铸成形　　(d) 压铸件

图 4-11　半固态触变铸造工艺过程

（2）二次加热

合金坯料的半固态重熔加热是一个重要过程，要求坯料的加热温控精度很高，即使 1~2K 的误差也会显著影响坯料的组织和搬运性，同时要求坯料的重熔加热有一定的速度。二次加热的目的是获得不同工艺所需要的固相体积分数，使半固态金属棒料中细小的枝晶碎片转化成球状结构，为触变成形创造有利条件。

半固态坯料二次加热的方法有电磁感应加热、电阻炉恒温加热和盐浴炉恒温加热等。为保证二次加热过程中坯料的加热精度和速度，防止坯料在加热过程中发生坍塌、组织粗大和坯料氧化等缺陷，生产中大多采用连续式电磁感应加热工艺。目前，在生产中多采用连续式电磁感应加热工艺，图 4-12 是一种二次加热装置的原理。为克服电磁感应加热能耗大这一问题，可以先将坯料送入传统加热炉中加热到一定温度，再将坯料移入感应加热器中进行最后加热。

（3）压铸设备

半固态流变铸造和半固态触变铸造一般都采用压铸的方法铸造制品，这是半固态最常用的铸造工艺。除了压铸机和电磁感应加热设备外，还需要一些配套的辅助设备，如抓取坯料机器人、抓取压铸件机器人、喷涂料机构、压铸件冷却箱、浇注系统切割锯等，这些辅助设备与主机之间协调配合，共同完成半固态金属的触变压铸生产。图 4-13 为一种形式的半固态金属触变压铸设备的平面布置。

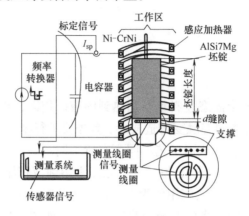

图 4-12 一种二次加热装置的原理

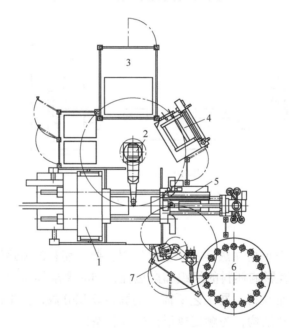

图 4-13 半固态金属触变压铸设备平面布置

1—压铸机；2—压铸件抓取机械手；3—锯切机构；4—压铸件冷却箱；
5—涂料喷涂装置；6—加热系统；7—坯料搬运机械手

4.3.3 半固态挤压

半固态挤压是用加热炉将坯料加热到半固态，然后放入挤压模腔，施加压力，通过凹模模口挤出所需形状和性能的制品。在挤压中由于液相的存在，合金变形抗力大大降低，降低了挤压抗力，又因其工作温度处于固液两相区，与全液态成形工艺相比降低了所需温度，在适宜的工艺条件下可获得力学性能和内部组织良好的挤压产品。图 4-14 为国内设计人员设计的半固态触变挤压装置。

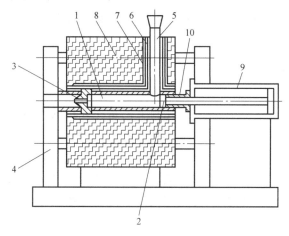

图 4-14 半固态触变挤压装置

1—挤压筒；2—挤压杆；3—挤压成形模；4—机架；5—进料口；6—绝缘层；7—加热层；

8—保温层；9—液压杠；10—阀套

半固态挤压研究最多的是铝合金和铜合金的棒、线、管型材的加工，由于加工制品的性能好，容易操作，应用前景广阔，是难加工材料、颗粒强化复合材料、纤维强化复合材料加工过程中不可缺少的技术。

4.3.4 半固态模锻

半固态模锻（semi-solid forging，SSF）就是将含有 50% 以上体积固相的半固态浆料或坯料在具有略高预热温度的模具型腔中一次模锻成形，获得所需要的接近尺寸成品零件的工艺。

半固态模锻成形可分为流变模锻和触变模锻两种。流变模锻是将经搅拌均匀的半固态浆料直接浇入模腔内加压成形的。触变模锻与触变压铸类似，半固态触变模锻也包含三个主要工艺过程：半固态金属原始坯料的制备、原始金属坯料的半固态重熔加热和半固态坯料的触变锻造成形。前两个工艺流程和触变压铸相同，只是当金属坯料的固相分数达到预定值时，将半固态金属坯料送入锻造机的锻膜型腔内，进行锻压成形，如图 4-15 所示。

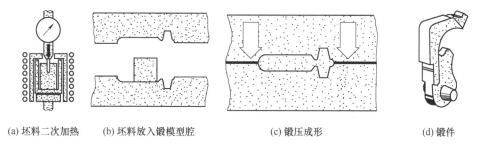

(a) 坯料二次加热   (b) 坯料放入锻模型腔   (c) 锻压成形   (d) 锻件

图 4-15 半固态金属触变模锻

半固态模锻适用合金范围宽,非铁基合金有铝、镁、锌、锡、铜、镍基合金;铁基合金有不锈钢、低合金钢等。半固态模锻零件质量可从20g到15kg,加工余量小,接近净成形,比较适合于形状复杂、带孔或台阶形状类零件的成形。

4.3.5 半固态轧制

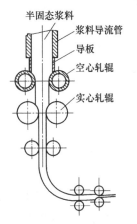

图 4-16 连续流变铸轧结构

半固态轧制工艺是在轧机的入口处设置加热装置,将被轧制材料加热到所需的半固态后,送入轧辊间轧制的方法,主要用于板材的轧制成形。

半固态流变轧制工艺通常利用均匀电磁搅拌或振动复合搅拌获得组织均匀、晶粒细小的半固态金属浆料。半固态浆料经过浆料导流管之间沿垂直方向,从轧机上部输送至第一轧机入口处,并通过导卫装置进入轧制变形区轧制成形。半固态浆料经第一架轧机轧制变形后,边冷却边进入下面的机架继续轧制变形。图4-16为连续流变铸轧结构。

另外浆料拖曳双轧辊轧机,解决了普通双辊铸轧机铸轧时轧制速度低,难于铸轧凝固范围宽的合金等困难。其示意图如图4-17所示。

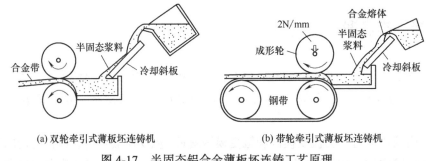

(a) 双轮牵引式薄板坯连铸机　　　　　(b) 带轮牵引式薄板坯连铸机

图 4-17 半固态铝合金薄板坯连铸工艺原理

 思考题 ▶▶▶

1. 什么是半固态铸造? 半固态铸造有何特点和用途?
2. 制备半固态金属浆料有哪几种方法?
3. 触变铸造与流变铸造有何不同?

第 **5** 章

快速凝固技术

📖 **本章导读** ▶▶▶

　　快速凝固技术是指采用急冷技术或深过冷技术获得很高凝固前沿推进速度的凝固过程。快速凝固技术把液态成形加工推进到远离平衡的状态，极大地推动了非晶、细晶、微晶等非平衡新材料的发展。本章主要阐述下列内容：

　　1. 快速凝固技术的特点、实现工艺途径；

　　2. 急冷快速凝固的各种方法（包括模冷技术、雾化技术及表面熔化与沉积技术）；

　　3. 大过冷凝固技术的方法。

✈ **学习目标** ▶▶▶

1. 了解快速凝固技术的特点，掌握其实现工艺途径；
2. 掌握急冷快速凝固中各种方法的原理；
3. 了解大过冷凝固技术的方法。

5.1 快速凝固概述

快速凝固一般是指液相以大于 $10^5 \sim 10^6 K/s$ 的冷却速度凝固成固相，是一种非平衡凝固过程，通常生成亚稳相（非晶、准晶、微晶和纳米晶），使粉末和材料具有特殊的性能和用途。采用快速凝固技术获得的合金具有超细的晶粒度、无偏析或少偏析的微晶组织，形成新的亚稳相和高的点缺陷密度等与常规合金不同的组织及结构特征。目前，快速凝固技术已成为一种挖掘金属材料性能与开发新材料的重要手段，同时也成为凝固过程研究的一个特殊领域。

5.1.1 快速凝固的特点

实现快速凝固的途径包括动力学急冷法和热力学深过冷法。由于凝固过程的快冷，起始形核过冷度大，生长速率高，使固-液界面偏离平衡，因而呈现出一系列与常规合金不同的组织和结构特征。

（1）快速凝固材料的组织特征

根据不同的凝固条件，快速凝固合金表现出如下的组织特征：

① 凝固速度快，溶质产生非平衡分配，是无溶质分配的凝固，无偏析或少偏析，固液界面的稳定性增加，凝固形成了成分均匀、无偏析的等轴晶，某些合金可获得完全均匀的组织。

② 快速凝固能形成组织特殊的晶态合金，产生微晶及纳米晶，尺寸可小于 $0.1\mu m$；显著地加大了溶质元素的固溶极限，保持高度过饱和固溶；平衡相的析出可能被抑制而析出非平衡相，包括新相和亚稳定相。

③ 非晶态组织的形成。当冷却速度极大（$10^7 K/s$ 以上）时，结晶过程被完全抑制，而获得非晶态的固体，它是一种类似液态结构的金属材料。非晶态的金属玻璃是快速凝固技术最成功的应用实例，它不仅具有特殊的力学性能，同时还具有特殊的物理性能，如超导特性、软磁特性及耐化学腐蚀性等。

④ 高的点缺陷密度。金属熔化后，由于原子有序程度的突然降低，液态金属中的点缺陷密度要比固态金属高很多，在快速凝固过程中，由于温度的骤降而无法恢复到正常的平衡状态，则会较多地保留在固体金属中，造成高的点缺陷密度。

（2）快速凝固产品的性能特点及产品特征

① 快速凝固合金由于微观组织结构的明显细化和均匀化，具有很好的晶界强化与韧化、微畴强化与韧化等作用，而成分均匀、偏析减小不仅提高了合金元素的使用效率还避免了一些会降低合金性能的有害相的产生，消除了微裂纹萌生的隐患，因而改善了合金的强度、塑性和韧性。

② 固溶度的扩大，过饱和固溶体的形成不仅起到了很好的固溶强化作用，也为第二相析出、弥散强化提供了条件；位错、层错密度的提高还产生了位错强化的作用。此外，快速凝固过程中形成的一些亚稳相也能起到很好的强化与韧化作用。所以通常的铸造合金经过快速凝固后，硬度、强度、韧性、耐磨性、耐腐蚀性等室温力学性能和某些高温力学性能都有较大提高，而在常规铸造合金的基础上经过成分调整的和具有全新成分的快速凝固合金一般具有更加优异的性能。

③ 由于受迅速传热的限制，快速凝固产品仅限于粉末、线材和薄带等二维以下的形态（表 5-1）。对于大块产品（三维），只能采用熔体过冷技术制备，如大块非晶等，目前正在研制开发之中。

表 5-1　熔液凝固时的冷却速率范围及产品特征

冷却速率/（K/s）	评价	产品特征	极限厚度/mm	枝晶臂间距/μm
$10^{-6} \sim 10^{-3}$	较低	大型砂铸件和铸锭	$>6\times10^3$	$5\times10^3 \sim 500$
$10^{-3} \sim 10^0$	低	标准铸件、锭、带材、线材	200~6	500~5
$10^0 \sim 10^3$	中间	薄带、模铸件、普通雾化粉末	200~6	50~5
$10^3 \sim 10^5$	高	雾化细粉、熔液喷溅或提取产品	6~0.2	5~0.5
$10^5 \sim 10^9$	超高	雾化沉积、熔液自旋电子束或激光玻璃化产品	0.2~$<6\times10^{-3}$	0.5~<0.05

5.1.2　快速凝固的工艺途径

在实际凝固过程中达到快速凝固的方法主要有两种，一种是"动力学"的方法，即设法提高熔体凝固时的传热速度从而提高凝固时的冷却速度，使熔体凝固时间极短，并只能在远离平衡熔点的较低温度凝固，因而具有很大的凝固过冷度和凝固速度。具体实现这一方法的技术称为急冷凝固技术。另一种方法是"热力学"的方法，即针对通常铸造合金都是在非均匀形核条件下凝固因而使合金凝固的过冷度很小的问题，设法提供近似均匀形核（自发形核）的条件。在这种条件下凝固时，尽管冷速不高但也同样可以达到很大的凝固过冷度从而提高凝固速度。具体实现这种方法的技术称为大过冷技术。所以快速凝固技术实际上包括急冷凝固技术和大过冷技术。除此之外，对类似于连续铸造和定向凝固条件下凝固的金属，提高已凝固金属的提拉速度也可能得到很大的凝固速度，但是由于在这些凝固条件下，已凝固金属提拉速度的提高比较困难，所以这一方法现在还不能实际应用。

（1）急冷凝固技术

急冷凝固技术的原理是设法减小同一时刻凝固的熔体体积与其散热表面积之比，并设法减小熔体与热传导性能很好的冷却介质的界面热阻以及加快传导散热。因此实现金属急冷凝固有两个基本途径：

第一，减少单位时间内金属凝固时产生的熔化潜热。这就要求金属熔液必须被分散成细小液滴、接近圆形断面的细流或极薄的矩形断面，从而至少在一个方向上的尺寸极小，以便散热。

第二，提高凝固过程中的传热速度。这要求必须有足够的能迅速带走热量的冷却介质，冷却介质可以是气体、液体或固体表面。

几乎所有实际的快速凝固工艺都遵循这些途径。根据熔体分离和冷却方式的不同，急冷凝固技术可分为模冷技术、雾化技术、表面熔化与沉积技术三类，其分类及主要特点见表5-2。

表 5-2　急冷凝固技术的分类及主要特点

分类	名称	产品形状	典型尺寸/μm	典型冷却速度/（K/s）	应用	优缺点
模冷技术	枪法	箔片	厚度0.1~1.0	$<10^9$	中等活性或不易氧化的金属	冷却速度高,但产品尺寸不够均匀
	双活塞法	薄片	直径5厚度5~300	10^4~10^6	高度活性或极易氧化的金属	适于实验研究,产品不连续
	熔体旋转法（CBM或MS）	连续薄带或线、薄片	厚度10~100宽度小于10	10^5~10^6	中等活性或易氧化的金属	可大批生产,应用十分广泛
	平面流铸造法（PFC）	宽连续薄带	厚度20~100宽度10~30mm		中等活性或易氧化的金属,特别是Fe、Ni、Al及其合金	
	熔体拖拉法（MD）	连续薄带	厚度25~1000	10^3~10^6		产品厚度不易控制,冷却速度较低
	电子束急冷淬火法（EBSQ）	拉长的薄带	厚度40~100	10^4~10^7	高度活性或极易氧化的金属	产品不易受污染
	熔体提取法（CME或PDME）	薄片或纤维	厚度20~100	10^5~10^6	高度活性或极易氧化的金属（PDME）与中等活性或易氧化金属（CME）	可大批量生产
	熔体溢流法		厚度10~30	10^6~10^7	中等活性或易氧化的金属	易控制产品尺寸,有大批量生产的潜力
	急冷模方法	楔形或圆柱形薄片	厚度200~1000	10^3		应用较少
	双辊法	薄带	厚度<1000宽度≤300000	10^3~10^5		可批量生产,应用广
雾化技术	气体雾化法	球形粉末	直径50~100	10^2~10^3	非活性或不易氧化的金属	可大批量生产,但冷却速度较低
	水雾化法	不规则粉末	直径75~100	10^2~10^4		可大批生产,应用广泛

分类	名称	产品形状	典型尺寸 /μm	典型冷却速度/（K/s）	应用	优缺点
雾化技术	超声气体雾化法（USGA）	球形粉末	直径 10~50	小于 10^6	中等活性或易氧化的金属	冷却速度较高，粉末成品率高
	紧耦合气体雾化法			10^5~10^6		冷却速度高
	高速旋转筒雾化法（RSC）	球形和不规则粉末	直径<50	10^6	一般金属	冷却速度高，但不能连续生产
	滚筒雾化法	薄片	直径 1~3mm 厚度 100	10^4~10^5	中等活性或易氧化的金属	生产速度高，但薄片密度较低
	自由飞行熔体旋转法（FFMS）	纤维	直径 100~200	10^2~10^4	一般金属	冷却速度较低
	快速凝固雾化法（RSR）	球形粉末	直径 25~80	10^5	中等活性或易氧化的金属	可大批生产，应用广泛
	真空雾化法		直径 20~100	10~10^2		粉末不易污染，冷却速度低
	旋转电极雾化法（REP）		直径≥200	10^3	活性或极易氧化的金属	污染小，但冷却速度低
	双辊雾化法	粉末、薄片	厚度 100	10^5~10^6	中等活性或易氧化的金属	可大批量生产，冷却速度高
	电-流体力学雾化法（EHDA）		直径 0.01~100	≤10^7	中等活性或易氧化的金属	冷却速度高，但成品率低
	火花电蚀雾化法	粉末或不规则粉末	直径 0.5~30	10^5~10^6		粉末尺寸不易控制
表面熔化与沉积技术	表面熔化法	工件的表层	10~1000	10^5~10^8	活性或极易氧化的金属	成本低，冷却速度高
	等离子喷涂沉积法	致密的沉积层	≈1mm	<10^7	高熔点金属	设备比较复杂
	表面喷涂沉积法	厚的沉积层	>10μm	10^3~10^6	中等活性或易氧化的金属	生产率高

（2）大过冷凝固技术

大过冷凝固技术是指通过各种有效的净化手段避免或消除金属或合金中的异质晶核的形核作用，增加临界形核功，抑制均质形核作用，使得液态金属或合金获得在常规凝固条件下难以达到的过冷度。因此大过冷技术一方面在熔体体积很小、数量很多时就有可能使每个熔体中含有的形核媒质数非常少，从而产生接近均匀形核的条件；另一方面为了减少或消除由容器壁引入的形核媒质，则主要设法把熔体与容器壁隔离开，甚至在熔化与凝固过程中不用容器。

目前大块非晶材料主要通过将金属液快速冷却来获得，包括以下方法：水淬法、高压模铸法、区熔法、铜模铸造法、电弧熔炼法、吸铸法、挤压铸造法、落管法、磁悬浮熔炼法以及静电悬浮熔炼法等方法，部分方法将在第 9.3 节中详细介绍。这些方法都属于直接凝固法，其基本的原理是通过导热性较好的铜模具来将合金液的热量迅速转移，使合金在结晶发生之前就已经凝固到较低的温度，从而在一定程度上"冻结"了液体结构，形成非晶。

5.2 急冷快速凝固

急冷凝固技术，根据熔体分离和冷却方式的不同可分为模冷技术、雾化技术和表面熔化与沉积技术这三种低维材料制备方法。

5.2.1 模冷技术

模冷技术是将熔体分离成连续或不连续的截面尺寸很小的熔体流，然后使熔体流与旋转或固定的、导热良好的冷模迅速接触而冷却凝固。利用模冷快速凝固法可以制备金属箔、带、丝和碎片。

（1）"枪"法

这是杜韦兹创立快速凝固技术时首先采用的方法。其工作原理是：当母合金样品（＜0.5g）在石英管中经感应熔化后，在 2~3GPa 高压气体（Ar_2 或 N_2）产生的冲击波作用下，熔体被分离成细小的熔滴并被加速到每秒几百米，然后喷射到导热良好的铜模上，迅速凝固成极薄的箔片。由于熔滴喷出时像子弹一样，速度很高，所以这种方法称为枪法，装置如图 5-1 所示。因为分离的熔滴很小（直径约 1μm），冲击到铜模上的速度很高，所以箔片的凝固速度、冷却速度可以高达 $10^7K/s$，其中箔片可以直接用作透射电子显微镜观察的样品。因为熔化的母合金样品数量很少，该方法只适用于实验室中。

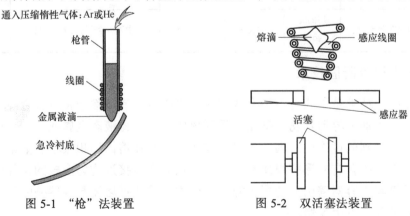

图 5-1 "枪"法装置   图 5-2 双活塞法装置

（2）双活塞法

双活塞法的工作原理是：感应熔化的熔滴（<1g）正好落到由导热良好的铜材制造的活塞之间时，活塞迅速—挤压熔滴使之冷凝成薄片，其装置如图 5-2 所示。与之类似的还有活塞砧法和锤砧法，活塞砧法中一个活塞固定，一个活塞活动。在锤砧法中，水平放置在金属砧中心的合金，用电弧或电子束等加热后，其上方的金属锤迅速落下，将熔滴锤击使之冷凝成薄片，对于化学活性高的合金可在真空或保护气氛下悬浮熔化，然后冷凝。该方法得到的是急冷合金碎片。这三种方法中，双活塞法因为熔滴在受挤压时可以从与两个活塞面接触的表面同时均匀地散热凝固，冷却速度更快，薄片的厚度也更均匀。另外，这三种方法中，母合金在真空或保护性气氛中悬浮加热熔化，可以避免石英管对熔体的污染，适用于化学活性高、易氧化的金属及其合金，如钛、锆等。

（3）熔体旋转法

又称为单辊熔体旋转法，如图 5-3（a）所示。工作原理是：感应熔化的金属液，在气体压力作用下，通过特制形状的喷嘴口喷到高速旋转的辊轮表面；熔体与辊面接触时形成熔池，熔池被限定在喷嘴与辊面间，随着辊轮转动，熔体同时受到冷却和剪切力的作用，以薄带的形式向前抛出，形成连续薄带。一般薄带的厚度为 20~60μm，宽度为 3mm。在这一方法的基础上又发展了双辊熔体旋转法［图 5-3（b）］、离心式熔体旋转法和旋转翼急冷淬火法等。

这种工艺被广泛用于连续生产微晶或非晶条带、细丝薄片等，如 Al、Fe、Ni、Cu、Pb 等合金，铁基和镍基合金已经工业化规模生产。

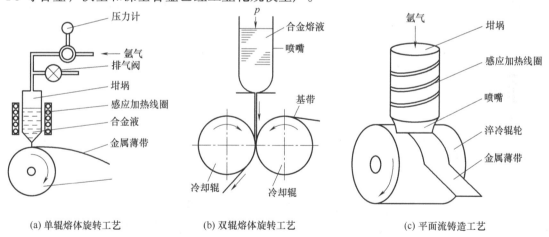

(a) 单辊熔体旋转工艺　　(b) 双辊熔体旋转工艺　　(c) 平面流铸造工艺

图 5-3　熔体旋转法工艺和平面流铸造法工艺原理示意图

（4）平面流铸造法

这种方法是在熔体旋转法基础上发展的，用于制取宽尺寸薄带，设备与单辊熔体旋转法基本相同［图 5-3（c）］，只是喷嘴加宽到与制成薄带的宽度相同，喷嘴离辊轮更近，生产的薄带尺寸稳定。平面流铸造法冷却速度约为 10^6 K/s，可制备宽度为 10~30mm、厚度为 20~100μm 的薄带。

（5）电子束急冷淬火法

电子束急冷淬火法工作原理是：在真空条件下用电子束聚焦后，加热垂直悬挂的母合金棒下端，被加热的部分熔化后，在重力作用下滴到沿母合金棒为轴心高速旋转的铜盘上冷凝成薄片，并在离心力作用下甩出（其装置图5-4）。该方法适用于化学活性高的合金如钛、锆等合金，也可用电弧、激光束等加热母合金棒。

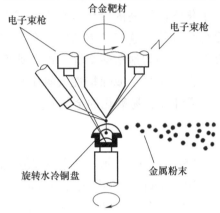

图5-4　电子束急冷淬火法装置

（6）熔体提取法

熔体提取法包括坩埚熔体提取法和悬滴熔体提取法两种方法，如图 5-5 所示。其工作原理是：金属在接触面上凝固并黏附在旋转盘上，并停留短暂的时间，然后自然脱离甩出，形成丝、线或纤维。如果熔体装在坩埚内，该工艺称为坩埚熔体提取法；如果去除坩埚，靠熔化棒料端部来制取熔融悬滴，该工艺称为悬滴熔体提取法。

熔体提取工艺的急冷速度强烈地依赖于纤维直径，有效直径为300μm的钢纤维的急冷速度为10^2~10^3K/s，而有效直径低于25μm的纤维的急冷速度可超过10^6K/s。

悬滴熔体提取法与电子束急冷淬火法相似，只是旋转提取盘的旋转轴与母合金棒垂直。熔体提取法避免喷嘴堵塞、熔池不稳定以及坩埚污染的问题，生产成本低，合金成分种类多，可用于生产活性金属的细丝、纤维或粉末。

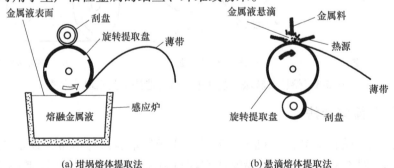

(a)坩埚熔体提取法　　　　　　(b)悬滴熔体提取法

图5-5　坩埚熔体提取法和悬滴熔体提取法示意

（7）熔体拖拉法和熔体溢流法

熔体拖拉法的工作原理［图5-6（a）］是：熔融金属从一个喷嘴被拖拉到一个水冷的

旋转盘上，液态金属的弯曲液面与旋转圆筒接触后部分凝固，转筒迅速将凝固的金属拖拉出来，形成连续的线或薄带；凝固结束后，最终产品在绕过圆周 1/3 后从筒上脱离，然后盘绕。该方法设备简单，无需往复运动的模具，也无需复杂的辊轮导向系统来拖拉铸造产品。

在熔体拖拉法基础上又发展了熔体溢流法，它是熔融金属经熔化炉侧面的水平唇溢流到旋转的提取盘表面，如同在平面流铸造法和熔体拖拉法中流孔那样，熔体在上表面不受限制，被拖拉冷凝成产品。这种方法需不断向熔化炉添加溶液以保持溢流，如图 5-6（b）所示。与其他工艺比较，熔体溢流法的工艺简单，易生产各种成分的合金，在工业中得到广泛应用。

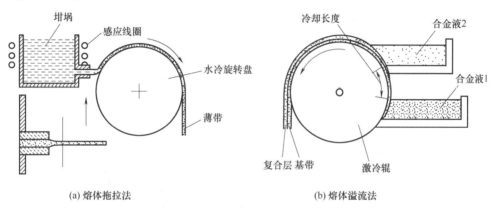

(a) 熔体拖拉法　　　　　　　　　　(b) 熔体溢流法

图 5-6　熔体拖拉法及熔体溢流法制备复合带材示意

模冷技术除上述之外还有许多。它的熔体冷却速度大，产品的微观组织和性能比较均匀，但其产品的使用必须在粉碎后才能加工成大块材料。其技术关键是选择冷模材料和控制熔体与冷模接触的时间。

5.2.2　雾化技术

雾化技术是使熔体在离心力、机械力或高速流体的冲击力等外力作用下，分散成尺寸极小的雾状熔滴，并使其在与流体或冷却模接触后迅速冷却凝固，制备的产品为合金粉末。雾化技术主要包括流体雾化法、离心雾化法、机械力雾化法和多级雾化法。流体雾化法主要有气体雾化法和高压水雾化法；离心雾化法主要包括旋转盘雾化法、旋转水雾化法和旋转电机雾化法以及激光自旋转雾化法等；机械力雾化法主要包括真空雾化法、电动力学雾化法和固体雾化法等；多级雾化法包括组合喷嘴雾化法和多级快冷雾化法。

（1）流体雾化法

通过高速高压的工作介质流体对熔体流的冲击把熔体分离成很细的熔滴，并主要通过对流的方式散热而迅速冷凝。流体雾化法的工作介质主要是液体和气体。熔体凝固的冷却速度主要由工作介质的密度、熔体和工作介质的传热能力特别是熔滴的直径决定，而熔滴的直径又受熔体过热温度、熔体流直径、雾化压力和喷嘴设计等雾化参数控制。

现在这类方法已广泛应用于各种合金粉末的生产。

① 水雾化法与气体雾化法。利用水、空气或惰性气体作为冷却介质，如图 5-7 所示。水雾化法的水压为 8~20MPa，生产的粉末直径为 75~200μm。气体雾化法的气压为 2~8MPa，生产的粉末直径为 50~100μm，多为表面光滑的球形，而水雾化法制得的粉末形状不规则。但是水雾化法由于采用了密度较高的水作雾化工作介质，所以达到的凝固冷速要比一般气体雾化法高一个数量级。在此基础上发展了超声气体雾化法，即用速度高达 2.5 马赫的高速高频（80~100kHz）脉冲气流代替了水流。采用超声气体雾化法可以制成平均直径 8μm 的锡合金粉末和平均直径 20μm 的铝合金粉末，而且在这种铝合金粉末中直径小于 50μm 的粉末占粉末总量的 95%。此外采用超声气体雾化法时粉末的收得率也高达 90%。超声气体雾化法已经成功地应用于高温合金和铝合金。

② 高速旋转筒雾化法。其工作原理是：经感应熔化的熔体被喷射到旋转筒内的冷却液中，被雾化分离成熔滴并冷凝成纤维或粉末，然后在离心力作用下飞出，如图 5-8 所示。冷却液可选用水、碳氢化合物等。筒转速达 8000~16000r/min。采用这一方法现在每次还只能制得 0.5kg 的粉末，粉末的形状不太规则，粒度分布范围也比较窄。经过改进后高速旋转筒雾化法将有可能用于快速凝固合金的连续生产。

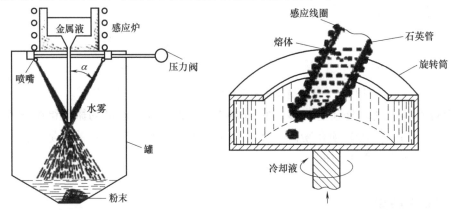

图 5-7　水雾化法示意　　　　图 5-8　高速旋转筒雾化法示意

③ 滚筒急冷雾化法。这种方法实际上是把双流雾化法和模冷法结合起来，工作原理是把经上述气体雾化法雾化后尚未凝固的熔滴再迅速喷到一个旋转滚筒的圆周面上，熔滴在与滚筒冲击的瞬间进一步冷却凝固成薄片并在离心力作用下飞出（图 5-9），所以这种方法比一般的双流雾化法冷速高并适于大批生产。现在已经成功地应用于生产快速凝固铝合金，也有可能应用于其他可以进行气体雾化的金属和合金。

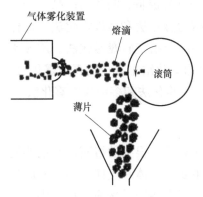

图 5-9　滚筒急冷雾化法示意

（2）离心雾化法

液态金属在高速旋转的容器（盘、杯、坩埚、平板或凹板）边缘上破碎、雾化的技术。液态金属从坩坩或从熔化的母合金棒端浇注到旋转器上，在离心力的作用下，熔融金属被甩向容器边缘雾化，喷射出金属雾滴，雾滴在飞行过程中球化并凝固。整个过程（熔化、雾化、凝固）在惰性气体环境中完成。在这类方法中，熔体在旋转冷模的冲击和离心力作用下分离雾化，同时通过传导和对流的方式传热冷凝。离心雾化方法的生产效率高，可以连续运转，适于大批量生产，用于离心雾化的快速凝固雾化法和旋转电极雾化法都已应用于工业化生产，每年生产的快速凝固合金达几百吨。

① 旋转圆盘雾化法。其工作原理是：熔化的合金熔体从石英坩埚中喷到一个表面刻有沟槽的圆盘形雾化器上，圆盘以高达 3500 r/min 的速度旋转，喷到盘上的熔体雾化成小小的熔滴并在离心力的作用下向外飞出，同时惰性气体流沿与熔滴运动几乎垂直的方向高速流动，使熔滴迅速凝固成粉末，如图 5-10 所示。冷却速度达 $10^5 \sim 10^6$K/s，粉末直径为 25~80μm。

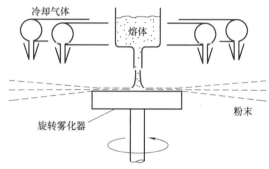

图 5-10　旋转圆盘雾化法示意

② 旋转水雾化法。金属液滴落入一个装有水的杯中，杯子高速旋转，速度为 8000~16000 r/min，水在杯子的垂直内壁上形成较厚的水层。旋转厚水层破碎熔融的金属液滴，被分散的液滴立即进入旋转中，被厚水层传递的离心力加速。在此运动中液滴表面的蒸气覆盖层不断被水层带走。旋转厚水层改善了传热条件，提高了凝固冷却速度，同时起到雾化器的作用。

③ 旋转电极雾化法。旋转电极雾化法的工作原理是：以直径约 50mm 的棒材作为自耗电极并且高速旋转，其末端与固定钨电极间触发电弧，使自耗电极熔化，熔滴在离心力作用下沿径向甩出，在飞过气体流或真空的空间时凝固，如图 5-11 所示。其优点是熔滴不与任何容器接触，适用于活性合金，但冷速较低，为 10^3K/s，为避免钨电极的污染，可用激光、电子束或离子弧等熔化技术代替触发电弧熔化母合金。

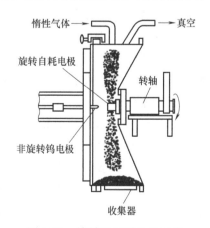

图 5-11　旋转电极雾化法示意

（3）机械力雾化法

这类方法通过机械力或电场力等其他作用，分离和雾化熔体，然后冷凝成粉末。

① 双辊雾化法（twin roll atomization）。其工作原理是：熔体流在喷入高速相对旋转的辊轮间隙时形

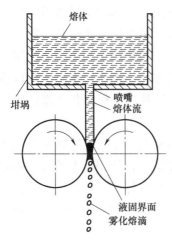

图 5-12 双辊雾化法示意

成空穴并被分离成直径小至 $30\mu m$ 的熔滴，雾化的熔滴可经气流、水流或固定于两辊间隙下方的第三个辊轮冷却凝固成不规则的粉末或薄片，如图 5-12 所示。所用的设备与双辊熔体旋转法所用的设备十分相似，只是通过调节两辊轮之间的间隙（一般 $<0.5mm$）和转速（可以高达 1000 r/min）来控制熔体流在辊隙中的传热速度，使熔体不会在辊隙内凝固，并且用这种方式控制雾化产品的尺寸与形状，适合批量生产。

② 电-流体力学雾化法。其工作原理是：在流入圆锥形发射器的熔体表面加上了高达 $10^4V/m$ 的强电场，熔体流在这个电场作用下克服表面张力以熔滴的形式从发射器中喷出而雾化。雾化后的熔滴可以在加速自由飞行的过程中冷凝成粉末，冲击到冷模上形成薄片或者沉积到工件表面，如图 5-13 所示。这种方法能够获得很高的凝固冷速，当粉末直径为 $0.01\mu m$ 时，冷速高达 $10^7K/s$，所以可以使许多合金制得非晶态粉末。通过调节电场强度、发射器形状和熔体温度可以控制熔滴的形状与尺寸，采用这种方法可以对粉末或薄片的尺寸与分布进行比较精确的控制，已经应用于铁合金和铜、铝、铅等有色金属及其合金。这一方法的缺点是产品的收得率太低，工作一天制成的急冷产品只有几克，所以现在还只能用于实验研究。

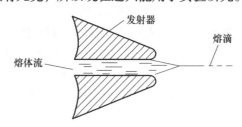

图 5-13 电-流体力学雾化法示意

③ 真空雾化法。真空雾化法也称为固溶气体雾化法。其工作原理是：在压力作用下，坩埚中熔体内溶解了过饱和的氩气或氮气，把气体与真空室隔开的阀门突然打开使熔体暴露在真空中，熔体中溶解的气体在压力差作用下迅速逸出和膨胀，并带动熔体从喷嘴中高速喷出，把熔体分离、雾化成细小的熔滴，然后冷凝成粉末，如图 5-14 所示。采用这种方法制成的粉末不易氧化或受其他污染，形状也比较规则，此外，这种方法也能应用于大批量生产，大多数合金都可以采用这种方法制取快速凝固粉末。但是由于熔滴在真空中只能以辐射的方式冷却，所以这种方法达到的凝固冷速较低。

由于采用上述雾化技术制成的产品主要是粉

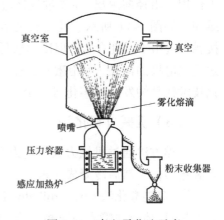

图 5-14 真空雾化法示意

末，可以不用粉碎而直接固结成形为大块材料或工件，因此生产成本较低，便于大批量生产，这是雾化技术的主要优点。也正因为如此，雾化技术已经在实际生产中得到了比较广泛的应用。表 5-3 列出了美国几家工厂、公司生产快速凝固合金粉末的一般情况。雾化技术的缺点是由于熔体在凝固过程中一般不与冷模接触或只在冷凝过程中的部分时间内与冷模接触，主要还是以对流方式冷却，因此凝固冷速一般不如模冷技术高。此外如何提高粉末的收得率、减轻粉末的氧化与污染等问题还有待进一步研究改进。

表 5-3　雾化法典型的操作条件

参数	气载法	水载法
压力/MPa	1.4~4.2	3.5~21
速度/（m/s）	50~150	40~150
过热度/K	100~250	100~250
撞击角/（°）	15~90	≤30
颗粒度/μm	50~150	75~200
颗粒形状	光滑、球形	不规则、不光滑
收得率/%	40（325目）	60（35目）

5.2.3　表面熔化与沉积技术

表面熔化与沉积技术的实质是表面快速凝固技术，即只是将待加工的材料或半成形、已成形的工件表面处于快速凝固状态。因传热速度快，冷却速度比其他方法高。因此这一技术特别适用于要求表层具有比内部更高的硬度、耐磨性、耐蚀性等特性的工件。此外还可以用于修补表面已磨损的工件。表面熔化与沉积技术可以分成表面熔化法和表面喷涂沉积法两大类方法。

（1）表面熔化法

表面熔化法又称为表面直接能量加工法，即主要应用激光束、电子束或等离子束等作为高密度能束聚焦并迅速逐行扫描工件表面，如图 5-15 和图 5-16 所示，使工件表层熔化，熔化层深度一般为 10~1000μm。从形式上看起来这种方法与焊接有些类似，所以也称为焊接方法。但是实际上在表面熔化方法中熔化表层的能束要比焊接时细得多，能束截面的直径小到微米数量级而且能束照射到表面上任一点的时间很短，仅为 10^{-8}~10^{-3}s，所以任一时刻工件表面熔化的区域很小，传导到工件内部的热量也很少，因此熔化区域内外存在很大的温度梯度，一旦能束扫过以后此熔化区就会迅速把热量传到工件内部而冷凝。正是由于这些原因以及熔化区和未熔化的工件内部之间的界面热阻极小，所以表面熔化法一般可以获得很高的凝固冷速。

成功应用表面熔化方法的关键是：一方面要使能束扫描的局域表层完全熔化，另一方面不能使该处的温度上升太高以至降低随后的凝固冷速甚至使合金表层汽化。因此，要通过调节能束强度和扫描速度控制工件单位面积表面上能束的传热速率，从而控制熔化区的凝固速度和冷却速度，通常用的能束功率密度为 $10^4 \sim 10^8 W/cm^2$。此外，扫描的方式也会影响熔化表层的传热和凝固速度。例如当能束以沿两个方向来回扫描的方式向前平移时，表层的凝固冷速要比能束以只沿一个方向扫描的方式向前平移时的凝固冷速低。

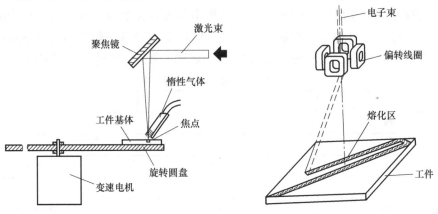

图 5-15　激光表面熔化法示意　　　　图 5-16　电子束表面熔化法示意

在上述表面熔化法的基础上还进一步发展了快速凝固表面合金化技术。即在高能能束中喷入合金元素或其化合物的粉末，或者预先把这些粉末喷涂、喷镀、沉积在工件表面然后再进行表面熔化加工，这样当工件表层加热熔化时加入的合金元素粉末就能在熔化状态与工件表层的合金元素均匀化合而冷凝。采用这种技术可以使工件表层的微观组织结构和成分都产生有利的变化，因而能够更有效地改善和提高工件的表面性能。

（2）表面喷涂沉积法

表面喷涂沉积法中应用较多的是等离子体喷涂沉积法（PSD），如图 5-17 所示。这一方法主要是用高温等离子体火焰熔化合金或陶瓷、非金属氧化物粉末成熔滴，然后喷射到已加工成形或半成形的工件表面，迅速冷凝沉积成与基体结合牢固、致密的喷涂层。通常，等离子体焰是在等离子体喷枪内由电弧加热氩气或氮气形成的，并加入氢气提高其温度，它的温度可以高达 $10^5 ℃$。同时用氮气等惰性气体把预先配制好直径一般小于 $5\mu m$ 的合金或陶瓷粉末喷入等离子体中，这些粉末迅速熔化成熔滴，由于等离子体形成后温度极高，因而体积迅速膨胀，以高达三倍声速的速度带着熔滴从等离子体枪的喷嘴中喷向工件表面并迅速冷凝成薄层。当熔滴的沉积速率为 1.3g/s 时，每次喷涂的涂层厚度＜150μm，涂层密度可达理论密度的 97%。

决定涂层质量的主要工艺参数有真空度、等离子体火焰长度和能量、粉末的质量和喷射条件以及工件表面的状态等。这些工艺参数的合理配合可以保证喷射到工件表面的粉末完全熔化并在喷射束的横截面上分布对称，从而得到高质量的喷涂层。由于熔滴的喷射速度高达 1000m/s 左右，熔滴与工件表面的热接触一般都比较好，传热速度很快，所以熔滴的冷速也可高达 $10^7 K/s$，凝固速度大于 1cm/s。同时等离子喷涂法的生产效率也很高，一般每分钟可产生几克的快速凝固涂层。由于涂层的厚度一般为 100μm 左右，为了得到更厚的涂层可以在冷凝后的涂层上再次喷涂，但是这样做会使前一次喷涂的涂层退火。此外，由于等离子体火焰温度极高，所以难熔金属和合金均可以用这种方法喷涂到工件表面。

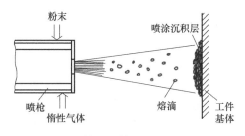

图 5-17　等离子体喷涂沉积法示意

5.3　大过冷凝固技术

大过冷凝固技术的核心是在熔体中设法消除可以作为非均匀形核媒质的杂质或容器壁的影响，形成尽可能接近均匀形核的凝固条件，从而在形核前获得很大的凝固过冷度。大过冷凝固技术的具体方法有两类，即小体积大过冷凝固法和大体积大过冷凝固法。

5.3.1　小体积大过冷凝固法

该方法又称为熔滴弥散法，即在细小熔滴中达到大凝固过冷度的方法，包括乳化法、熔滴-基底法和落管法等。

（1）乳化法

熔体在惰性气氛下与作为载体的纯净有机液体混合，然后进行机械搅拌，使熔体分散成直径为 1~10μm 数量级的熔滴并与有机液体形成乳浊液后冷凝。用乳化法获得较大过冷度的关键是熔滴尺寸要尽可能小、尺寸分布集中和均匀，以及选用合适的不会促进表面形核的有机液体作为乳化液。载流体常用有机油或熔盐，乳化法一般能得到 $0.3~0.4T_m$ 的过冷度。如图 5-18（a）所示。例如用乳化法在 Pb-Bi 合金中得到的过冷度为 $0.303T_m$ 的；在 Te-Cu 合金中，在冷却速度很小的情况下用乳化法形成了非晶态。

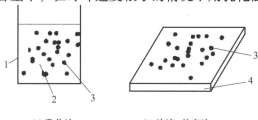

(a)乳化法　　　　　　(b)熔滴-基底法

图 5-18　小体积大过冷凝固法示意

1—容器；2—载流体；3—熔滴；4—基底

（2）熔滴-基底法

与乳化法类似，但弥散的熔滴是在冷模上凝固的，因此其过冷度更大，如图 5-18（b）所示。

（3）落管法

合金熔滴熔化后，从长达 100cm 左右、真空度为 10^{-3}Pa、竖放的真空管上端自由下落而凝固，熔滴在凝固过程中可不与任何介质或容器壁接触而达到较大的过冷度。

例如 Co-34.2%Sn 合金，采用高纯 Co（99.999%）和 Sn（99.999%）配制而成，样品约为 0.5g，放入底部开有直径为 0.3mm 小孔的直径 16mm、长 150mm 的石英试管中，再将试管置入落管顶部，抽真空至 2.0×10^{-4}Pa 后反充高纯 He（99.995%）和 Ar（99.999%）的混合气体至 1.013×10^{5}Pa。用高频感应熔炼装置加热样品至熔点以上 200K 并保温 5~10min，然后向石英管中通入高压氩气，使液态合金分散成许多微小液滴下落。在自由下落过程中，液滴尺寸越小，含有异质晶核的概率就越小，因而获得的过冷度也越大。

5.3.2 大体积大过冷凝固法

大体积大过冷凝固法是在较大体积熔体中获得大的凝固过冷度的方法，包括两相区法、玻璃体包裹法和电磁悬浮熔化法等。

（1）两相区法

又称为嵌入熔体法，是把合金加热到固、液两相区，控制温度使熔体体积占 20%，停止加热，使两相温度彼此达到平衡，然后将样品冷却到较低温度，这时未凝固的熔体通过已凝固、温度较低的固相传出热量，此时熔体不与空气和容器接触。其热量通过固相传出，可得到较大过冷度。但是在玻璃体包裹法中，合金熔化时仍要与容器接触，所以只有在熔体达到较大的过冷度时才能稳定地形核凝固，如图 5-19 所示。

（2）玻璃体包裹法

该方法是用以流体形式存在的无机玻璃体把大块熔体与容器壁分隔开来，使其凝固时不受容器壁的影响，用其可制取几百克重的快速凝固合金。但是由于采用玻璃体包裹法时，合金熔体在熔化时仍然要与容器接触，容易混入形核介质，而嵌入玻璃体中的熔体也仍然与先凝固的固相接触，所以达到的过冷度比乳化法小，一般为 $0.2T_m$。

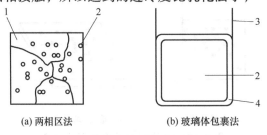

(a) 两相区法   (b) 玻璃体包裹法

图 5-19 大体积大过冷凝固法示意

1—固相；2—熔体；3—容器；4—玻璃体

（3）电磁悬浮熔化法

该方法是将直径为几毫米的块状合金放入电磁线圈中，依靠电磁场的悬浮力，使样品始终处于悬浮态，并在惰性气氛中感应熔化和断电后凝固。熔体在凝固过程中不与任何介质或容器壁接触。

本章介绍了多种快速凝固方法，在实际应用中如何正确选择合适的方法来制备快速凝固材料，可以考虑以下几个原则：

① 应该考虑合金本身的有关特性。例如熔点高、黏度大、容易与石英管发生反应或容易氧化的合金，就应该选择直接用温度较高的热源在惰性气体中加热熔化合金的方法。

② 应该考虑快速凝固合金微观组织、结构和性能方面的要求，以采用相应的凝固冷却方式和过冷度，选择能达到要求的冷却速度和过冷度的方法。

③ 考虑快速凝固产品的形状、数量与用途。

④ 考虑生产成本和生产率的高低。

⑤ 考虑设备的复杂程度和工艺操作的难易。

根据这些原则选择适当的快速凝固方法后，再对具体合金经过反复实验确定一组最佳工艺参数，这样才能得到高质量、低成本、符合要求的快速凝固合金。

 思考题 ▶▶▶

1. 简述快速凝固材料的组织和性能特点。
2. 实现快速凝固的途径有哪些？
3. 试举出几种利用快速凝固技术进行材料制备的实例。

第6章

粉末冶金技术

 本章导读 ▶▶▶

　　粉末冶金是包括粉末制备、粉末成形、烧结及热处理等过程的材料生产制备的工程技术。粉末冶金是一种重要的金属材料制造加工技术，可以制造高质量、高精度的复杂部件，节省原材料，适合自动化大规模生产。本章主要阐述下列内容：

　　1. 粉末冶金技术特点及应用；

　　2. 粉末制备工艺方法；

　　3. 粉末成形工艺方法；

　　4. 坯料烧结理论及工艺方法。

学习目标 ▶▶▶

　　1. 了解粉末冶金技术历史、技术特点、应用领域；

　　2. 掌握粉末制备、成形、烧结工艺方法；

　　3. 掌握粉末冶金烧结基本理论。

6.1 概述

粉末冶金可以看作是用制备陶瓷材料的工艺方法来制备金属部件，是由金属粉末制备、粉末成形、烧结以及后续加工、热处理等过程构成的制备材料和制品的工程技术。粉末冶金材料和制品，表现出某些独特的组织和性能，带来显著的经济效益。

6.1.1 粉末冶金技术的历史发展

历史上系统使用粉末冶金工艺制造产品始于 18 世纪，许多国家通过压制和烧结技术制造铜币、银币。爱迪生使用粉末烧制钨丝制造电灯，被看作是近代粉末冶金兴起的标志。至今，粉末冶金技术不仅应用于难熔金属、稀有金属，还用于铁基、铜基结构性金属材料，制造了大量用于航空、航天、电磁、机械、核工业等许多领域的零部件。粉末冶金技术已经成为当今工业生产和科学技术的一个重要领域。

6.1.2 粉末冶金技术的特点

（1）粉末冶金技术能够生产性能更优越的材料

粉末高速钢、粉末高温合金等材料可以避免出现成分偏析，保证合金的组织均匀、细小，性能稳定，优于熔炼法生产的材料。一些难熔金属材料，如钨、钼合金等，粉末冶金法生产的材料也比熔炼法的晶粒细小、性能好。

（2）粉末冶金技术能够生产成本更低的零部件

粉末冶金工艺适于高效率、高精度、大量自动化生产，可大大提高劳动生产效率。粉末冶金生产金属制品时，金属的总损耗只有 1%~5%。粉末冶金工艺制造的机械零件，不需要或很少需要切削加工，可以大量节省金属材料，具有突出的经济效益。

（3）有些独特的组织或性能只能采用粉末冶金技术来实现

粉末冶金工艺能够生产许多用其他制备方法所不能生产的材料和制品。例如粉末冶金工艺能控制产品的孔隙率，生产多孔材料，含油材料等。可生产由互不溶解的金属或金属与非金属组成的假合金，如钨-铜电接触材料，金属和非金属组成的摩擦材料等。可生产各种复合材料，如硬质合金、金属陶瓷、弥散或纤维强化复合材料等。

6.1.3 粉末冶金技术的适用范围

粉末冶金技术的应用十分广泛，材料成分上有铁基、铜基、镍基、稀有金属基等多种粉末冶金材料，性能上有致密、多孔、硬质、软质、高密度、低密度、泡沫等多种，构成上有金属、复合材料等。可以制造板、棒、管、带等各种型材，齿轮、套、异形件等各种零件；可以制造高精度的小制品，也可以制造高质量、大体积的产品。随着材料科学与技术的不断进步，粉末冶金技术领域也在蓬勃发展。

6.1.4　粉末冶金的工艺过程

粉末冶金工艺主要包括原料粉末的制备、制备压坯、烧结以及烧结后处理四个主要工艺过程。

首先是原材料粉末的制备和检测，粉末特性对粉末冶金产品性能具有重要的影响。其次是压坯，粉末物料在专用压模中加压成形得到一定形状和尺寸。随后进行高温烧结，压坯在低于基体主要成分熔点的温度下加热烧结。最后进行烧结后处理，使制品获得最终的物理力学性能。

现代粉末冶金工艺还包括热压、热等静压烧结，粉末锻造、粉末轧制，多孔烧结，熔浸，热处理等，如图 6-1 所示。

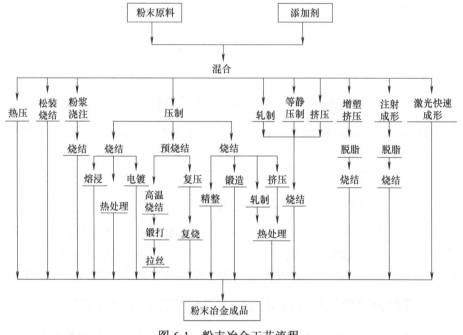

图 6-1　粉末冶金工艺流程

6.2　粉末制备技术

6.2.1　粉末的分类与特征

固态物质按分散程度可分为致密体（大小在 1mm 以上）、胶体（大小在 1μm 以下）

和介于二者之间的粉末体，简称粉末。粉末又可分为粗粉末（100~1000μm）、细粉末（1~100μm）和超细粉末（0.1~1μm）。

粉末是由大量颗粒及颗粒之间的空隙所构成的集合体。粉末体内颗粒之间有许多微小孔隙，颗粒的连接面很少，面上的原子之间不能形成较强的键力，再加上粉末之间相对运动时的摩擦力，使得粉末具有有限的流动性。

单颗粒是粉末中能够分开、独立存在的最小实体。单颗粒的表面能很大，由相互作用力结合在一起，导致团聚，形成二次颗粒。其中的原始颗粒就称为一次颗粒，如图6-2所示。实际上，颗粒还可以以团粒和絮凝体的形式聚集。

粉末颗粒的结晶构造主要取决于制粉工艺。金属及多数非金属粉末颗粒都是结晶体，通常粉末内的晶体生长都不充分，粉末颗粒经过破碎、研磨、筛分等加工，外形也会遭到破坏，与晶型不一致。一般说来，极细粉末可能出现单晶颗粒，多数粉末颗粒具有多晶结构，粉末颗粒晶体内部存在着许多空隙、畸变、夹杂等晶体缺陷。

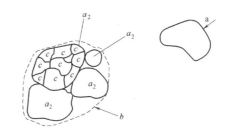

图6-2 单颗粒聚集示意

a—单颗粒；b—二次颗粒；a_2—一次颗粒；c—晶粒

粉末颗粒的表面状态也很复杂。外表面是可以在外面明显看到的表面；内表面包括裂纹、缝隙、与外界连通的空腔等，不包括封闭的孔。一般来说，粉末颗粒越细，外表面越大；粉末缺陷越多，内表面越大。粉末的表面储藏着大量表面能，使得超细的粉末容易团聚、氧化变质甚至自燃。

制取金属粉末是粉末冶金的第一步。金属、合金等不同种类的粉末，密度、粒度、形状、活性、孔隙、比表面、流动性等等，不同的材料和制品对粉末的性能要求是不一样的。通常按照化学成分、物理性能和工艺性能来进行划分。

为了满足粉末冶金材料对粉末性能的各种要求，研究出了各种制粉方法。粉末的制造方法通常分为两大类，即机械法和物理化学法（见表6-1），工业上应用较广的是还原法、雾化法和电解法等。机械法和物理化学法相互补充，并没有明显的界限。

表6-1 金属粉末制备方法对比

生产方法		原材料	粉末产品举例		
			金属粉末	合金粉末	化合物粉末
物理化学法	还原 — 碳还原	金属氧化物	Fe, W	Fe-Mo, W-Re	
	气体还原	金属氧化物及盐类	W, Mo, Fe, Ni, Co, Cu		
	金属热还原	金属氧化物	Ta, Nb, Ti, Zr, Th, U	Cr-Ni	
	还原-化合 — 碳化或碳与金属氧化物作用	金属粉末或金属氧化物			碳化物
	硼化或碳化硼法				硼化物
	硅化或硅与金属氧化物作用				硅化物

生产方法		原材料	粉末产品举例		
			金属粉末	合金粉末	化合物粉末
物理化学法	还原-化合｜氮化或氮与金属氧化物作用	金属粉末或金属氧化物			氮化物
	气相还原｜气相氢还原	气态金属卤化物	W，Mo	Co-W，W-Mo 或 Co-W 涂层石墨	
	气相还原｜气相金属还原		Ta，Nb，Ti，Zr		
	气相冷凝或离解｜金属蒸气冷凝	气态金属	Zn，Cd		
	气相冷凝或离解｜羰基物热离解	气态金属羰基物	Fe，Ni，Co	Fe-Ni	
	液相沉淀｜置换	金属盐溶液	Cu，Sn，Ag	Ni-Co	
	液相沉淀｜溶液氢还原		Cu，Ni，Co		
	液相沉淀｜从溶盐中沉淀	金属溶盐	Zr，Be		
	电解｜水溶液电解	金属盐溶液	Fe，Cu，Ni，Ag	Fe-Ni	碳化物 硼化物 硅化物
	电解｜熔盐电解	金属熔盐	Ta，Nb，Ti，Zr，Th，Be	Ta-Nb	
	电化腐蚀｜晶间腐蚀	不锈钢		不锈钢	
	电化腐蚀｜电腐蚀	任何金属和合金	任何金属	任何金属	
机械法	机械粉碎｜机械研磨	金属和合金，人工增加脆性的金属和合金	Sb，Cr，Mn，高碳钢，Sn，Pb，Ti	Fe-Al，Fe-Si，Fe-Cr 等铁合金	
	机械粉碎｜涡流研磨	金属和合金	Fe，Al	Fe-Ni，钢	
	机械粉碎｜冷气流粉碎		Fe	不锈钢，超合金	
	雾化｜气体雾化	液态金属和合金	Sn，Pb，Al，Cu，Fe	黄铜，青铜，合金钢，不锈钢	
	雾化｜水雾化		Cu，Fe	黄铜，青铜，合金钢	
	雾化｜旋转圆盘雾化		Cu，Fe	黄铜，青铜，合金钢	
	雾化｜旋转电极雾化		难熔金属，无氧铜	不锈钢，高温合金	

举例来说，各种铁粉的制造方法及特点见表 6-2。其中还原法制造的铁粉价格低，性能可满足一般粉末冶金零件生产的要求，用途广泛。

表 6-2 铁粉的制备方法和一般特征

制备方法	铁粉的一般特征	主要用途	价格
铁鳞还原法	粉末颗粒为不规则状，中等松装密度，纯度高，压缩性好，压坯强度高，烧结性好	结构零件，焊条，金属切割	便宜
铁矿还原法	粉末颗粒为不规则状，松装密度较低，杂质含量高，压缩性稍差	结构零件，焊条，金属切割	便宜
雾化法	粉末颗粒接近球形，松装密度高，流动性好，压坯强度较高	高密度结构零件，粉末锻造零件，过滤器，焊条	比还原铁粉贵 15% 左右

制备方法	铁粉的一般特征	主要用途	价格
电解法	粉末颗粒为树枝状或片状，松装密度高，纯度好，压制性好	高密度结构零件	比雾化法铁粉贵
气基法	粉末颗粒呈球形，非常细，纯度很高	电子材料	比电解法铁粉贵

6.2.2 机械法制备粉末

机械粉碎法是靠压碎、击碎和磨削等作用，将块状金属或合金粉碎成粉末，粉碎过程中，其化学成分基本没有变化。雾化法也可以认为属于机械粉碎法，其粉碎的是熔融液体而不是固体。

机械粉碎法是一种独立的制粉方法，也可作为某些制粉方法的补充工序。例如，由碳还原法制得的海绵铁块，再研磨制取铁粉等。

根据物料的最终粒度，把粉碎过程分为粗碎和细碎。粗碎所用的设备有颚式破碎机、反击式破碎机、圆锥式破碎机、锤式破碎机、切削破碎机、碾碎机、双辊式滚碎机等。细碎所用的设备有锤磨机、棒磨机、球磨机、气流粉碎机等。

所有金属和合金都可进行机械粉碎，但实践证明，机械研磨较适用于脆性材料。塑性金属和合金可用涡流研磨和冷气流粉碎等方法进行粉碎。

（1）球磨法

粉末冶金工业中使用最多的是球磨法，球磨法有滚动球磨、振动球磨、行星球磨、搅拌球磨等。其中滚动球磨最基本，研究滚动球磨的规律对了解球磨机的粉碎原理和正确选用十分必要。

① 球磨机内磨球的运动状态及对物料的粉碎效果。球磨机以钢球、硬质合金球、陶瓷球等作为研磨体，粉碎物料的作用主要取决于球和物料的运动状态。球和物料的运动有三种基本情况，主要取决于球磨筒体的转速，如图 6-3 所示。

球磨机转速慢时，球和物料沿筒体上升至自然坡度角后滚落下来，称为滑落（泻落）。这种情况下，主要是靠球的摩擦作用粉碎物料，如图 6-3（a）所示。

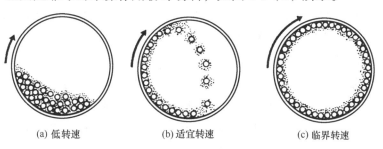

(a) 低转速　　　　　(b) 适宜转速　　　　　(c) 临界转速

图 6-3　球磨筒内球和物料随转速不同的三种状态

球磨机的转速较高时，球在离心力的作用下，随筒体上升至比第一种情况更高的高度后在重力的作用下掉落下来，称之为落。这时物料的粉碎除了靠球与球之间的摩擦作用外，还靠球落下的冲击作用，其效果最好，如图6-3（b）所示。

继续增加球磨机转速，至离心力超过球的重力时，球将紧贴筒体一起回转。这时物料的粉碎作用就停止了。此时转速称为临界转速（$N_{临界}$），如图6-3（c）所示。

② 球磨筒的转速。球和物料的运动状态是随筒体的转速而变化的。实践证明，当球磨机的工作转速 n=0.70~0.75$N_{临界}$ 时，球体发生抛落，适用于破碎；当 n<0.60$N_{临界}$ 时，球体以滑动为主，适用于混料。实际球磨时，还应考虑装球量、球料比、球直径、研磨介质、物料物性、物性随时间变化等多种因素。

球磨法中常用的振动球磨机如图6-4所示。装有粉料及磨球的磨筒固定于工作台上，整个工作台置于弹簧支撑上，工作台偏心激振装置使磨筒产生高频振动，然后将振动的能量传递到筒内的磨球。通过振动方式输入能量，运动系统不存在滚筒球磨的临界速度的限制，是一种高能高效的研磨方法。

搅拌球磨机如图6-5所示。通过带有横臂的中心搅拌棒高速转动磨球与粉料获得动能。搅拌球磨可通过提高搅拌转速、减小磨球直径等方法提高磨球的总撞击概率而不减小磨球的总动能，是研磨效率和能量利用率最高的机械研磨方式。

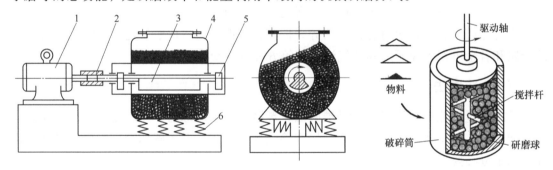

图6-4　振动球磨机　　　　　　　　图6-5　搅拌球磨机

1—电动机；2—联轴节；3—主轴；4—筒体；5—不平衡体；6—弹簧

（2）涡流研磨法

一般机械粉碎只适用于粉碎脆性金属和合金，而涡流研磨法可用于粉碎较软的塑性金属如纯铁粉等。涡流研磨机也称汉米塔克研磨机，如图6-6所示。

涡流研磨机内部没有研磨体，有两只方向相反高速旋转的螺旋桨，形成两股相对的气流，气流带动粉末颗粒与机壳和螺旋桨撞击，达到粉碎的目的。涡流法粉碎的金属粉末较细，为防止氧化，可以向粉碎室通入惰性或还原性气体来保护。

靶式气流磨如图6-7所示。利用高速气流使物料颗粒互相冲击、碰撞、摩擦而被粉碎。气流磨是常用的超细粉碎设备，其粉碎后的物料平均粒度细，粒度均匀，纯度高，含氧量低，自动化程度高。

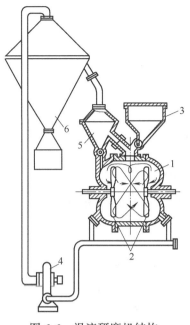
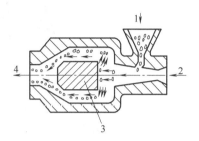

图 6-6 涡流研磨机结构

1—研磨室；2—涡旋桨；3—料斗；4—泵；

5—集分箱；6—空气分离器

图 6-7 靶式气流磨结构

1—加料斗；2—高压气体；3—靶板；4—物料出口

6.2.3 雾化法制备粉末

雾化法是利用高压流体将金属或合金熔液直接破碎、雾化成为细小的液滴，凝固而成为粉末。雾化法可制取多种金属粉末和合金粉末。与机械粉碎法相比，雾化法则只须克服液体金属原子间的结合力就能使之分散成粉末。高压流体称为雾化介质，雾化介质为气体的称为气雾化，雾化介质为水的称为水雾化，如图 6-8 所示。雾化可以分为二流雾化、离心雾化、真空雾化、超声波雾化等。如图 6-9 所示为气体雾化法制取铜合金粉的设备示意图。该方法可以制取高质量的合金粉末，但是效率较低，成本高。此外，还有离心雾化、超声振动、振动电极、等多种雾化方法。

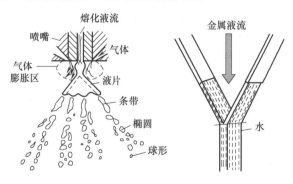

图 6-8 气雾化及水雾化法制取粉末

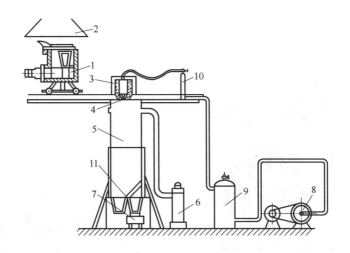

图 6-9 气体雾化法制取铜合金粉的设备

1—移动式可倾燃油坩埚熔化炉；2—排气罩；3—保温漏包；4—喷嘴；5—集粉器；6—集细粉器；

7—取粉车；8—空气压缩机；9—压缩空气容器；10—氮气瓶；11—分配阀

6.2.4 还原法制备粉末

还原法是用碳、气相氢、气相金属、金属等还原剂，使金属化合物转变为金属的方法。例如大量工业铁粉都是以冶金工业废料轧钢铁鳞为原料生产的。用固体碳还原，不仅可以制取铁粉，而且可以制取钨粉；用氢或分解氨还原，可以制取钨、铜、铁、钢、钴、镍等粉末；用转化天然气作还原剂，可制取铁粉等；用钠、钙、镁等金属作还原剂，可制取铝及铌、钛、锆、钍、铀等稀有金属粉末。

金属氧化物的还原反应可以用一般化学式表示：

$$MeO+X \longrightarrow Me+XO$$

还原反应的必要条件为：金属氧化物的离解压大于还原剂氧化物的离解压。也就是说，还原剂与氧生成的氧化物应该比被还原的金属氧化物稳定。表 6-3 为一些还原法制取金属粉末的例子，图 6-10 为霍格纳斯公司（瑞典）还原铁粉生产工艺流程图。

表 6-3 还原法制取金属粉末举例

被还原物料	还原剂	反应方程	备注
固体	固体	$FeO+C \longrightarrow Fe+CO$	固体碳还原
	气体	$WO_3+3H_2 \longrightarrow W+3H_2O$	气体还原
	熔体	$ThO_2+2Ca \longrightarrow Th+2CaO$	金属热还原
气体	气体	$WCl_6+3H_2 \longrightarrow W+6HCl$	气相氢还原
	熔体	$TiCl_4+2Mg \longrightarrow Ti+2MgCl_2$	气相金属热还原
溶液	固体	$CuSO_4+Fe \longrightarrow Cu+FeSO_4$	置换
	气体	$Me(NH_3)nSO_4+H_2 \longrightarrow Me+(NH_4)_2SO_4+(n-2)NH_3$	溶液氢还原
熔盐	熔体	$ZrCl_4+KCl+Mg \longrightarrow Zr+产物$	金属热还原

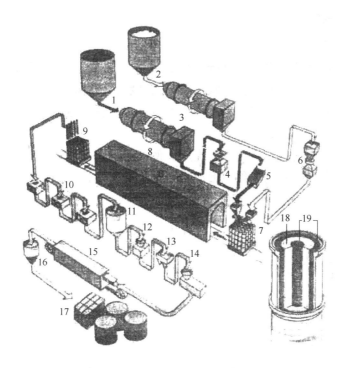

图 6-10　霍格纳斯公司（瑞典）还原铁粉生产工艺流程

1—焦炭屑与石灰的混合物作还原剂；2—铁矿；3—干燥；4—破碎；5—筛分；6—磁选；7—装罐；

8—隧道窑还原；9—出料；10—粗破碎；11—存储筒仓；12—破碎；13—磁选；14—研磨与筛分；

15—带式炉退火；16—调整；17—自动包装；18—铁矿粉；19—还原剂

金属置换法适用于大量生产经济而优质的锡、铜、银粉。根据电化学原理，往金属水溶液中加入更高平衡电位的金属时，即可从水溶液中置换沉淀较低电位的金属粉末。例如将锌加入氯化亚锡（$SnCl_2$）的水溶液中，可得到锡粉；将铜或铁加入硝酸银水溶液中即可得到银粉。

这种方法还可制得以一种金属为核心，外面包覆另一种金属外壳形成的复合粉末。如制造碳轴承所使用的包铜铅粉，是将细铅粉末加入到具有一定温度并被搅拌着的硫酸铜水溶液中，铅粒与硫酸铜之间进行反应，结果铅粉末表面部分溶解，而铜则沉积在铅粉末表面，当铅粉上全部表面都被铜所包覆时，反应即停止。

6.2.5　气相沉积法制备粉末

气相沉积法主要有金属蒸汽冷凝、羰基物热解离、化学气相（气态金属卤化物）沉积等。以羰基法生产铁粉或镍粉为例：羰基法属于热分解法，这种方法是将 Fe 或 Ni 与 CO 反应制成液态的羰基铁 [Fe（CO）$_5$] 或羰基镍 [Ni（CO）$_4$]，将这些液体在 250℃ 或 180℃ 左右的温度下，于热解塔中热离解而制成纯铁粉或纯镍粉。羰基化合物生成及离解反应的通式为：

$$Me + nCO \rightleftharpoons Me(CO)_n$$

6.2.6 电解法制备粉末

电解法指金属阳离子在阴极放电析出金属粉末，有水溶液电解和熔盐电解两种。电解法的特点是生产的粉末纯度高，形状一般为树枝状，压缩性和成形性好，可以生产超细粉末；缺点是耗电量大。水溶液电解可生产铜、镍、铁、银、锡等；熔盐电解主要用于制取一些难熔稀有金属粉末。

电解制粉一般用硫酸盐或氯化物槽生产。例如，用氯化物槽电解制取铁粉。电解质的导电性较好，没有阳极钝化现象，形成氢氧化物的可能性小。由氯化物电解质带入铁粉中的杂质易除去，并且铁粉不含硫。

6.3 粉末成形技术

成形是将粉末密实成具有一定形状、厚度、密度和强度的压坯，是粉末冶金生产的主要工序之一。可分为钢压模成形和特殊成形两大类。

6.3.1 粉末的预处理

基于成形工艺对粉末性能的要求，需要在成形前对粉末进行预处理。通常包括粉末退火、混合、筛分、制粒和加入润滑剂等。

粉末退火可以还原氧化物，降低碳和其他杂质的含量，消除粉末的加工硬化，稳定粉末的晶体结构，钝化表面防止自燃等。大多数粉末都要经过退火处理，退火后，粉末的压制性得到改善，弹性后效减小。退火一般采用还原性气氛，有时也可采用惰性气氛或真空。

混合指将两种或两种以上的粉末均匀混合的过程。常用的混料机有球磨机、V 型混合器、酒桶式混合器、螺旋混合器等。干混不加介质，湿混则须加入酒精、汽油、丙酮等。混合质量不仅影响压坯质量，还会影响烧结和最终制品的质量。

制粒是将小颗粒粉末制成大颗粒的过程，通常用来改善粉末的流动性。设备有滚筒制粒机、圆盘制粒机、真空雾化制粒机等。

粉末在刚性模中压制成零件时，如果没有润滑，压坯会卡在模具中无法脱出。金属粉末常用的润滑剂有硬脂酸、硬脂酸盐、合成蜡等。

6.3.2 模压

模压成形在粉末冶金生产中最为基本，将金属粉末或混合料装入钢制压模内，在模冲压力的作用下对粉末体加压、卸压，再将压坯从阴模中脱出。其中发生粉末颗粒与粉末颗粒之间，与模壁之间的摩擦、压力的传递以及压坯密度和强度的变化等一系列复杂过程。

模压成形压制过程中粉末的运动和变化情况，塑性金属粉末压制的情况，见模型图（图6-11）。

在压制过程中，粉末颗粒会发生相对位移、弹性变形、塑性变形以及脆性断裂等，这些位移和变形促使压坯的密度和强度增大。粉末颗粒位移的形式见图6-12。

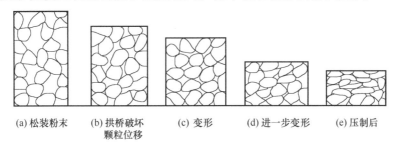

(a) 松装粉末　(b) 拱桥破坏　(c) 变形　(d) 进一步变形　(e) 压制后
　　　　　　　颗粒位移

图6-11　压制过程中粉末的运动

(a) 粉末颗　(b) 粉末颗　(c) 粉末颗　(d) 粉末颗　(e) 粉末颗
粒的接近　粒的分离　粒的滑动　粒的转动　粒因粉碎
　　　　　　　　　　　　　　　　　　　　而产生移动

图6-12　粉末颗粒位移的几种形式

一般压制方式有5种，即单向压制、双向压制、浮动压制、强动压制和双向摩擦压制。这几种压制方式是设计模具和压机的基础，对提高压坯质量和生产效率有重要意义。

（1）单向压制

单向压制［图6-13（a）］时，阴模和下模冲不动，由上模冲单向加压。这种压坯，因摩擦力的作用使制品上下两端密度不均匀。即压坯直径越大或高度越小，压坯的密度差越小。单向压制一般要求，棒状压坯 $H/D \leqslant 1$，套类压坯 $H/\delta \leqslant 3$。（H——压坯高度，D——压坯直径，δ——套的壁厚）。

（2）双向压制

双向压制［图6-13（b）］时，阴模固定不动，上下模冲以大小相等、方向相反的压力，同时加压。这种压坯中间密度低，两端密度高而且相等。双向压制的压坯允许高度比单向压坯高一倍，适于压制较长的制品。双向压制阴模不动、结构简单、刚性好。同时，生产效率比单向压制低，压机下部受的压力比浮动压制大。

（3）浮动压制

浮动压制［图6-13（c）］时，下模冲固定不动，阴模用弹簧、液压缸等支撑，受力后可以上下移动。当上模冲加压时，由于侧压力而使粉末与阴模壁之间产生摩擦力，阻止粉末向下移动，与上模冲压力方向相反。弹簧压缩，阴模与下模冲产生相对运动，相当于下冲头反向压制。浮动压制具有压坯密度分布和双向压制类似，压机下部有较小的浮动压力和脱模压力即可，装料方便等优点。

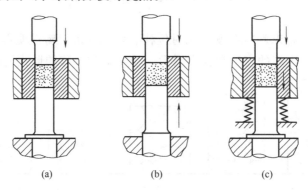

图 6-13　单向压制（a）、双向压制（b）、浮动压制（c）示意

（4）强动压制

有些粉末摩擦力小，无法进行浮动压制，可以使阴模对下模冲强制移动一段距离，相当于阴模向下浮动的距离，这种压制方式叫作强动压制（图 6-14）。其压制的效果和双向压制类似。

（5）双向摩擦压制

利用摩擦力改善压坯密度分布，如套筒类零件，在带有摩擦芯杆的压模中进行压制。芯杆与压坯表面的相对位移可以引起与模壁或芯杆相接触的粉末层的移动，从而使得压坯密度沿高度分布更加均匀（图 6-15）。

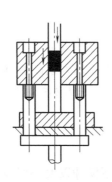

图 6-14　强动压制示意

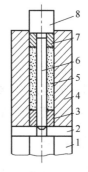

图 6-15　带摩擦芯杆的压模

1—底座；2—垫板；3—下压环；4—阴模；

5—压坯；6—芯杆；7—上压环；8—限制器

6.3.3　粉末轧制和挤压成形

粉末轧制［图 6-16（a）］是将金属粉末用漏斗引入一对旋转轧辊之间使其压实成连

续带坯的方法，得到具有一定厚度、长度连续、强度适宜的板、带坯料。可以生产多孔材料、摩擦材料、复合材料和硬质合金等的板材及带材。

挤压成形［图6-16（b）］是将置于挤压筒内的粉末、压坯或烧结体通过模孔压出的方法。设备简单、生产率高，可以获得沿长度方向密度均匀的制品。用于生产截面较简单的条、棒等。

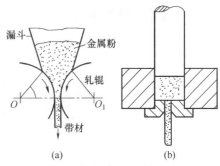

图6-16　粉末轧制（a）和挤压成形（b）

6.3.4　等静压成形

等静压成形是对粉末（或压坯）表面或对装粉末（或压坯）的软膜表面施以各向大致相等的压力的压制方法。等静压成形也可以在高温下进行，将压制与烧结结合在一起，称为热等静压成形。

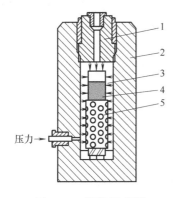

图6-17　等静压成形
1—压力塞；2—铜容器；3—粉末；4—橡皮；
5—多孔支撑套

冷等静压成形（图6-17）是在室温下的等静压制，将粉末装于有弹性的橡皮或塑料套中，压力传递介质通常采用水或油等，模具材料采用天然或合成橡胶。冷等静压成形所需压力比钢压模成形低，压坯密度较高、较均匀，力学性能较好，形状可较复杂，尺寸可较大，用于管材、棒材和大型制品的生产。等静压法压坯尺寸精度较低，一般需要后续机械加工。

等静压可制造圆柱形、球形、棒形和管形等形状的压坯。还可制造多层复合压坯和将粉末材料压制于致密金属零件之上，如在钢管内表面上，压制一层铜粉末。用此方法也可制备钛合金等价格高、难加工的材料，先将钛合金粉等静压预成形坯，再挤压成精确形状。

6.3.5　软模成形

软模成形（见图6-18）把弹性体（橡胶、塑料等）既作为模腔又作为传递压力的介质，装有金属粉末的弹性模具放入钢压模内，在压机上加压成形。它类似等静压制，密度较高，可以成形球体、圆锥体等难于用钢模压制成形的小型、异型压坯，但生产效率不高。

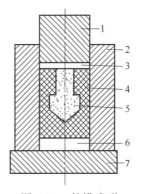

图6-18　软模成形
1—钢模冲头；2—钢压模；3—垫片；4—弹性软模；5—粉末料；6—下垫片；7—钢模垫

6.4 烧结技术与原理

所谓烧结，就是在低于主要组分熔点的温度下将粉末压坯进行加热，使粉末颗粒间由机械结合转变成原子间的冶金结合，从而得到所需各种物理和力学性能的粉末冶金工艺过程。

烧结是一种高温热处理，过程非常复杂，材料内部发生一系列物理、化学变化，包括晶体结构和相结构的形成、孔隙形状、孔隙度、化学成分和粒度构成的波动等。同时烧结在粉末冶金生产过程中，能源消耗大，设备投资高，是粉末冶金生产过程中最基本的工序之一，对产品最终的性能起着决定性的作用。

一般来说，烧结废品是无法挽救的。但在烧结以前的工序中，由于粉末以及压制成形所带来的某些缺陷，却可以通过调整烧结工艺在一定范围内加以弥补。

烧结的分类方法很多。通常按烧结过程有无明显的液相出现进行分类。整个烧结过程都是在固态中进行的，称为固相烧结；烧结过程中有某种成分熔化时，则称之为液相烧结。按照成分可分为单元系烧结和多元系烧结。单元系烧结指压坯中只有一种成分；多元系烧结指压坯中含有两种及以上成分。单元系烧结多是固相烧结，如纯铁制品及钨、铜等的烧结。多元系烧结有固相烧结和液相烧结，固相烧结如铁-石墨、铜-石墨等，液相烧结如铁、铜及钨钴类硬质合金等。

6.4.1 烧结的基本理论

烧结是指粉末或压坯在低于主要组分熔点的温度下借助于原子迁移实现颗粒间联结的过程。按照热力学的观点，粉末系统过剩自由能的降低是烧结进行的驱动力。根据烧结前后物质的变化，可以发现，这些自由能主要由表面能和畸变能构成。一般情况下，体系的内能不足以驱动烧结进行，需要加热到某一温度才能进行烧结。

（1）烧结过程

粉末系统烧结过程，可以分为以下三个阶段。

① 烧结颈的形成（烧结初期）。烧结开始，在粉末颗粒接触点形成冶金结合点，这种结合点称为烧结颈。在这一阶段，颗粒之间只形成结合点，不发生相对移动，坯料收缩不大。烧结体外形没有大的变化，但强度有了实质性的变化，其导电导热等物性也有了较大变化。

② 孔隙网络形成，烧结颈长大（烧结中期）。随着烧结过程的进行，烧结颈长大，使两个颗粒合并成一个颗粒，颗粒界面成为晶界面，烧结体中形成孔隙网络。晶界发生迁移，在原先颗粒接触面的晶界消失，形成晶粒的组织结构。烧结引起颗粒中间距离缩短，烧结体收缩，密度大大提高，力学性能大大增加。

③ 孔隙网络坍塌，形成孤立孔隙（烧结后期）。烧结后期，当颗粒之间的烧结完成

后，烧结体的孔隙低于 10%，多数孔隙完全分离，封闭孔隙数量大大增加。继续保温，这些封闭、隔离的孔隙在表面能的驱动下会自发地球化并缩小。在这一阶段，烧结体仍在缓慢收缩，但密度变化不大，由于孔隙的球化，力学性能得到进一步改善。在这一阶段烧结时间过长，会发生晶粒粗化，力学性能下降。如图 6-19 所示。

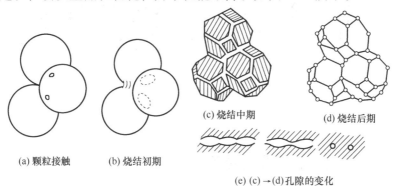

(a) 颗粒接触　　(b) 烧结初期　　(c) 烧结中期　　(d) 烧结后期

(e) (c)→(d)孔隙的变化

图 6-19　粉末系统烧结过程

（2）烧结过程的物质迁移

压坯粉末体内具有很高的能量，这种高能量的原子在烧结温度下，发生物质迁移。烧结中的物质迁移方式有蒸发-凝聚、扩散传质、黏性流动、塑性流动等。

两个接触的粉末颗粒，在颗粒外表面的曲率半径与接触颈部的曲率半径不同，造成两处的蒸气压存在差异。物质原子就会由接触点意外的表面蒸发，在接触点处凝聚，造成物质迁移。

在金属粉末的烧结过程中，烧结颈表面、小孔隙表面、凹面、位错等位置都可以成为空位源；晶界、平面、凸面、大孔隙表面、位错等位置相应地成为位错阱。由于空位浓度梯度的存在，过剩的空位向远离接触颈的地方扩散，构成了物质迁移的动力。此类扩散传质，又存在体积扩散、表面扩散、晶界扩散等多种机制。

粉末颗粒接触颈部由于表面张力而产生表面应力，并在表面应力的作用下接触颈位置发生黏性流动，原子或空位顺应着应力的方向发生流动，造成物质迁移。

与黏性流动相区别，当外应力超过塑性材料的屈服强度时，则会发生塑性流动传质，造成物质迁移。

（3）晶粒长大

粉末颗粒经过压制成形，受到一定的加工变形，因此在烧结时会发生再结晶和晶粒长大。

再结晶的核心多产生于粉末颗粒的接触点或接触面上，因此粉末越细，再结晶的核心就越多，再结晶后形成的晶粒也越细。晶粒长大的驱动力是晶界过剩的自由能，即晶界两侧物质的自由能之差，使界面向曲率中心移动，可使晶界由一个颗粒向另一个颗粒移动。在这一进程中，孔隙、粉末颗粒表面薄膜、第二相、晶界沟等都在阻碍晶界移动和晶粒长大，如图 6-20 所示。

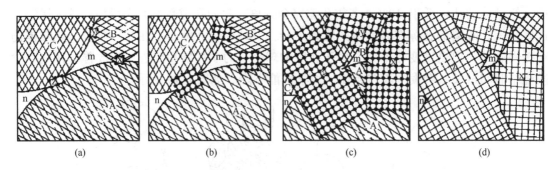

图 6-20　烧结过程新晶核形成、再结晶、晶粒长大

A、B、C—变形过的晶粒；m、n—孔隙；x、y、z—晶核

6.4.2　多元系固相烧结和液相烧结

（1）多元系固相烧结

两种组元及以上的粉末体系在其低熔组元的熔点以下温度进行烧结。除了黏结、致密化外，烧结过程中还发生组元间的溶解、化合和成分均匀化，获得所要求的相或组织组成物。

无限互溶系的多元烧结：在烧结温度下发生组元之间的互溶，最终形成成分均匀化的单相固溶体，如 Cu-Ni、Fe-Ni、Cu-Au、W-Mo、Ag-Au 等。

有限互溶系的多元烧结：如 Fe-Cu、Fe-C、W-Ni 等，烧结后形成多相合金，有时还出现金属间化合物相。如 Fe-C 烧结钢，得到 α-Fe 和 Fe$_3$C 多相合金。

互不相溶的多元烧结：互不溶解、互不反应的两种粉末，烧结后可得到"假合金"，如 Cu-W，Ag-W 等。

（2）液相烧结

压坯粉末体中，由于各成分的熔点不同，烧结时可能形成液相。液相在粉末体系统内，可以提供快速的物质迁移，实现快速烧结。液相必须围绕固相形成薄膜，所以必须对固相有润湿性且固相必须在液相中有一定的溶解度。液相在烧结的过程中可以一直存在，也可以在随后的烧结进程中被固相吸收。

液相烧结过程可分为以下三个阶段。

① 液相生成和固相颗粒重排。在此阶段中，如果固相粉末间没有形成结合点，压坯中的气体容易扩散或逸出，则在液相毛细作用力下，固相颗粒会发生较大的移动，使压坯中粉末颗粒重新分布，提高压坯致密度。

② 固相在液相中的溶解和析出。如果固相在液相中可以溶解，则细小的粉末和粗大颗粒的凸起、棱角部分会在液相中溶解消失，粗大颗粒则会长大和球化。在这个阶段，压坯仍在收缩。

③ 固相烧结及刚性骨架形成。液相不能完全包裹固相，固体颗粒之间会有接触，形

成刚性骨架。如果这种骨架在烧结的早期形成，则会影响压坯烧结致密化过程。这一阶段以固相烧结为主，压坯致密化显著减慢，如图 6-21 所示。

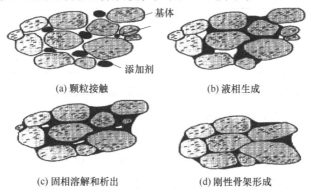

(a) 颗粒接触　　　　　　　　　(b) 液相生成

(c) 固相溶解和析出　　　　　　(d) 刚性骨架形成

图 6-21　粉末系统烧结过程

6.4.3　烧结过程及影响因素

烧结的基本工艺过程是粉末压坯经预热，在一定的烧结温度下保温，然后冷却便得到烧结制品。烧结工艺参数包括：烧结温度、烧结时间、加热及冷却速度、烧结气氛、压力等。

在烧结工艺中，温度是具有决定性作用的因素。烧结温度主要根据制品的化学成分来确定，对于混合粉压坯，烧结温度要低于其主要成分的熔点，通常可按下式近似确定：

$$T_烧 = (0.7 \sim 0.8) T_熔$$

式中　　$T_烧$——制品的烧结温度，K；

　　　　$T_熔$——制品主要成分的熔点，K。

铁基制品的烧结温度为 1050~1200℃，铁基制品的烧结温度如表 6-4 所示。

表 6-4　铁基制品烧结温度适用范围

烧结温度/℃	适用制品范围举例
1050	高碳、低密度或薄壁件
1080	含油轴承，气门导管，添加石墨的减摩零件
1120	铁基结构零件，一次烧结工艺
>1150	中等强度结构零件，复压复烧工艺中的高温烧结

烧结时的保温时间与烧结温度有一定关系，烧结温度高，保温时间短。根据制品成分、单重、几何尺寸、壁厚、密度以及装舟方法（是否加填料）及装舟量而定保温时间。铁基制品的保温时间一般在 1.5 ~ 3h。保温时间不足，铁粉颗粒之间的结合状态不佳，碳和其他合金元素的均匀化也不足。保温时间过长，影响生产效率，增加能源消耗，还会造成晶粒长大或脱碳。

烧结铁基制品时，气氛应具有还原性，主要气体有：氢、分解氨、发生炉煤气和碳氢化合物转化气体等，如表 6-5 所示。

表 6-5 粉末冶金用烧结气氛实例

气氛类型	应用比例/%	烧结材料
吸热型气体	70	烧结碳钢
分解氨气体	20	不锈钢、碳钢、铜基材料
放热型气体	5	铜基材料、铁基材料
H_2、N_2、真空	5	铝基材料及其他

精整工艺是将烧结后的粉末冶金制品，在模具中再压一次，以获得需要的尺寸公差和提高表面光洁度。精压工艺可获得特定的表面形状和适当改善密度。复压工艺可提高制品密度，以提高强度。复压后如需要再烧结一次，则称为复压复烧工艺。

精整压力一般为成形压力的 1/3 ~ 1/2。精整设备可采用成形压机、改进型压机，或专门设计的精整压机等。

6.4.4 其他烧结方法

（1）活化烧结

活化烧结是采用化学或物理的措施，改变粉末表面状态，提高粉末表面原子活性和原子的扩散能力，以降低烧结温度，加快烧结进程，或提高烧结体密度和性能的方法。具体包括在气氛中添加活化剂，烧结填料中添加强还原剂，添加活性元素，预氧化粉末压坯等。

例如烧结时加入卤化物，使烧结金属生成气相产物，改善烧结时物质的迁移方式，大大加速了物质的迁移。

（2）熔浸

在高温下把多孔毛坯与能润湿其固态表面的液体金属或合金相接触或浸埋在液体金属内，由于毛细管作用力，液态金属会充填毛坯中的孔隙，适合于制造钨-银、钨-铜、铁-铜等合金材料或制品，可得到致密材料或零件。

（3）电火花烧结

对粉末压坯通以中频（或高频）交流和直流相叠加的电流，使粉末颗粒之间发生火花放电发热而进行烧结的一种烧结技术。在烧结的同时要施加压力，烧结周期短、成形压力低、操作简单、无需保护气氛、零件致密度高。

（4）热等静压制

热等静压制工艺首先生产预成形坯或将粉末装入包套，在高温、气体高压下进行等静压制。热等静压制同时进行压制和烧结，集热压和等静压优点于一身。制品密度高且均匀，晶粒细小，力学性能较高，形状和尺寸不受限制，但投资大。用于粉末高速钢、难熔金属、高温合金和金属陶瓷等制品的生产。如图 6-22 所示。

除上述成形方法外，还有热压、烧结粉末轧制、楔形压制等方法。

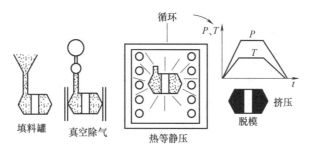

图 6-22　热等静压制工艺流程

6.5　粉末冶金与高端零件制造

6.5.1　粉末冶金结构零件

结构材料主要参与机械运转，承受拉伸、压缩、冲击、剪切、摩擦等综合应力。烧结结构件一般指采用粉末冶金法生产的齿轮、凸轮、轴承等机械零件。粉末冶金技术具有材料利用率高、能耗低等特点，制造机械零件时可以做到少量切削甚至无切削。

烧结铁基结构零件精度高、表面粗糙度小，包括 Fe-C、Fe-Cu-C、Fe-Ni-C、Fe-Mn-C 等多种体系，应用于汽车、摩托车、农用机械、家用电器、电动工具等领域，见表 6-6。

烧结铜基结构零件具有耐腐蚀性能好、表面光洁、无磁等优点，主要有烧结青铜、烧结黄铜、弥散强化铜合金等种类。应用于电子、电气、精密仪表等行业。

粉末冶金铝合金包括高强/耐蚀铝合金、高温铝合金、低密度高模量铝合金、超强铝合金、耐磨铝合金、阻尼铝合金及铝基复合材料等种类。高比强度的铝基粉末冶金零件在汽车轻量化方面应用前景广阔。

表 6-6　铁基粉末冶金零件应用实例

应用领域	举例
通用机械	行星齿轮、收割机螺旋伞齿轮、拖拉机油泵齿轮、汽车车窗升降齿条
家用电器	洗衣机偏心齿轮、冰箱空调压缩机连杆、活塞、上下轴承、缸体
电动工具	直齿轮、伞齿轮、端面齿轮、螺旋齿轮、小齿轮
其他	齿轮泵、转子泵、柱塞泵、叶片泵中的许多零件

6.5.2　粉末冶金高端零件

（1）硬质合金

硬质合金是以难熔金属碳化物作为硬质增强相，用过渡金属铁、钴、镍等作为黏接相，利用粉末冶金技术制备的材料。硬质合金具有高强度、高硬度、耐磨损、耐腐蚀、耐高温等优点，被誉为"工业的牙齿"。

硬质合金占金属切削刀具材料总量的 45%~50%，广泛用于制造车刀、钻头、端铣刀、铰刀、立铣刀、中大模数齿轮刀具等。硬质合金部件还可用于地质矿山采掘挖齿、合成金刚石顶锤、模具、轧辊等其他重要场合。

（2）磁性材料

粉末冶金磁性材料包括软磁材料、永磁材料等。

目前生产的烧结软磁材料可制作复杂形状的磁性零部件，减少或免去机械加工步骤，降低成本。铁氧体软磁材料主要有锰-锌、铜-锌、镁-锌系等，电阻率比一般软磁合金大 $10^6 \sim 10^8$ 倍，涡流损耗极小，但磁导率低、脆、不耐磨，主要用于高频电讯、计算机元件、无线电元件等。

稀土永磁材料的高性能化发展极为迅速，被称为永磁王的 Nd-Fe-B 永磁材料，由于加工性差，只有采用粉末冶金工艺才能得到其最优的性能（表 6-7）。

表 6-7　烧结 Nd_{15}-（$Fe_{1-x}Co_x$）$_{77}$-B_8 的磁性能

成分	剩余磁感应强度/T	矫顽力 /（kA·m^{-1}）	最大磁能积 /（kTA·m^{-1}）	居里温度 /K
Nd_{15}-Fe_{77}-B_8	1.23	960	184.8	585
Nd_{15}-（$Fe_{0.9}Co_{0.1}$）$_{77}$-B_8	1.23	800	184.8	671
Nd_{15}-（$Fe_{0.8}Co_{0.2}$）$_{77}$-B_8	1.21	820	165.6	740

（3）多孔材料

粉末冶金多孔材料指用粉末冶金方法制成，孔隙度常大于 15% 的材料。这种材料孔隙度和孔径大小可以控制，具有优良的透过性，渗透稳定，过滤精度高，具有耐高温、抗热震、制造简单、寿命长等优点。

例如铜-锡烧结轴承，最终孔隙度接近 20%，耐磨性和含油性均较好；多孔铂心脏起搏器电极，由压制铂粉制造，表面 30~200μm 的微孔结构允许心肌组织长入并稳定电极位置。

（4）电接触材料

电接触材料担负着电路间接通、断开及负载电流的任务，被称为电器的"心脏"。这种材料需要耐电弧烧损、接触电阻低而稳定、耐磨损、耐腐蚀，没有一种单一材料满足所有要求，只能通过合金化或粉末冶金方法制造。

常用粉末冶金电接触材料有银-镍、银-石墨、铜-石墨、银-金属氧化物、银（铜）-难熔组分等，广泛用于高压断路器、真空断路器、自动开关等多种电接触场合。

（5）高温合金

高温合金指在 600℃以上具有抗氧化性、耐腐蚀性及良好的综合力学性能的材料。粉末高温合金改善了合金的热加工性能，使含有较多合金强化元素的铸造成分合金也能进行成形加工，还可添加超细氧化物强化相，进一步提高合金的使用温度范围。

粉末冶金高温合金应用于航空、航天、钢铁、汽车、热处理等行业的耐高温部件，如飞机发动机燃烧室内衬、尾喷管、导向器叶片、涡轮盘、涡轮叶片等重要零部件；工业燃气轮机的高温部件，如火焰稳定器、挡焰板等。

 思考题 ▶▶▶

1. 什么是粉末冶金技术？粉末冶金与冶炼法相比，有何突出的特点？
2. 指出常用的制粉方法及其特点。
3. 粉末压坯需要哪些必要的性能？
4. 思考粉末冶金零部件的共同特点及适用产业领域。
5. 选择一种机械零部件作为实例，阐述粉末冶金工艺的优越性。

第 **7** 章

薄膜材料的制备

📚 **本章导读** ▶▶▶

薄膜材料通常是指附着在固体表面且其厚度远远小于其表面尺寸的一类固体材料。薄膜材料的制备方法多种多样，其中通过原子、离子、分子等尺度的粒子沉积形成的薄膜结构细密，在微电子、光通信、磁记录等高新技术领域应用广泛。因此，本章主要阐述制备薄膜材料的以下三类技术的原理、方法、装置、特点等内容：

1. 物理气相沉积技术（真空蒸发沉积、溅射沉积、离子镀）；
2. 化学气相沉积技术（热化学气相沉积、等离子体增强化学气相沉积、激光辅助化学气相沉积）；
3. 液相反应沉积技术（电镀、阳极氧化、化学镀、溶胶凝胶法）。

✈️ **学习目标** ▶▶▶

1. 掌握真空蒸发沉积、溅射沉积、离子镀、等离子体增强化学气相沉积制备薄膜材料的原理、方法、装置和特点；
2. 了解热化学气相沉积、激光辅助化学气相沉积的原理、方法和特点；
3. 了解液相反应沉积制备薄膜材料的原理、方法和特点。

7.1 概述

当固体或液体的一维线性尺度远远小于它的其他二维尺度时，我们将这样的固体或液体称为膜。通常，将厚度大于 1μm 的膜称为厚膜或涂层，将厚度小于 1μm 的膜称为薄膜。显然，这样的划分较为粗放。一些用于光学、电学、磁学等方面的膜，不需要很厚，厚度常在几十至几百纳米量级，它们是通过原子、离子、分子等尺度的粒子沉积形成的。而通过喷涂、黏结、堆焊、熔结、热浸镀等宏观尺度的颗粒沉积和整体覆盖技术得到的膜层，厚度通常在微米量级，可以称之为涂层，主要用于耐磨损、抗腐蚀等传统技术领域。在本章，我们所说的薄膜特指通过原子尺度的粒子沉积形成并附着在固态衬底表面的固体膜，并不按照膜厚区分薄膜与涂层。

薄膜材料的主要制备技术可分为物理气相沉积、化学气相沉积、液相反应沉积三类，其中前两类通常是在特定的真空条件下进行的，属于气相沉积的范畴。气相沉积过程包括气相物质的产生、气相物质的输运、气相物质在衬底表面的沉积三个基本环节。气相沉积环节涉及分子、原子、离子在衬底表面上的吸附、扩散、凝聚、成核、长大和随后的薄膜连续生长等步骤。薄膜的形成与生长有下述三种模式（图 7-1）。

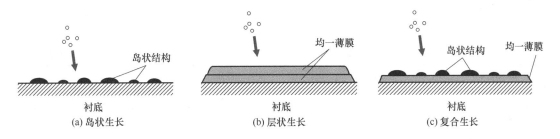

图 7-1　薄膜形成和生长的三种模式

① 岛状生长模式。如图 7-1（a）所示，成膜初期薄膜按三维形核方式，生长为一个个孤立的"岛"，再由"岛"合并成薄膜，例如 SiO_2 基底上的 Au 薄膜。这一生长模式表明，被沉积物质的原子或分子更倾向于彼此相互键合起来，而避免与衬底原子键合，即被沉积物质与衬底之间的浸润性较差。

② 层状生长模式。如图 7-1（b）所示，从成膜初期开始，薄膜一直按二维层状生长，例如 Si 基底上的 Si 薄膜。当被沉积物质与衬底之间浸润性很好时，被沉积物质的原子更倾向于与衬底原子键合。也就是说，薄膜从形核阶段开始即采取二维扩展模式。显然，只要在随后的过程中，沉积物质原子间的键合倾向仍大于形成外表面的倾向，则薄膜生长将一直保持这种层状生长模式。

③ 先层状后岛状的复合生长模式，又称为层状-岛状中间生长模式。如图 7-1（c）所示，在成膜初期，薄膜按二维层状生长，形成数层之后，生长模式转变为岛状生长模式。例如 Si 基底上的 Ag 薄膜。

7.2　物理气相沉积

物理气相沉积（physical vapor deposition，PVD）是指在真空条件下，采用物理方法（如蒸发、溅射等），将材料气化为原子、分子或部分电离成离子，并通过低压气体或等离子体过程，在基体表面沉积形成薄膜的技术。物理气相沉积过程可以概括为三个阶段：①从原材料中发射出粒子；②粒子输运到基底表面；③粒子在基片表面吸附、扩散、凝聚、成核、长大、成膜。

根据粒子发射方式的不同，物理气相沉积技术大体可分为真空蒸发沉积、溅射沉积和离子镀三种类型。后两种属于等离子体气相沉积范畴，即薄膜是在低气压等离子体气体放电条件下得到的，沉积粒子可以在电场中获得较高的能量，使薄膜的组织、结构以及膜基附着力均比真空蒸发沉积有很大的改进。表 7-1 列出了这三种物理气相沉积技术的特点。

表 7-1　真空蒸发沉积、溅射沉积和离子镀的技术特点

沉积技术	真空蒸发沉积	溅射沉积	离子镀
工作气压/Pa	$10^{-5} \sim 10^{-3}$	$10^{-1} \sim 1$	$10^{-2} \sim 1$
沉积粒子来源	热蒸发	阴极溅射	热蒸发+电离
沉积粒子种类	原子	原子和少量离子	离子和少量原子
沉积粒子能量/eV	0.1~0.2（激光蒸发除外）	约10（原子，离子能量取决于基底偏压）	$10^2 \sim 10^3$（取决于基底偏压）
薄膜致密度	低温时低	较高	高
膜基附着力	不好	较好	很好
薄膜内应力	多为拉应力	多为压应力	多为压应力
沉积速率/（μm·min^{-1}）	0.1~70	0.01~0.5	0.1~50
绕射性	差	一般	好

7.2.1　真空蒸发沉积

真空蒸发沉积又称真空蒸镀，是制备薄膜比较一般的方法。该方法是将装有蒸发材料（镀料）和基片的真空室抽真空，使气体压强达到 10^{-2}Pa 以下，然后采用一定的方法加热镀料，使之蒸发或升华，形成蒸气流，并入射到基片表面，凝结形成固体薄膜。

在一定的温度下，蒸发材料的蒸气与其固体或液体处于相平衡时所具有的压力称为饱和蒸气压。当真空室中蒸发材料的分压低于其饱和蒸气压时，就会发生蒸发现象。单位面积上材料的蒸发速率 J 等于：

$$J = a\left(p_v - p\right)\left(2\pi mkT\right)^{-1/2} \tag{7-1}$$

式中，a 为蒸发系数，数值介于 0~1 之间；p_v 和 p 分别为饱和蒸气压与实际分压；k 为玻尔兹曼常数；m 为分子质量；T 为热力学温度。p_v 与 T 的关系近似为：

$$p_v = A e^{-B/T} \tag{7-2}$$

式中，A、B 为与材料有关的常数。由于材料的饱和蒸气压随温度升高而迅速增加，因此温度是对材料蒸发速率影响最大的因素。通常，将饱和蒸气压为 1Pa 并达到正常镀膜蒸发速率时的温度称为材料的蒸发温度。若材料的蒸发温度高于其熔点，则其蒸发状态为熔融态（熔液）；否则，其蒸发状态为固态，即发生升华现象，这样的物质有 Cr、Ti、Mo、Fe、Si 等。

（1）真空蒸镀的设备

真空蒸镀设备主要由真空镀膜室和真空抽气系统两大部分组成。真空镀膜室内装有蒸发源、被蒸镀材料、基片支架和基片等，如图 7-2 所示。

真空蒸镀，必须有"热"的蒸发源、"冷"的基片、真空环境，三者缺一不可。真空环境的作用主要有：①防止在高温下因空气中的气体分子与蒸发源发生反应，生成化合物而使蒸发源劣化；②防止因蒸发物质的粒子在镀膜室内与空气中的气体粒子碰撞而阻碍蒸发粒子直接到达基片表面，以及在途中生成化合物或由于蒸发粒子间的相互碰撞而在到达基片之前就凝聚等；③在基片上形成薄膜的过程中，防止空气中的气体分子作为杂质混入膜内或者在薄膜中形成化合物。

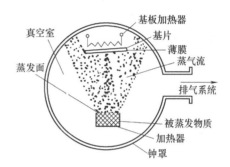

图 7-2 真空蒸发沉积装置

为使蒸发粒子大部分不与残余气体分子发生碰撞而直接沉积在衬底上，一般需要满足：

$$\lambda > 10d \qquad (7\text{-}3)$$

式中，λ 为分子的平均自由程；d 为蒸发源到衬底的距离。常温下空气中气体分子的平均自由程可表示为：

$$\lambda \approx 0.667/p \text{（cm）} \qquad (7\text{-}4)$$

式中，p 为气体压强，Pa。一般 d 在 10~50cm 之间，则 p 需要低于 $1 \times 10^{-3} \sim 6 \times 10^{-3}$Pa。这就是真空蒸镀对环境真空度的要求。

蒸发源是蒸发装置的关键部件，最常用的有：电阻蒸发源、电子束蒸发源、电弧蒸发源、激光蒸发源等。

① 电阻蒸发源　电阻蒸发源原理是电流流经电阻材料使电能转化为热能从而将镀料加热，使之出现熔化、蒸发或升华现象。电阻加热所需的电功率一般为（150~500）A×10V，为低电压、大电流供电方式，适用于蒸发熔点低于 1500℃的镀料。图 7-3 给出了几种常见电阻蒸发源的结构。

按照结构，电阻蒸发源可以分为直接加热和间接加热两类。直接加热式电阻蒸发源中，电阻材料既是加热体又是容纳、支撑镀料的支持体，间接加热式电阻蒸发源中，电阻材料只作为加热体，支持体是独立的坩埚。

对电阻蒸发源材料的基本要求有：a.熔点要高。这是因为蒸发材料的蒸发温度多数为1000~2000℃，所以蒸发源的熔点必须高于此温度。b.饱和蒸气压低。这主要是为了防止和减少在高温下蒸发源材料会随蒸发材料而成为杂质进入薄膜中。只有蒸发源材料的饱和蒸气压足够低，才能保证在蒸发时具有最小的自蒸发量，而不至于产生影响真空度和污染薄膜的蒸气。c.化学性质稳定，在高温下不应与镀料发生化学反应形成化合物或相互扩散形成合金，无放气现象或造成其他污染。d.具有合适的电阻率和一定的机械强度。在实际使用中，电阻材料通常采用 W、Ta、Mo、Nb 等难熔金属，有时也用 Fe、Ni、Ni-Cr 合金（用于蒸发 Bi、Cd、Mg、Pb、Se、Sn、Ti 等）和 Pt（用于蒸发 Cu）等，制成适当的形状（如图 7-3 所示），在其上装上镀料，对镀料进行直接加热蒸发。间接加热式电阻蒸发源中的坩埚通常由高熔点氧化物（如 Al_2O_3、MgO 等）、石墨、六方氮化硼等材料制成，多用于蒸发熔点低、化学活性大、容易与电阻材料形成合金的镀料。间接加热可以采用电阻加热和高频感应两种方法。电阻加热法依靠缠绕在坩埚外的电阻材料（丝状）实现加热，而高频感应法依靠感应线圈在镀料中或在坩埚中感生出感应电流来实现对镀料的加热。显然，高频感应法要求镀料或坩埚材料具有一定的导电性。

在决定电阻蒸发源的形状时，除了要考虑蒸发源材料自身的因素外，还应考虑镀料的形态以及镀料熔液与蒸发源之间的浸润性。当镀料为丝状时，可以将其挂于丝状蒸发源［图 7-3（a），（b）］上进行蒸发；当镀料为粉末或块状时，则需要将其放置在锥形篮状、箔状、板状或块状蒸发源［图 7-3（c）~（e）］的表面上或凹槽内进行蒸发，或采用间接加热法［图 7-3（f）］。当镀料熔液与蒸发源浸润良好时，镀料熔液会在蒸发源表面铺展开，蒸发状态稳定，此时可以采用丝状蒸发源。如由 W 丝制成的螺旋丝状蒸发源［图 7-3（b）］可以用来蒸发 Al、Be、Mn 等金属。如果镀料熔液与蒸发源之间的浸润性较差，镀料熔液会倾向于收缩为球状，若采用丝状蒸发源，则镀料容易从蒸发源上掉落下来，如 Ag 在 W 丝上熔化后就会出现脱落。此时，必须改用其他形状（锥形篮状、箔状、板状等）的蒸发源。

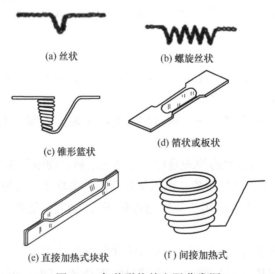

(a) 丝状　　　　　　　　(b) 螺旋丝状

(c) 锥形篮状　　　　　　(d) 箔状或板状

(e) 直接加热式块状　　　(f) 间接加热式

图 7-3　各种形状的电阻蒸发源

电阻蒸发源具有结构简单、使用方便、造价低廉等优点。电阻蒸发的主要缺点有：难以使高熔点物质（如 Al_2O_3）蒸发，蒸发速率低；不适合高纯度薄膜的制备；蒸发合金会出现"分馏现象"，多数化合物会出现热分解现象，而导致所得薄膜的成分与镀料成分不一致。

② 电子束蒸发源　电子束加热的原理是电子在电场作用下获得动能，轰击在处于阳极的蒸发材料的表面上，将电子的动能转化为热能从而使蒸发材料加热气化。按照电子束轨迹不同，电子枪有环型枪、直射型枪和 e 型枪之分。环型枪的结构较简单，但功率不高，多用于实验研究中，较少用于工业生产。直射型枪加热的能量密度比较大且易于调控，但体积大、成本高，还存在镀料污染枪体和灯丝污染薄膜的问题。当前使用最广泛的是 e 型枪。图 7-4 是 e 型电子枪的电子束蒸发装置示意图。热电子由炽热的灯丝（一般为钨丝）发射后，被阳极加速。在与电子束垂直的方向上设置均匀磁场，电子束因受洛伦兹力的作用而发生 270° 偏转。这种构型可以避免镀料蒸气对枪体的污染，同时由于正离子与电子的偏转方向不同，进而避免灯丝材料对薄膜的污染。

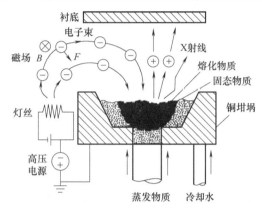

图 7-4　e 型电子枪的电子束蒸发装置

电子束蒸发源克服了一般电阻加热蒸发源的许多缺点，特别适合制作高熔点薄膜材料和高纯薄膜。电子束蒸发源的特点有：a.电子束轰击热源的束流密度高，能获得远比电阻蒸发源更大的能量密度，可在一个小区域内达到 $10^4 \sim 10^9 W/cm^2$ 的功率密度，因此可以使高熔点（可高达 3000℃ 以上）材料蒸发，并且能有较高的蒸发速度。例如，可蒸发 W、Mo、Ge、SiO_2、Al_2O_3 等。b.镀料置于水冷铜坩埚内，电子束只轰击很少一部分镀料，大部分物质在坩埚的冷却作用下保持很低的温度。因此，电子束蒸发源可避免坩埚材料的蒸发污染，以及坩埚材料与镀料之间的反应，可制备高纯度的薄膜材料。c.调节电子束的加速电压和束电流可以精确地控制蒸发温度与蒸发速率。d.热量可直接加到蒸发材料的表面，因而热效率高，热传导和热辐射的损失少。但是，由于在沉积室内存在高电压电极，会产生软 X 射线，需采取防护措施。此外，电子束蒸发装置较复杂，造价昂贵。

③ 电弧蒸发源　图 7-5 是电弧蒸发装置的示意图。电弧蒸发源的原理是利用蒸发材料制成放电的电极，依靠调节真空室内电极间距来点燃电弧，而瞬间的高温电弧使电极端部产生蒸发，从而实现材料的沉积。控制电弧的点燃次数或时间，可以沉积出一定厚度的涂层。电弧加热方法既可以采用直流加热也可以采用交流加热。电弧蒸发源可以避免加热丝或坩埚材料污染，具有加热温度较高的特点，特别适用于熔点高，并具有一定导电性的难熔金属的蒸发沉积。但是，这种方法的缺点之一是在放电过程中容易产生微米量级尺寸的电极颗粒的飞溅，从而会影响沉积涂层的均匀性。

④ 激光蒸发源　激光蒸发是利用激光照射在蒸发材料表面上，使其吸收光子的能量

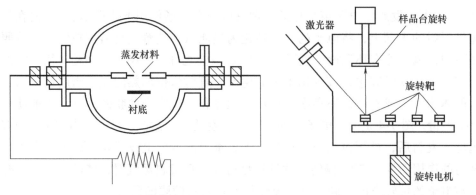

图 7-5　电弧蒸发装置　　　　　　图 7-6　激光蒸发装置

并转化成热能的一种蒸发方法。图 7-6 是激光蒸发装置的示意图。在该装置中，激光通过特殊的窗口材料后进入真空室，并使用凹面镜或透镜将激光束聚焦至镀料靶上。由于不同材料吸收激光的波段范围不同，因而需选用不同波段的激光来照射。在实际应用中，多选用位于紫外波段的脉冲激光器作为蒸发的光源，如波长为 248nm、脉冲宽度为 20ns 的 KrF 准分子激光。激光蒸发法具有如下优点：a.激光加热的功率密度高，经聚焦后可达 $10^6 W/cm^2$，可蒸发任何能吸收激光光子的高熔点材料，如 W、Mo、Si、C、B 及它们的化合物等。b.由于激光束斑很小，蒸发材料仅在表面局部极小区域（穿透深度小于 100nm）被加热气化，有利于制备高纯度涂层。c.激光蒸发时的气化温度远高于所含成分的沸点，使得所有成分被机会均等地蒸发，因此特别适合于沉积合金和化合物薄膜。d.由于蒸发过程中，高能激光光子可在瞬间将能量直接转移给被蒸发的原子，因而激光蒸发法的粒子能量一般显著高于其他的蒸发方法。特别是当采用短波长的准分子激光作蒸发源时，光子能量可达 4eV 以上，对蒸发材料有一定的溅射作用。e.激光束与靶材直接作用区域很小，靶材体积可以很小且靶材的利用率高，这对贵重材料的蒸镀来说更为可贵。激光蒸发法的主要缺点有：a.由于靶材表面高速气化，在形成的气体空间内，会含有一些金属靶材的熔滴或其他靶材的大颗粒，进而降低薄膜的性能和质量。b.所制备薄膜的面积较小，通过蒸发源或衬底移动实现大面积沉积的均匀性差。c.大功率激光器价格昂贵，设备投资高，不利于大规模工业化生产。

（2）合金与化合物的蒸镀

在蒸镀由两种及以上元素组成的合金或化合物时，常常会出现分馏或分解现象而不能得到与镀料化学计量比一致的薄膜。这时需要采用一些特殊的蒸镀技术来解决该问题。

① 合金薄膜的蒸镀　蒸发二元及二元以上合金的主要问题是蒸发材料在气化过程中，由于各成分的饱和蒸气压不同，其蒸发速率不同，而发生"分馏现象"，从而引起薄膜成分偏离镀料成分。在真空蒸镀制作预定组成的合金薄膜时，经常采用瞬时蒸发法、双源或多源蒸发法等。

瞬时蒸发法又称"闪烁"蒸发法，是将细小的合金颗粒，逐次送到炽热的蒸发器或坩埚中，使一个个的颗粒实现瞬间完全蒸发。如果颗粒尺寸很小，几乎能使任何成分进行同时蒸发，故瞬时蒸发法常用于合金中各元素的蒸发速率相差很大的场合。瞬时蒸发法的优点是能获得成分均匀的薄膜，可以进行掺杂蒸发等。其缺点是蒸发速率难于控制，且蒸发速率不能太快。

双源或多源蒸发法是将要形成合金的每一组元，分别装入各个蒸发源中，然后独立地控制各蒸发源的蒸发速率，使到达基板的各种原子与所需合金薄膜的组成相同。为使薄膜厚度分布均匀，衬底常需要进行转动。

② 化合物薄膜的蒸镀　在蒸发难熔化合物时，只有 MgF_2、B_2O_3、SnO 等为数不多的几种不发生分解。例如 Al_2O_3 将分解为 Al、AlO、$(AlO)_2$、Al_2O、O 和 O_2 等，这些分解产物在基底上重新化合后，只能得到缺氧的 Al_2O_{3-x}。但这个问题不难解决，在蒸镀时通入少量氧气即可得到不缺氧的 Al_2O_3 薄膜。

镀制化合物的另一种方法是采用反应蒸镀。所谓反应蒸镀是指将活性气体导入真空室，在一定的反应气氛中蒸发金属或低价化合物，使之在沉积过程中发生化学反应而生成所需的高价化合物薄膜。反应蒸镀不仅适用于热分解严重的材料，而且适用于因饱和蒸气压较低而难以直接加热蒸发的材料。因此，反应蒸镀经常被用来制作高熔点的化合物薄膜，特别适合制作过渡金属与易解吸的 N_2、O_2 等反应气体所组成的化合物薄膜。例如，在 N_2 气氛中蒸发 Zr 制作 ZrN 薄膜；在 O_2 气氛中蒸发 Al 得到 Al_2O_3 薄膜；在 CH_4 气氛中蒸发 Si 得到 SiC 薄膜等。由于反应蒸镀是利用在基板表面上吸附的或析出的活性气体分子或原子之间的反应，因此反应能在较低温度下完成。

（3）真空蒸镀的技术特点

① 真空蒸镀的设备可以相对简单，操作容易。

② 真空蒸镀的沉积速率高，可达数十微米每分。

③ 真空蒸镀多在 $10^{-5} \sim 10^{-3}$Pa 的高真空条件下进行，此时气体分子的平均自由程大致在 $0.1 \sim 10$m 量级，远大于蒸发源到衬底的距离。蒸发原子可以几乎不与残余的气体分子发生碰撞，而径直到达衬底表面。因此，真空蒸镀具有方向性强，"阴影效应"明显，对复杂形状表面的覆盖能力较差（绕射能力差，不能沉积在有遮挡的表面和背向蒸发源的表面）的特点，但使用掩模可以获得特定形状的薄膜。

④ 除激光蒸发外，真空蒸镀的原子的平均速度约为 1000m/s，对应的平均动能约为 $0.1 \sim 0.2$eV。由于蒸发原子的能量很低，真空蒸镀所得薄膜的致密度与膜基结合性能均较差。

7.2.2　真空溅射沉积

荷能粒子（束）轰击固体（靶材）表面，固体表面原子或分子获得入射粒子所携带的部分能量而脱离固体的现象称为"溅射"。被溅射出来的靶材原子、分子等带有一定的动能，并且沿着一定的方向射向衬底表面，形成薄膜，这是溅射沉积薄膜的基本原理（如图 7-7 所示）。

由于离子容易被电场加速，荷能粒子一般为离子，这

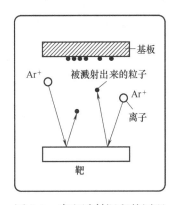

图 7-7　真空溅射沉积的原理

种溅射称为离子溅射。此外，在实际进行溅射沉积薄膜时，多是让被加速的正离子轰击作为阴极的靶，因此此过程也被称为阴极溅射。气体放电（气体分子在电场作用下发生电离的过程）提供了溅射所需的正离子，因此气体放电是进行离子溅射的前提。放电气体一般采用惰性气体如 Ar 等，这样可以避免放电气体与薄膜材料发生化学反应而造成薄膜污染（反应溅射除外）。在气体的异常辉光放电阶段，辉光区域扩展到整个放电长度上，并且辉光亮度很高，所以可以提供面积大、分布均匀的等离子体区域，为溅射沉积提供了有利条件。

在离子溅射过程中，大约 95% 的离子能量转变为热量而损失掉，仅有 5% 的能量传递给溅射出的原子或分子。尽管如此，溅射实际上是入射离子与固体表面原子发生动量传递的结果（动量转移机制），而非入射粒子的能量使靶表面局部加热产生高温而致使靶材原子蒸发的结果（热蒸发机制）。主要理由有：①溅射产额不仅取决于轰击离子的能量，同样也取决于其质量与靶原子质量之比。②溅射原子的能量比热蒸发原子的能量大得多。经离子轰击溅射出的原子的能量一般在 10eV 左右，是热蒸发原子能量的几十倍。③溅射原子的角分布并不像热蒸发原子那样符合余弦规律，并且受离子入射角影响较大。

（1）溅射产额及其影响因素

溅射效率可以用溅射产额这一参数进行定量描述，其定义为被溅射出来物质的总原子数与入射离子数之比。溅射产额的大小一般在 0.1~10 之间。靶材被溅射出的各种粒子主要为单个原子，也有少量原子团或化合物分子，而离子所占比例很低，一般只占 1%~10%。溅射产额主要受以下因素影响。

① 入射离子的能量　图 7-8 显示了溅射产额与入射离子能量之间的关系。从图中可以看出两点：a. 当入射离子能量低于某一临界值时，不会发生溅射现象。该临界值被称为溅射阈值，是指入射离子使阴极靶产生溅射所需的最小能量。溅射阈值主要取决于靶材物质的升华热（溅射与升华类似，均是由固态直接转化为气态），与入射离子的种类关系不大。大多数金属的溅射阈值在 10~40eV 之间，约为升华热的 2~5 倍。b. 当离子能量大于溅射阈值但小于 150eV 时，溅射产额和离子能量的平方成正比；当离子能量在 150~1000eV 之间时，溅射产额和离子能量成正比；当离子能量在 1~10keV 之间时，溅射产额随离子能量的变化不显著；再增加离子能量，溅射产额出现下降趋势；当离子能量达到 100keV 左右时，入射离子将进入靶材物质的内部，即发生离子注入现象。

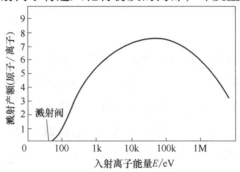

图 7-8　原子溅射产额与入射离子能量的关系

②　入射离子的种类和被溅射物质种类　图 7-9 给出了在 45kV 加速电压条件下,各种入射离子轰击 Ag 表面时溅射产额随原子序数的变化。从图中可以看出,总体上,溅射产额随入射离子的原子序数增加呈上升趋势,并且使用 Ne、Ar、Kr、Xe 等惰性气体作为入射离子时,溅射产额出现峰值。出于经济方面的考虑,在多数情况下采用 Ar 离子作为溅射沉积薄膜的入射离子。图 7-10 显示了在加速电压为 400V、Ar 离子入射的情况下,各种物质的溅射产额。可以看出:元素的溅射产额呈明显的周期性,即随着元素外层 d 电子数的增加,其溅射产额增加。Cu、Ag、Au 等元素的溅射产额明显高于 Ti、Zr、Nb、Mo、W 等元素的溅射产额。

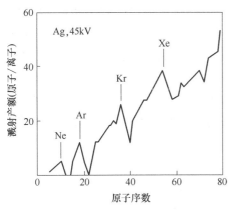
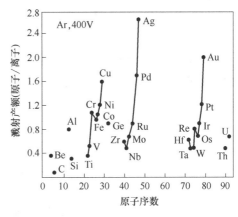

图 7-9　入射离子种类与溅射产额的关系　　图 7-10　被溅射元素与溅射产额的关系

③　离子入射的角度　图 7-11 显示了 Ar 离子的入射角度对 Al、Ti、Ta、Ag 溅射产额的影响。由图可以看出,对于相同的入射离子和靶材组合,随着离子入射方向与靶面法线方向间夹角 θ 的增加,溅射先呈 $1/\cos\theta$ 规律的增加,倾斜入射有利于提高溅射产额。但是,当入射角 θ 超过 70° 后,溅射产额随 θ 增大而迅速下降;当 $\theta=90°$ 时,溅射产额应为零。

④　靶材温度　图 7-12 显示了在加速电压为 45kV 的 Xe 离子入射的情况下,几种靶材的溅射产额随靶材温度的变化规律。可以看出,对于每一种靶材,均存在一个临界温度值。当靶材温度低于该值时,溅射产额几乎不随靶材温度的变化而变化,但当靶材温度高于该值时,溅射产额会随靶材温度急剧上升。这可能与温度升高导致材料中原子间的键合力弱化、溅射阈值减小有关。

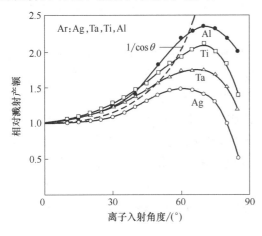
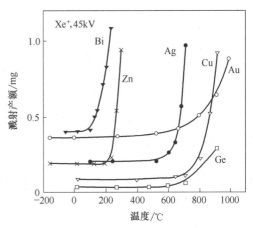

图 7-11　相对溅射产额与离子入射角度的关系　　　图 7-12　溅射产额与靶材温度的关系

（2）常见的溅射类型

常见的溅射方法可以根据其特征分为直流溅射、脉冲溅射、交流溅射、反应溅射、偏压溅射、磁控溅射等。

① 直流溅射　直流溅射是靶材在直流电驱动下的溅射。最简单的直流溅射——二极直流溅射装置如图 7-13 所示。该装置实际上是由一对阴极和阳极组成的冷阴极辉光放电管结构。靶为阴极，阳极上放置基片并接地，两极间距一般为数厘米，接 1~5kV 直流负偏压。当真空室内压强抽至 10^{-3}~10^{-2}Pa 后，通入 Ar 气；当腔体内压强升到 1~10Pa 时，接通电源，阴极靶上的负高压在两极间产生辉光放电并建立起一个等离子体区。等离子体区中带正电的 Ar^+ 离子被阴极位降区的电场加速而轰击阴极靶，从靶面溅射出的靶材原子或分子在衬底上沉积形成薄膜。上述二级直流溅射方法简单，但放电不稳定，沉积速率低。此外，二级直流溅射的镀膜参数，如溅射电压、溅射气压、阴极电流、阴极电位降等彼此依赖，不能各自调节，给实际应用造成不便。为了提高溅射效率，改善薄膜质量，在二级直流溅射的基础上发展出了三极溅射和四极溅射，但因难以获得大面积分布均匀的等离子体区域，且薄膜的沉积速率仍然较低，因此三极溅射和四极溅射方法未获得广泛应用。

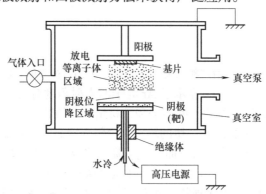

图 7-13　二极直流溅射装置示意

直流溅射要求靶材具有良好的导电性。导电性较差的非金属靶材会消耗大部分电压降，而导致作用在两极间气体的电压降变得很小。要想实现溅射沉积，需要大幅提高电源电压，以弥补靶材导电性不足引起的电压降减小。因此，直流溅射主要可以制备各类金属和半导体薄膜。

② 脉冲溅射与交流溅射　如果采用直流溅射绝缘性很强的靶材，持续不断的离子轰击会造成靶表面正电荷累积而建立局部反向电场（与靶电压相抵），进而造成气体放电不能进行。如果对靶施加脉冲或交流电压，便可以为电子中和靶上累积的正电荷提供时间。电压波形是非对称的矩形波的溅射方法称为脉冲溅射，电压波形是对称的方波或正弦波的溅射称为交流溅射。在负电压段，吸引正离子轰击靶材，进行正常的溅射；而在（零）正电压段，（带正电的靶表面）会吸引等离子体中的电子来中和累积的正电荷。保证在（零）正电压段靶表面累积的电荷能被完全中和的前提下，应尽可能提高负电压的占比，以实现电源的最大效率。根据频率大小，交流溅射还可以分为中频溅射（10~80kHz）与射频

溅射（5~30MHz）。国际上常用射频溅射的频率为 13.56MHz。

中频溅射常用于孪生靶（对靶），也就是近乎完全相同的两个靶相对而立，各自与电源的两个极相连，并与真空室处于悬浮状态。在溅射过程中，两个靶周期性的交替作为阴极和阳极，处于低电位的靶吸引正离子产生溅射，处于高电位的另一个靶吸引电子中和靶面积累的正离子。由于两个靶交替地不间断溅射，中频溅射具有较高的沉积速率。

在射频放电过程中，在两极之间等离子体中不断振荡运动的电子可以从高频电场中获得足够高的能量，并更有效地与气体分子发生碰撞，使之离子化，故使得击穿电压、放电电压以及工作气压显著降低。射频溅射可以在 1Pa 以下的气压下进行，因溅射原子受气体分子的散射作用少，沉积速率较高。

③ 反应溅射　为沉积化合物薄膜，如果采用直接溅射化合物靶材的方法，沉积得到的薄膜成分往往与靶材成分相差很大（电负性较强元素的含量一般会低于化合物中正常的化学计量比），这是由于化合物在溅射过程中会发生分解的缘故。如果采用金属或合金溅射靶材，在工作中混入适量的反应气体如 O_2、N_2、CH_4 等，便可以沉积所需靶材的氧化物、氮化物、碳化物等化合物薄膜。一般认为，化合物是金属原子与反应气体发生分解而得到的原子（离子）在沉积的同时发生化学反应而形成的，因此这种溅射技术被称为反应溅射。

通过控制反应溅射过程中反应气体的压力，可以沉积得到一定固溶度的合金固溶体薄膜，也可以是化合物薄膜，甚至是多种组分的混合物薄膜。比如，在含 N_2 的气氛中溅射 Ti 靶，薄膜中可能出现的相包括 Ti、Ti_2N、TiN 以及它们的混合物。显然，适当提高 N_2 分压有助于高 N 含量化合物的形成。

需要注意的是，当反应气体的分压较高时，靶材表面反应气体的吸附会大于其溅射速率，因此在靶材表面也会形成一层化合物薄膜。这时入射离子不再是对金属或合金进行溅射，而是在溅射不断形成的表层化合物。由于化合物的溅射产额通常远低于金属的溅射产额，因此化合物的溅射速率很低。这种由于靶表面形成化合物而造成溅射速率很低的现象被称为靶中毒。此外，由于化合物的导电性通常较差，会造成轰击靶面的离子因得不到电子的中和而累积起来，并建立起不断增强的局部反向电场。在不增加靶电压的情况下，实际作用在气体上的电压会逐渐降低，最后会导致辉光放电中断（阳极消失）。此时，增加靶电压又会造成靶面的局部出现电弧和击穿（打火）现象。

为避免靶中毒、阳极消失、靶面打火等现象，可采用以下措施：a.将反应气体的输入位置尽量设置在远离靶材而靠近衬底的位置，这样可以提高反应气体的利用率而抑制其与靶材的反应；b.提高靶材的溅射速率，降低反应气体吸附的相对影响；c.采用脉冲或交流溅射法。

④ 偏压溅射　偏压溅射是指在薄膜沉积过程中，在基底上施加一定的负电压（称为偏压）来吸引正离子轰击膜层的溅射方法。由于溅射原子的离化率很低，正离子主要是指由惰性气体放电形成的离子，如 Ar^+。施加基底负偏压（一般在几百伏以内）可以提高离子轰击薄膜的能量。薄膜在生长过程中受到高能离子轰击同样会产生溅射现象，这种溅射会去除薄膜表面部分已沉积的原子，是薄膜沉积的反过程，因此这种溅射被称为反溅射。偏压溅射的主要作用有：a.提高薄膜与基底间的结合性能。一方面，高能离子轰击可以对基材表面吸附的气体和污染物进行溅射清洗，使基材表面活化；另一方面，在镀膜初期，可在膜基界面形成基材与膜材的成分混合层（伪扩散层）。b.优先溅射移除结合

不紧密的原子和微粒，促使表面原子向低能量位置移动（通常由表面形貌的"峰位"移向"谷位"），最终结果是减少薄膜中的孔洞，使薄膜结构致密，同时降低薄膜的表面粗糙度。c.改变薄膜成分。持续的反溅射会造成薄膜中溅射产额高的元素的含量降低，如随着基底负偏压（绝对值）的增大，TiAlN 薄膜中的 Ti 与 Al 的比呈增大趋势。d.促使吸附于薄膜生长面上的气体发生脱附，减少薄膜中的气体含量。但当离子能量高于 200 eV，惰性气体易落入生长的薄膜中。e.诱发各种缺陷，抑制薄膜中柱状晶的生长，使薄膜晶粒细化，有时甚至可以将结晶相转变为非晶相。偏压溅射是改善溅射沉积薄膜的组织及性能的最常用、最有效的手段之一。

⑤ 磁控溅射　磁控溅射是当前工业生产中应用最广泛的溅射沉积技术。磁控溅射的工作原理如图 7-14 所示。电子 e 在电场 E 作用下，在飞向基片的过程中与 Ar 原子碰撞，使其电离产生 Ar^+ 和一个新的电子 e。电子飞向基片，Ar^+ 在电场作用下加速飞向阴极靶，并以很高的能量轰击靶面，使靶材发生溅射。溅射出的原子和分子沉积在基片上形成薄膜；溅射产生的二次电子 e_1 一旦离开靶面，就会受到电场和磁场的共同作用而绕磁力线做螺旋运动。利用磁场对电子运动方向的偏转作用，延长二次电子的运动路径，并将电子束缚在靠近靶表面的等离子体区域内，从而提高了电子与 Ar 的碰撞概率以及 Ar 的离化率（气体离化率可以从 0.3%~0.5%提高到 5%~6%），进而提高了靶材的溅射速率和薄膜的沉积速率。经多次碰撞，被电磁场束缚的电子能量逐渐降低，逐渐摆脱磁力线的束缚，在其能量耗尽时落在基片上。如此，充分利用了电子的能量，减少了电子对基底轰击引起的加热效应。在磁极轴线处，由于磁场与电场平行，电子 e_2 将直接飞向基片，但是在该处等离子密度很低，所以 e_2 电子很少，其对基片温升作用甚微。这就是磁控溅射具有"低温、高速"两大特点的原因。

磁控溅射可以将等离子体约束于靶面附近，而基底放置在等离子体外，仅有溅射的靶材粒子沉积在衬底表面，这对于希望减少衬底损伤、降低沉积温度的过程是有益的。但是，由于靶材粒子的能量低，薄膜的膜基结合力与致密度等较差，这时希望在薄膜沉积过程中引入具有一定能量的离子的轰击。为此，可以增大外围磁场强度，造成部分磁力线发散至距离靶面较远的衬底附近，造成非平衡磁控溅射。这时，等离子体区域也扩展至衬底表面，因此在薄膜沉积过程中会受到离子和电子的轰击作用。为进一步提高离子的轰击效果，还可以在基底上施加各种类型的负偏压。

磁控溅射技术的主要不足有：a.不能实现强磁性材料的低温高速溅射。这是因为磁性材料对磁场有屏蔽作用，它们会减弱或改变靶表面的磁场分布，影响溅射效率。b.由于磁场对电子的运动轨迹的束缚，平面靶材的利用率较低（约 30%）。

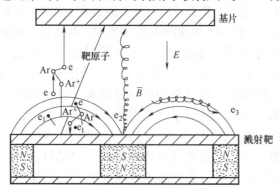

图 7-14　磁控溅射工作原理

（3）真空溅射沉积的技术特点

与真空蒸镀相比，溅射镀膜具有如下特点。

① 由于溅射原子的能量比蒸发原子的能量高得多，再加之溅射镀膜过程中可以施加基底负偏压来提高离子对薄膜的轰击作用，因此，溅射所获得薄膜的致密度及其与衬底的结合性能均优于真空蒸镀。

② 通过溅射法制备合金和化合物薄膜的化学成分与靶材成分基本一致。尽管不同元素的溅射产额有差别，但与饱和蒸气压相比，其差别小得多。此外，因溅射产额差别造成的靶材表面成分的偏离很快就会趋于某一平衡成分，从而在随后的溅射过程中实现成分的自动补偿效应，即溅射产额高的元素由于在靶材表面的贫化，其溅射速率自动降低；相反，溅射产额低的元素在靶材表面得到了富集，其溅射速率自动升高。最终的结果是，尽管靶材表面的化学成分已经发生了改变，但溅射出来的物质成分却与靶材的原始成分相同。

③ 真空溅射镀膜的工作气压（0.1~1Pa）显著高于真空蒸镀（10^{-5}~10^{-3}Pa），溅射原子或分子在运动至衬底的过程中会与气体分子发生多次碰撞而改变方向。因此，和真空蒸镀相比，溅射镀膜的绕射性有所提高。

④ 真空溅射的薄膜沉积速率较低，但膜厚易于控制，可以在大面积基片上获得厚度均匀的薄膜。

⑤ 真空溅射镀膜工艺的可重复性好，易于实现工业化。

7.2.3　离子镀

离子镀在指在真空条件下，利用气体放电使气体或被蒸发物质部分电离，并在气体离子或被蒸发物质离子的轰击下，将被蒸发物质或其反应物沉积在基片上的方法。可见，离子镀兼具真空蒸镀与真空溅射的技术特点。离子镀原理如图 7-15 所示，在真空腔内通入一定压力的惰性气体（Ar气）作为放电气体，在衬底与蒸发源之间施加一电场，当气体压力与电场强度匹配时，在蒸发源与基底之间会产生辉光放电或弧光放电。蒸发原子在进入等离子体区域后与 Ar 离子和电子发生碰撞，电离形成正离子。Ar 离子与蒸发源离子在衬底负偏压作用下加速飞向衬底，在衬底上凝结形成薄膜。如果在薄膜沉积过程中通入活性气体（如 N_2、O_2 等），则会得到各种化合物薄膜，这种过程称为反应离子镀。

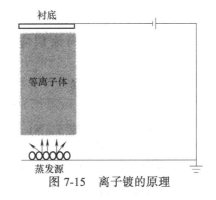

图 7-15　离子镀的原理

离子镀的本质在于薄膜的沉积是在离子轰击作用下进行的。离子轰击对薄膜成分和结构的影响详见偏压溅射部分。其实，偏压溅射也可以被纳入离子镀的范畴，只是它的离子镀特征不太显著。离子镀特征的强弱可以用离化率——电离原子数占全部蒸发原子数的百分比——这一指标来衡量。表 7-2 给出了几种常见离子镀类型的离化率。空心阴极离子镀和真空阴极电镀离子镀具有较高的离化率，离子镀特征显著，因此是工业上常用的离子镀形式。

表 7-2 常见离子镀类型的离化率

离子镀类型	二极直流放电离子镀	磁控溅射离子镀	射频放电离子镀	空心阴极离子镀	真空阴极电镀离子镀
离化率	0.1%~2%	5%~6%	约10%	20%~40%	60%~80%

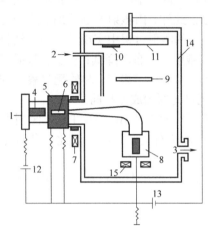

图 7-16 空心阴极离子镀装置

1—氩气入口；2—反应气体入口；3—真空系统；4—阴极系统；5，6—辅助阳极；7—大磁场线圈；8—水冷坩埚；9—挡板；10—工件；11—工作架；12—放电电源；13—偏压电源；14—真空室；15—永磁铁

（1）常见的离子镀类型

① 空心阴极离子镀 空心阴极离子镀是在空心热阴极放电技术与离子镀技术的基础上发展起来的。图 7-16 是空心阴极离子镀装置。用金属 Ta 管制成的阴极枪安装在真空腔体的壁上，Ta 管一端水冷，蒸发材料放置在位于腔体底部的水冷坩埚中。电源负极接阴极枪，正极接工件（衬底），阴极与辅助阳极作为引发气体放电的两极。工作时，先将真空腔抽至高真空，然后通入 Ar 气或其他气体，当 Ta 管中气体压力达到 1~10Pa 时，开启引弧电源，产生辉光放电等离子体。气体离子在电场作用下以很高能量持续轰击 Ta 管内壁，导致 Ta 管温度升高。当 Ta 管温度升高至 2000~2100℃时，会从 Ta 管表面发射大量热电子，导致辉光放电转变为弧光放电。放电电压由数百伏降至 30~60V，放电电流由毫安级增至数百安。放电电流中热电子占 20%，其余由弧光放电等离子提供。此时，接通主电源，会引出高密度的等离子体和低能电子束。电子束经磁场偏转、聚焦后照射在蒸发材料表面，使之迅速熔化蒸发。蒸发原子在经过等离子体电子束区域时受到大量电子碰撞而被离化形成正离子，再经负偏压加速以较高的能量沉积在工件表面，形成薄膜。因此，空心阴极枪既是镀料的蒸发源又是蒸发原子的离化源。空心阴极枪所用 Ta 管的直径一般为 3~15mm，壁厚 0.2~2mm，长度 60~80mm。空心阴极放电枪的使用功率一般在 5~10kW，电子束功率密度可达 100kW/cm²，能蒸发 2000℃左右的高熔点金属。

② 真空阴极电弧离子镀 真空阴极电弧离子镀（简称电弧离子镀）是采用弧光放电的方法使阴极靶材直接蒸发并电离的离子镀方法。电弧源是电弧离子镀的核心，图 7-17 是电弧源的结构示意图。以被蒸发物质（靶材）为阴极，真空室为阳极，用绝缘材料将阴极与阳极隔开，在蒸发源周围布置磁场线圈或永磁体，引弧电极（引弧针）由电磁或气压驱动。工作时，首先将真空腔抽至高真空状态，然后通入 Ar 气，当腔内气体压力达到 0.1~10Pa 时，即可引燃电弧，即产生弧光放电等离子体。引弧是通过引弧电极与阴极靶的快速接触与分离来实现的。在引弧电极离开的瞬间，由于导电面积的迅速缩小，电阻增大，局部区域温度迅速升高，致使阴极材料熔化，形成液桥导电，最终形成爆发性

的靶材蒸发。靶材蒸气一方面可以参与气体的放电过程（离化形成离子），另一方面则可以提供离子镀所需的源物质。因此，阴极本身既是蒸发源又是离化源。

弧光放电时，阴极靶表面会形成大量的激烈无规则跳动的放电斑点，并在其所经之处留下放电蒸发痕迹。阴极斑点的数量与放电电流强度成正比，阴极斑点的直径只有 1~100μm，但在放电斑点上的电流密度可以高达 10^5~10^8A/cm^2。每个斑点能够维持的时间极短，仅有数十微秒。阴极斑点的产物是金属离子、电子、中性原子和熔化液滴。金属离子可以有多种价态，金属熔点越高，多价离子的比例越高。金属离子的发射方向几乎与阴极表面垂直，发射能量较高（10~100eV）。中性原子数量少、低速，温度略高于金属熔点。液滴的产生是由于电弧斑点中离子流轰击阴极表面使其熔化并对其施加压力而造成的熔液喷发。液滴大小一般在 0.1~10μm 之间，速度为 50~500m/s。液滴数目与靶材的熔点有关，靶材的熔点越高，液滴就越难以形成，液滴数目就越少；反之，液滴数目就越多。喷射的液滴会以大颗粒的形式存在于薄膜中，导致薄膜孔隙率大，表面粗糙度大，光泽程度差，性能恶化。阴极斑点受磁场的影响。无磁场时，小弧斑汇集成一个大弧斑。施加横向磁场可以增加阴极斑点的数量和运动速度，加大微弧的分散度，使大弧斑分散成许多小弧斑。增大磁场强度，弧斑向靶面中心集中；减小磁场强度，弧斑分散在靶面的边缘。通过连续改变通入磁场线圈的电流，不断改变靶面的磁场强度，从而获得细小的、在整个靶面游走的弧斑，有利于得到均匀、细小的金属蒸气团。这不仅提高了沉积薄膜的质量，也保证了阴极靶的均匀刻蚀。

液滴的发射具有较强的方向性。有研究表明：液滴主要分布在与阴极表面成 10°~30° 的立体角内，因此将衬底置于电弧源前方 120° 角的球面内，就可以减少液滴对薄膜质量的影响。此外，加强对阴极表面的冷却和减小电弧电流，也可使液滴明显变小。

液滴与离子的区别在于液滴不带电荷。带电粒子在磁场中运动会受洛伦兹力的作用而出现运动方向偏转的现象，而中性粒子无此现象，因此可以采用磁场对液滴进行过滤。图 7-18 是弯管磁过滤技术的装置示意，即在真空阴极电弧源的前面设置一个围有电磁线圈（磁场沿轴线分布）的固定半径的弯管，构成磁过滤的通道。通过调整磁场强度，使离子的偏转半径恰好等于弯管的半径，此时离子可以沿弯管进入沉积室；未离化的原子、原子团、液滴等则沿直线运动而沉积到磁场管道内壁上。这种筛选作用很严格，只有特定速度和荷质比的离子才能通过磁过滤弯管。因此，在磁过滤的出口可以获得纯度极高、不含喷溅颗粒的 100%离化的离子束。但是，采用磁过滤技术不仅使设备成本明显上升，还会使薄膜的沉积速率大大降低。

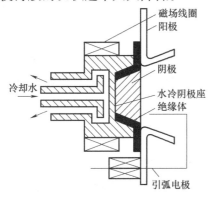

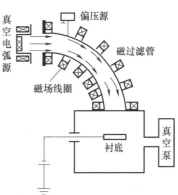

图 7-17　真空阴极电弧离子镀电弧源　　　　图 7-18　磁过滤真空电弧离子镀装置

（2）离子镀的技术特点

离子镀兼具蒸发镀与溅射镀的特点，具有沉积速率高、绕射能力强、薄膜结构致密、膜基结合性能好等优点。

① 离子镀沉积速率高的原因是它继承了真空蒸镀薄膜沉积速率高的特点。

② 由于离子镀的离化率高，并且离子可以沿电场方向运动而不受空间遮挡，因此离子镀的绕射能力强，薄膜对复杂形状表面的覆盖能力强，可以在孔、槽及背向弧源的表面沉积薄膜。

③ 由于离子镀是在高能离子轰击作用下进行的，因此所得薄膜具有结构致密、膜基结合性能好等优点。

7.3　化学气相沉积

化学气相沉积（chemical vapor deposition，CVD）是指把含有构成薄膜元素的一种或几种单质、化合物气体供给基体，以热、等离子体、激光等为能源，借助气相作用或在基体表面上的化学反应在衬底上制得金属或化合物薄膜的方法。简单来说，就是利用气态物质在固体表面进行化学反应，生成固体薄膜的过程。显然，CVD 与 PVD 的沉积物质的来源不同，PVD 的沉积材料来自固体物质，而 CVD 采用的是气态物质源。广义上讲，凡是反应物为气相，产物中至少有一种为固相的反应均属于 CVD。本节所说的 CVD，特指固相产物以薄膜的形式，而非以粉末、晶须等其他形式出现。

依据提供反应活化能的方式不同，CVD 可以分为若干种类型。温度升高，以热提供活化能的为热 CVD（也就是一般所说的 CVD），采用等离子体的为等离子体增强化学气相沉积（plasma enhanced CVD，PECVD），采用激光的为激光辅助化学气相沉积（laser assisted CVD，LACVD）等。

7.3.1　热 CVD

热 CVD 是指利用挥发性的金属卤化物和金属的有机化合物等反应气体，在高温下发生的热分解、氢还原、氧化、复分解等化学反应，在基片上沉积得到氧化物、氮化物、碳化物、金属、半导体等薄膜的过程和技术。

（1）热 CVD 的原理与装置

图 7-19 表示出了热 CVD 沉积薄膜的原理。热 CVD 制备薄膜的过程可以划分为以下几个步骤：①气体的输入与扩散。含有薄膜成分的原料必须以气体形式输入到反应室内，

然后原料气体分子通过对流、扩散等方式运动至炽热的衬底附近（衬底可以通过辐射、热传导、感应加热等方法进行加热）。②气相反应。加热衬底的热能还可以对原料气体进行激发，使其发生热分解和（或）相互间的其他化学反应。但是，气相反应并不是热CVD过程中必然发生的。③表面吸附与表面反应。该步骤存在两种情形：一是原料气体分子不经气相反应直接运动至衬底表面，发生表面吸附和表面反应；二是原料气体经气相反应的产物在衬底表面发生表面吸附和表面反应。不论是哪种情形亦或是二者同时发生，表面吸附和表面反应的结果均是实现了在衬底上的薄膜沉积。④气体排出。未反应的原料气体、气相反应与表面反应的各种产物气体等通过抽气系统排出反应室。

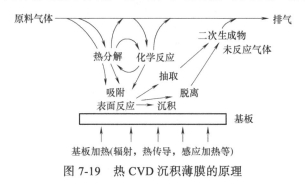

图 7-19　热 CVD 沉积薄膜的原理

热 CVD 的沉积速率主要由质量输运速率和表面反应速率控制。热 CVD 的质量输运是通过气体扩散完成的，气体的扩散速率与气体的扩散系数和边界层内气体的浓度梯度有关。质量输运速率控制的薄膜沉积速率与主气流速率的平方根成正比，增加气体流速可以提高薄膜沉积速率，但是当气流速率大到一定程度时，薄膜的沉积速率达到稳定值而不再变化。此时，薄膜的沉积速率转变为由表面反应速率控制。常压（高温）下，由于气体扩散速率慢（表面反应速率快），薄膜的沉积速率由质量输运速率控制。

表面化学反应的速率对温度的变化非常敏感，因此表面反应速率控制的薄膜沉积速率受衬底温度的影响较大。当温度升高时，反应速率增加，薄膜的沉积速率随之加快。但是当温度升高到一定程度时，由于表面反应速率的加快会导致输运到表面的反应气体的量低于表面反应所需的量，这时薄膜的沉积速率转为由质量输运速率控制，薄膜的沉积速率不再随温度变化而变化。低温（真空）下，由于表面反应速率慢（气体扩散速率快），薄膜的沉积速率由表面反应速率控制。

图 7-20 是热 CVD 装置主要系统的示意图。图中左半部分是 CVD 的气源部分。对于气态气源，气体经净化装置净化后（也有不需净化的情况），由质量流量计（MFC）控制到所需流量，通入反应室中。对于常温下为液体状态的气源（如 $SiCl_4$ 等），要利用发泡机使载带气体（如 Ar、H_2、N_2 等）在液态气源中起泡，则液态气源的蒸气含于气泡中，再将这种混有载气的反应气体经 MFC 控制，通入反应室。反应室是热 CVD 的核心，需要具备布气均匀、气流稳定，加热器对所有衬底的加热均匀，以及所用材料热稳定性好、饱和蒸气压低等要求。热 CVD 装置中一般设有真空泵系统，来获得并维持一定的真空度。热 CVD 的反应尾气中通常含有多种有毒成分，要进行无害化处理后再排入大气，对于贵重气体还需要进行回收、储存。

（2）热 CVD 的化学反应类型

① 热解反应　许多元素的氢化物、羟基化合物和有机金属化合物可以以气态形式存在，并且在炽热的基底表面上会发生热分解反应和薄膜沉积。如 SiH_4 热解沉积多晶或非晶 Si 的反应、羰基镍热解形成金属 Ni 的反应和三异丙氧基铝热解形成 Al_2O_3 的反应。

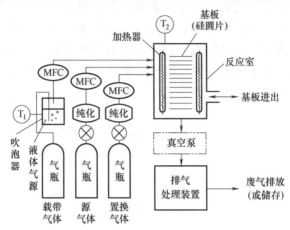

图 7-20　热 CVD 装置的主要系统示意

$$SiH_4(g) \longrightarrow Si(s) + 2H_2(g) \qquad (650℃)$$
$$Ni(CO)_4(g) \longrightarrow Ni(s) + 4CO(g) \qquad (180℃)$$
$$2Al(OC_3H_7)_3(l) \longrightarrow Al_2O_3(s) + 6C_3H_6(g) + 3H_2O(g) \qquad (420℃)$$

② 还原反应　一些元素的卤化物、羟基化合物、氧化物等虽然也可以以气态形式存在，但它们具有相当的热稳定性，因而需要采用适当的还原剂和温度才能将这些元素置换、还原出来。如利用 H_2 还原 $SiCl_4$ 外延制备单晶硅薄膜的反应和 H_2 还原 WF_6 制备金属 W 的反应。

$$SiCl_4(g) + 2H_2(g) \longrightarrow Si(s) + 4HCl(g) \qquad (1200℃)$$
$$WF_6(g) + 3H_2(g) \longrightarrow W(s) + 6HF(g) \qquad (300℃)$$

③ 氧化反应　一般以 O_2 为氧化剂制备氧化物薄膜，例如：

$$SiH_4(g) + O_2(g) \longrightarrow SiO_2(s) + 2H_2(g) \qquad (325\sim475℃)$$
$$SiCl_4(g) + O_2(g) + 2H_2(g) \longrightarrow SiO_2(s) + 4HCl(g) \qquad (1500℃)$$

④ 复分解反应　由两种气态化合物互相交换成分，生成固态薄膜和气态产物。例如，各种碳化物、氮化物、硼化物的沉积。

$$SiCl_4(g) + CH_4(g) \longrightarrow SiC(s) + 4HCl(g) \qquad (1400℃)$$
$$BF_3(g) + NH_3(g) \longrightarrow BN(s) + 3HF(g) \qquad (1100℃)$$

⑤ 歧化反应　某些元素具有多种气态化合物，其稳定性各不相同。外界条件变化往往可以促使一种化合物转变为另一种更稳定的化合物，同时形成薄膜。如，二碘化锗（GeI_2）歧化分解沉积纯 Ge 薄膜的反应。

$$2GeI_2(g) \longrightarrow Ge(s) + GeI_4(g) \qquad (300℃)$$

⑥ 气相输运反应　把需要沉积的物质当作源物质（不具挥发性），借助于适当的气体介质与之反应而形成一种气态化合物，这种气态化合物再被输运到与源区温度不同的

沉积区，并在基片上发生逆向反应，从而获得高纯源物质薄膜的沉积。

$$Ti（s）+2I_2（g）\longrightarrow TiI_4（g）\qquad（100\sim200℃）$$
$$TiI_4（g）\longrightarrow Ti（s）+2I_2（g）\qquad（1300\sim1500℃）$$

（3）热 CVD 的类型

常见的热 CVD 类型有：常压热 CVD、低压热 CVD、金属有机化学气相沉积、原子层沉积等。其中，前两种为普通的、传统的热 CVD 技术，后两种为特殊的、新兴的热 CVD 技术。

① 常压热 CVD　常压热 CVD 是不采用真空装置的最简单的 CVD 方式，适合大批量、连续化生产，在许多领域都有广泛的应用。

图 7-21 为常压 CVD 连续化生产装置的示意图。硅圆片（衬底）由传送带连续地送入反应室并在其上进行薄膜的沉积。在反应室的入口和出口处，通以自上而下流动的高速 N_2 气流（气帘），以阻止空气进入反应室，而且在出口处可以对衬底进行冷却。这种连续化生产装置主要用来沉积半导体集成电路最终的保护膜，如 SiO_2、Si_3N_4、P 掺杂 SiO_2 膜等。

常压 CVD 的主要缺点是由其沉积气压高（一个大气压，约 1×10^5Pa）的特点所导致的：a.常压下，气体分子的平均自由程很小（在 $10^{-8}m$ 量级），反应气体分子间易进行"气相反应"而形成"微粒"。"微粒"沉积在薄膜内会导致薄膜致

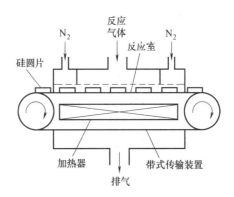

图 7-21　连续式常压 CVD 装置

密度低、表面粗糙等问题。b.常压下，气体分子的扩散速率慢。反应气体扩散慢，则反应气体不易在沉积室内分散均匀，进而导致薄膜厚度不均匀；副产物气体扩散慢，则反应副产物不易离开沉积表面，从而导致薄膜的生长速率变慢。

② 低压热 CVD　低压热 CVD 是在常压热 CVD 的基础上，并针对常压热 CVD 的不足而发展起来的。与常压热 CVD 不同，低压热 CVD 需要利用真空泵将反应室内压力降低至 $10\sim10^3Pa$。低压下，气体的平均自由程和扩散系数变大，有利于抑制"气相反应"而减少"微粒"的形成，进而提高了薄膜的质量、沉积速率以及膜厚均匀性。同时，还可以减少反应气体的消耗。

不论是常压热 CVD 还是低压热 CVD 都属于传统的热 CVD 技术。与 PVD 相比，传统热 CVD 具有的优点有：a.薄膜沉积速率快，甚至每分钟可达几个微米；b.镀膜可以在常压或低真空下进行，并且不存在明确的"物质源"的概念，只要是暴露在反应气体中的表面均可以进行薄膜沉积，因此可以在复杂表面均匀镀膜；c.镀膜过程中无离子、电子轰击，薄膜的辐射损伤小，能得到纯度高、致密性好、残余应力小、结晶完全的薄膜，等等。但是，传统热 CVD 的缺点也十分明显，即沉积温度高，通常需要几百至 1000℃以上的高温。这就要求基体和薄膜材料必须具有足够低的蒸气压，以保证其在高温下不会挥发、分解，从而限制了 CVD 的应用范围。高温还容易引起基体变形和组织变化，进

而引起衬底的几何尺寸改变与材料力学性能退化。此外，高温下基体材料与薄膜材料会互相扩散，形成某些脆性相，进而导致膜基间结合性能的下降。

③ 金属有机化学气相沉积　金属有机化学气相沉积（Metal Organic CVD，MOCVD）是以ⅢA族（Al、Ga、In）、ⅡB族（Zn、Cd）元素的有机化合物和ⅤA族（N、P、As、Sb）、ⅥA族（S、Sn、Te）元素的氢化物等作为原材料，以热分解反应方式在衬底上进行气相外延（衬底温度一般在500~1200℃之间），生长各种Ⅲ-Ⅴ族、Ⅱ-Ⅵ族化合物半导体晶体以及它们的多元固溶体薄膜。如GaAs、$Ga_{1-x}Al_xAs$化合物半导体薄膜的沉积：

$$Ga（CH_3）_3+AsH_3 \longrightarrow GaAs+3CH_4$$

$$（1-x）Ga（CH_3）_3+xAl（CH_3）_3+AsH_3 \longrightarrow Ga_{1-x}Al_xAs+3CH_4$$

MOCVD技术在半导体薄膜材料及器件的制备方面取得了巨大的成功，广泛应用于集成电路、太阳能电池、LED照明、激光器等领域。其特点如下。

a. MOCVD的沉积温度低。由于采用高活性的金属有机化合物为反应气体，MOCVD可以在更低温度下进行。例如，采用普通CVD技术沉积ZnSe薄膜的温度在850℃左右，而采用MOCVD的沉积温度仅为350℃左右。低温沉积可以减少衬底、反应器等的污染，有利于提高薄膜的纯度。低温沉积还有利于减少材料的热缺陷，降低空位密度。

b. MOCVD的沉积过程可控。MOCVD不使用金属卤化物为反应气体，因而在沉积过程中不存在不受控制的刻蚀反应。此外，MOCVD通过载气将原料气体稀释并采用质量流量计控制载气的流量，因此可以精确地控制薄膜厚度及化合物组分和掺杂量等。通过气源的快速无死区切换，可灵活改变反应物的种类或比例，达到薄膜生长界面成分的突变，非常适合于生长各种超晶格材料和外延生长各种异质结构。

c. 多数金属有机化合物易燃、易爆、有剧毒，因此对MOCVD系统的密封性、尾气处理、安全防护措施等要求高。

d. MOCVD可以沉积大面积、均匀的薄膜，工艺重复性好，适用于工业化生产。

④ 原子层沉积　原子层沉积（Atomic Layer Deposition，ALD）又称原子层外延（Atomic Layer Epitaxy），是一种基于有序、表面自饱和反应的CVD技术，它可以实现物质以单原子层的形式一层一层地沉积在衬底表面。

ALD是通过交替的自限制的半反应来实现的。在一个反应器内加热的衬底（温度通常为200~400℃）上交替引入两种或两种以上反应气体，反应气体分子须在衬底表面或薄膜生长表面通过活性官能团形成单层化学吸附并完成反应。两个半反应的中间需要用惰性气体（如Ar、N_2等）冲洗反应室，以去除表面吸附后多余的反应气体，保证每种反应气体仅在表面吸附一个原子层，同时避免反应气体在气相中发生反应。适当的衬底温度也可以阻碍气体在表面的物理吸附。

图7-22给出的是采用ALD技术，以三甲基铝［Al（CH_3）_3］和水（H_2O）为原料制备Al_2O_3薄膜的过程。a.在反应室内通入Al（CH_3）_3气体，Al（CH_3）_3分子以Al原子朝向衬底、CH_3朝外的方式在衬底上形成单分子层化学吸附。b.使用惰性气体吹走未吸附的和物理吸附的Al（CH_3）_3分子。c.通入水蒸气，H_2O分子与Al（CH_3）_3单分子层发生反应形成AlOH沉积层和CH_4气体。d.使用惰性气体吹走未反应的H_2O分子和生成的CH_4分子。e.通入Al（CH_3）_3，与AlOH层发生反应，形成AlOAl（CH_3）_2层和CH_4气体。交

替重复 b.至 e.步骤，实现 Al 和 O 的逐层交替沉积而形成 Al_2O_3 薄膜。两个表面半反应分别为：

$$AlCH_3^* + H_2O \longrightarrow AlOH^* + CH_4$$
$$AlOH^* + Al(CH_3)_3 \longrightarrow AlOAl(CH_3)_2^* + CH_4$$

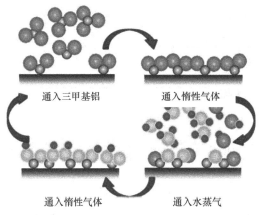

通入三甲基铝　　　　通入惰性气体

通入惰性气体　　　　通入水蒸气

图 7-22　原子层沉积 Al_2O_3 薄膜的反应过程

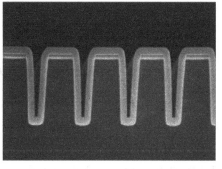

图 7-23　采用 ALD 技术在凹槽表面制备的
Al_2O_3 薄膜的 SEM 照片

ALD 可以制备金属、氧化物、化合物半导体等多种薄膜，在微电子、磁头、薄膜电致发光显示器、材料防护、光学器件等领域有重要的应用。其技术特点有：a.ALD 可以在原子尺度上精确控制薄膜的成分和厚度，薄膜的厚度由沉积的循环次数决定，可以精确到埃。b.ALD 可以制备大面积均匀、致密、无孔洞缺陷的薄膜，适用于各种形状复杂的衬底（如高深宽比的结构、多孔结构、纳米颗粒表面等），如图 7-23 所示。c.ALD 的主要不足之处是沉积速率低（常见沉积速率约为 100nm/h），制备厚膜所需的时间长，生产成本高。

7.3.2　等离子体增强化学气相沉积

等离子体增强化学气相沉积（PECVD）是指利用等离子体中的高能电子来激活化学反应的 CVD 技术。PECVD 以电子动能代替热能作为反应气体分解、活化的主要驱动力，可以显著降低 CVD 的沉积温度。这是因为等离子体具有电子温度极高，但整体温度可以很低的特点。等离子体中的自由电子的平均能量高达 1~20eV，足以使大多数气体电离/分解成具有反应活性的粒子，与此同时，基底可以保持在低温状态，避免了基底过热造成的不利影响。当然，如果需要，也可以通过加热器对基底进行加热。

PECVD 沉积薄膜的基本原理如图 7-24 所示。PECVD 的基本过程与热 CVD 类似，都可以划分为气体输入与扩散、气相反应、表面吸附与表面反应、气体输出四个步骤，所不同的是气相反应的方式与结果。在热 CVD 中，反应气体受热仅发生热分解反应，而在 PECVD 中，反应气体分子与高能电子碰撞会被激发、分解、离化成为高能态、高反应活性的原子、分子片段、自由基、离子等。可见，PECVD 的气相反应更复杂，产物也更多样，因此 PECVD 沉积得到的薄膜的成分和结构也就更复杂多变。

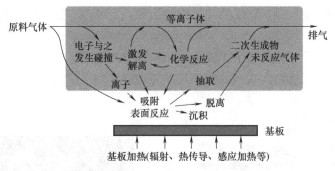

图 7-24　PECVD 沉积薄膜的原理

（1）常见 PECVD 的装置和工作原理

产生等离子体是进行 PECVD 的前提，可以利用多种方法将电能输入反应气体，使之离化、放电，产生等离子体。

① 二极直流辉光放电 PECVD　二极直流辉光放电 PECVD 的装置与二极直流溅射装置（图 7-13）类似。所不同的是，二极直流辉光放电 PECVD 装置中不存在"靶"的设置，并且除了惰性气体，沉积过程中还需要引入反应气体。衬底一般放置在电极上，放置在阴极还是阳极上取决于薄膜所需要的离子轰击强度。例如，在沉积非晶 Si 薄膜时，离子轰击会造成薄膜中缺少 H 原子的键合，使薄膜中含有较多的悬键，导致阴极上沉积的薄膜的半导体特性较差。相反，阳极上沉积的非晶 Si 薄膜不受离子轰击的影响，薄膜中有较多的 H 可以与 Si 原子键合，客观上减少了禁带内束缚态的缺陷能级的作用，因此阳极上沉积的非晶 Si 薄膜具有较好的半导体特性。制备非晶 C 薄膜时，通常将衬底放在阴极上，这样可以得到低氢含量、硬度较高的类金刚石薄膜。另外，离子轰击还具有提高薄膜中压应力的作用，因此如果需要避免在涂层中产生拉应力，可以考虑将衬底放在阴极上。

平行圆板形电极间电场分布均匀，故易在较大范围内实现均匀沉积。为了保证衬底表面等离子体的均匀性，还需要满足阴、阳极的直径大于二者间距的要求，但要真正获得均匀的沉积，还需要具备均匀的气流分布和均匀的温度场。在衬底面积较大的情况下，需要在电极表面开系列气孔并通过这些气孔送入反应气体，以提高气体分布的均匀性。但这些气孔的直径应远远小于等离子体鞘层的厚度，以避免影响等离子体空间分布的均匀性。常用的气流形式有三种：四周进气，中央抽气；中央进气，四周抽气；一端进气，另一端抽气。目前，较先进设备中采用的是上电极中央进气，然后通过分流板往下送入均匀的气流。如果再采用下电极衬底台旋转的结构，可以获得更好的均匀性。均匀的温度场可以通过合理布局加热装置来获得。目前，有三种较合适的加热方式：全封闭室内下部加热、室外下部加热、全封闭室内上部加热。需要注意的是，温差也会导致气体产生自然对流而影响气体流动的均匀性，进而影响薄膜沉积的均匀性。当容器上部温度较低、下部温度较高时，气体会通过自然对流使热气体上升、冷气体下降。因此，将高温区设置在沉积室的上部就可以抑制自然对流，有利于薄膜沉积的均匀性。

② 射频辉光放电 PECVD　二极直流辉光放电 PECVD 方法只能应用于电极和薄膜

材料都具有良好导电性的场合，利用射频辉光放电的方法可以避免这种限制。图7-25是电容耦合射频 PECVD 装置的典型结构。该装置中，射频电压被加在相互平行的两个平板电极上，在其之间通入反应气体并产生相应的等离子体，在等离子体产生的活性基团的参与下，实现涂层在衬底上的沉积。该结构与二极直流辉光放电 PECVD 装置类似，不同之处在于使用的电源类型不同。

射频辉光放电 PECVD 除了可以制备电绝缘薄膜外，还可以采用不对称的电极形式，产生可被利用的自偏压。射频电压在两极上产生的直流自偏压(V)的大小与电极面积(A)的平方成反比，即：

$$V_1 : V_2 = A_2^2 : A_1^2 \tag{7-5}$$

因此，面积较小的电极获得较大的自偏压，而相对于面积较大的电极成为阴极。将衬底放置在面积较小的电极上，便可以在薄膜沉积过程中引入离子轰击效应。

二极直流或射频辉光放电的方法具有两点不足。第一，它们都使用电极将能量耦合到等离子体中，因此在其电极表面会产生较高的鞘层电位。在鞘层电位的作用下，离子高速轰击衬底或阴极，会造成阴极的溅射和涂层的污染。第二，在功率较高、等离子体密度较大的情况下，辉光放电会转变为弧光放电，损坏放电电极，这使得可以使用的射频功率以及所产生的等离子体密度都受到了限制。

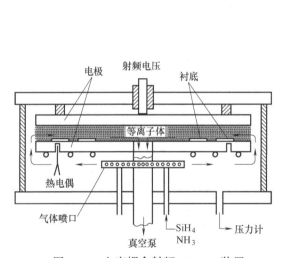

图 7-25　电容耦合射频 PECVD 装置

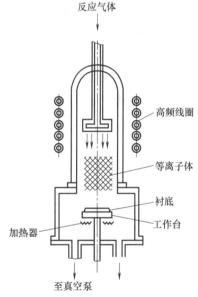

图 7-26　电感耦合 PECVD 装置

无极耦合 PECVD 技术可以克服上述缺点。首先，无极放电过程不存在离子对电极的轰击，因而不存在电极污染的问题。其次，无极放电过程不存在电极表面的辉光放电转化为弧光放电的危险，因此其产生的等离子体密度与两极放电相比可以提高两个数量级。显然，这些均有利于高质量薄膜的快速沉积。电感耦合辉光放电 PECVD 方法属于一种无极放电技术，其示意图如图 7-26 所示。其中，高频线圈置于反应器外，其产生的交变电场在反应室内诱发交变的感应电流，使反应气体发生击穿并产生等离子体。在反应气体的下游方向放置衬底，即可在其上沉积薄膜。也可以在等离子体上游方向只输入惰性气体（如 Ar），而在下游方向输入反应气体（如 SiH₄、NH₃），让反应气体在与惰性气体的等离子体流混合、被活化后再沉积到衬底上。由于电感耦合方式的无极放电特性，电感耦合 PECVD 装置甚至直接可以在常压下工作，形成所谓的高温等离子体射流用于薄膜的沉积。但是，电感耦合 PECVD 技术中的等离子体均匀性较差，不易实现在较大面积的衬底上进行薄膜的均匀沉积。

③ 微波辅助 PECVD 一般工业上使用的微波频率为 2.45GHz，其对应的波长约为12cm。如果微波电场与等离子体中的电子发生作用，则电子将在周期变化的电场中往复振荡，并获得能量而加速。在获得能量的同时，电子也将不断与气体分子发生碰撞，从而产生新的电子和离子，维持等离子体放电的过程。图 7-27 是最简单的 1/4 波长谐振腔式 PECVD 的装置示意图。微波天线（即同轴线的内导体）将微波能量耦合到谐振腔内之后，在谐振腔内形成微波电场的驻波，即引起谐振现象。在谐振腔的中心处，微波电场幅值最大。在此处的石英管内输入一定压力的反应气体，当微波的电场强度超过气体的击穿场强时，反应气体被击穿，并产生等离子体。在等离子体中或下游方向放置衬底并调节至合适的温度，就可进行薄膜沉积。微波 PECVD 装置所使用的气压一般多在100~1000Pa 的范围内。在少数情况下，也有使用 10000Pa 左右的高气压进行微波 PECVD薄膜沉积的。

④ 电子回旋共振 PECVD 电子回旋共振（electron cyclotron resonance，ECR）是微波等离子体的一种方式，其装置示意如图 7-28 所示。为了促进等离子体中电子从微波中吸收能量，ECR-PECVD 装置中环磁场线圈产生与微波电场相垂直的磁场。电子在微波场和磁场的共同作用下发生回旋共振现象，即电子在沿气流方向运动的同时，还按照共振频率发生回旋运动。电子回旋共振频率 ω_m 与磁感应强度 B 之间满足：

$$\omega_m = eB/m \tag{7-6}$$

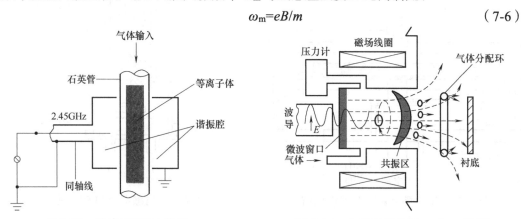

图 7-27 微波 PECVD 装置　　　图 7-28 电子回旋共振 PECVD 装置

式中，e 和 m 分别为电子的电量和质量。为满足这一条件，需要将电子共振区的磁感应强度设定为 8.75×10^{-2}T。这样，电子可以有效吸收微波的能量，使等离子体的电子密度高达 10^{12} 个/cm³。ECR 方法需要在较高的真空度（10^{-1}~10^{-3}Pa）下工作，以使得电子在碰撞间隔时间内可以从回旋运动中获得足够的能量。在如此低的气压下，气体的电离度已接近 100%，因此 ECR 产生的等离子体具有极高的反应活性，这导致 ECR-PECVD具有以下两个显著的特点：a.ECR 装置可以视作一个方向和能量可控的离子源，因此其制备的薄膜对复杂形状的衬底的覆盖性较好。b.在 ECR 方法中，每个沉积离子均携带有几个电子伏的能量，因此所制备的薄膜具有较高的致密度，薄膜的质量得到明显提升。另外，ECR-PECVD 还具有无电极污染，沉积气压低，沉积温度低，气体离化率高，离子能量分散度小、方向性强，沉积速率高等优点。

（2）PECVD 的技术特点

① 沉积温度低。PECVD 的成膜温度一般在 200~300℃左右，避免了高温对薄膜和基底的不利影响，扩大了 CVD 的应用范围，可以在不同基底材料上制备金属薄膜、非晶态无机薄膜、有机聚合物薄膜等。PECVD 薄膜的热应力小，对基底的附着性能优于普通 CVD 薄膜。但是，同样由于沉积温度低，反应副产物（特别是氢）容易残留在薄膜中，难以保证准确的化学计量比，相对容易形成亚稳态的非晶薄膜。

② PECVD 通常在较低的气压（5~500Pa）下进行，薄膜厚度及成分比较均匀，针孔少，膜层结构致密。

③ 通常可以采取施加基底负偏压的方法，增强离子对基底和薄膜的轰击能力，提高膜基间附着力与薄膜致密度。但是，离子轰击会导致薄膜残留较大的内应力（压应力），并且容易在一些脆弱材料（如半导体、塑料等）中造成损伤。

7.3.3　激光辅助化学气相沉积

所谓激光辅助化学气相沉积（LACVD）就是利用激光光子的能量来激发和促进化学反应的一种 CVD 技术。LACVD 是一种极具发展潜力的薄膜制备技术，它克服了普通 CVD 的衬底温度高、PVD 的绕镀性差、PECVD 的薄膜杂质含量较高等缺点。近年来，该技术已成功应用于制备 Si、Ge、a-Si：H 等半导体膜，各种金属膜，超硬膜，介电膜，化合物半导体膜等。随着新型波长连续可调的高能量激光器的出现以及新气源的合成，LACVD 技术在薄膜制备方面的应用越来越广。

激光作为一种强度高、单色性和方向性好的光源，在 CVD 过程中可以发挥以下两种作用：①热作用。激光可以加热衬底，使处在衬底加热区的反应气体分子受热发生分解，形成活性原子或基团。②光化学作用。激光光子直接被反应气体分子吸收，而使反应气体分子被激活、分解，形成活性原子或基团。根据激光在 CVD 过程中的作用，可以将 LACVD 分为热 LACVD、光 LACVD 和光热联合 LACVD 三种类型。

图 7-29 给出的是 LACVD 的装置图。激光光源是 LACVD 的核心部件。热 LACVD 采用光子能量较低的红外波段激光，反应气体对该波段激光是透明的（不直接吸收光子的能量），一般使用连续波输出 Ar 离子和 CO_2 激光器作为光源。光

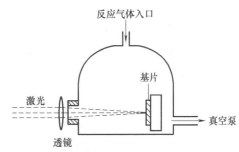

图 7-29　激光辅助化学气相沉积的装置

LACVD 要求所选激光波长应能被反应气体分子高效地吸收其能量,从而使反应气在激光辐照下发生高效率分解,一般选用近紫外超短脉冲激光、光子能量高的准分子激光器作为光源。激光照射基片的方式(角度)有平行照射和垂直照射之分。平行照射时,激光束在稍高于基底表面的位置平行于基底入射,反应气体吸收光子能量后分解,生成物沉积在基片上形成薄膜。因平行入射不直接照射基底,故热 LACVD 不能采用平行照射。垂直照射时,既可使反应气体吸收光子能量,激光束又可照射至衬底表面,对其进行局部加热,因此垂直入射适用于所有类型的 LACVD。激光加热衬底还可以促使沉积表面的物理吸附层发生脱附,有利于提高薄膜的沉积速率和薄膜质量。

LACVD 的技术特点如下。

① LACVD 可根据物质对光的吸收的选择性,通过改变激光波长、反应气体种类等方法实现多种薄膜的沉积。

② LACVD 以光子能量代替热能来激发化学反应,薄膜沉积可以在低温下进行。比如,采用 LACVD 方法,在 50℃的衬底温度下也可实现 SiO_2 薄膜的沉积。同时,激光加热区域的深度很浅,对基底整体性能的影响可忽略。

③ 薄膜沉积过程中无等离子体轰击,可以避免由此导致的各种薄膜缺陷和损伤。

④ 薄膜沉积仅发生在激光照射区域。利用 LACVD 技术可以在衬底表面进行薄膜的直接选择性沉积,即无需掩模只需用激光束照射需要沉积薄膜的衬底表面就可获得所需图案的薄膜,并可使用计算机对薄膜沉积的路径进行精确控制。既可进行微小区域的沉积,也可进行大面积沉积,这对微电子和大规模集成电路的生产和修复具有重要意义。

7.4 液相反应沉积

薄膜制备的液相反应方法可以分为电化学沉积和溶液化学反应法,其中电化学沉积又分为电镀和阳极氧化,溶液化学反应法包括化学镀和溶胶-凝胶法等。

7.4.1 电化学沉积

电化学沉积是通过电流在电解液中的流动而产生化学反应,在阳极或阴极上形成薄膜的方法。电镀是指在阴极表面利用还原反应沉积金属或合金薄膜的方法。阳极氧化是指在阳极表面利用氧化反应生长氧化物薄膜的方法。

(1)电镀

电镀是通过电流在电解液(镀液)中的流动而产生化学反应,最终在阴极上沉积金属或合金的过程。如图 7-30 所示,电镀装置由低压大电流直流电源、装有电解液的容器(镀槽)以及浸在电解液中的阴极和阳极构成。电镀时,镀层金属或不溶性材料(可选用石墨、铂、铅、不锈钢等）作阳极，待镀的工件作阴极，镀层金属的阳离子在镀件表面被还原形成镀层。为排除其他阳离子的干扰，且使镀层均匀、牢固，需用含镀层金属阳离子的溶液作电解液，以保持镀层金属阳离子的浓度不变。

图 7-31 给出的是电镀技术的一种特殊形式——电刷镀（又称金属笔镀或快速电镀）的装置示意图。直流电源的负极与待镀工件相连，电源的正极与镀笔（端部用脱脂棉套包裹的不溶性电极）相连，镀液饱蘸于脱脂棉中或另外浇注（多余的镀液被回收）。工作时，镀笔与工件表面接触并不断地移动，镀液中的金属离子在与镀件相接触的区域上发生沉积，并随着时间的增长而镀层逐渐加厚。电刷镀技术的设备简单，不需要镀槽，便于携带，适用于野外及现场修复，尤其对于大型、精密设备的现场不解体修复更具有实用价值。电刷镀可以修复槽镀产品的缺陷，修复零件表面的划伤、沟槽、凹坑、斑蚀，修复加工超差件及零件的表面磨损等，使其恢复尺寸精度和几何形状精度。

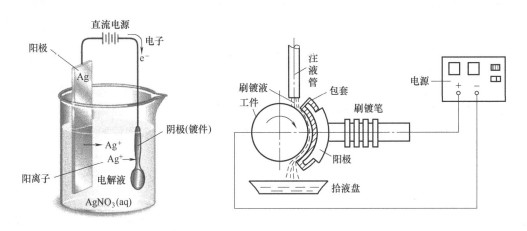

图 7-30　电镀（银）装置　　　　　图 7-31　电刷镀装置示意

电镀的目的是在基材上制备金属或合金镀层，以改变基材的表面性质（耐腐蚀性、耐磨性、导电性、颜色等）或尺寸。按照用途，电镀层可分为：防护性镀层（如 Zn、Ni、Sn 等防腐蚀镀层，硬 Cr 等抗磨损镀层）、修复性镀层（如 Ni、Cr、Fe 等镀层可以修复一些造价高的易磨损件）、功能性镀层（如 Ag、Au 等导电镀层，Ni-Fe、Fe-Co 等导磁镀层）、装饰性镀层（如 Au、Ag、Cu-Zn 仿金镀层）等。按照镀层金属与基体金属电极电位的高低，可分为阳极镀层和阴极镀层。电极电位低于基体金属电极电位的镀层为阳极镀层，如铁上镀 Zn；反之则为阴极镀层，如铁上镀 Cu、镀 Ni。阳极镀层既能隔离介质起机械保护作用，当镀层破损时又能起电化学保护作用使基体不受腐蚀，防护性能好。阴极镀层只起隔离介质作用，当镀层破坏时会加速基底的腐蚀。因此，阴极镀层必须具有足够的厚度和尽量低的孔隙率才能起到较好的防护作用。

电镀技术具有装置简单、易于大批量生产、成本低廉等特点，适用于金属、合金、非晶态及复合膜层的制备，早已在工业生产中得到大规模应用。

（2）阳极氧化

在适当的电解液中，采用 Al、Mg、Ta、Ti、Zr 等金属及其合金作为阳极，不溶性材料作为阴极，并赋予一定的直流电压，在阳极表面发生电化学反应而形成金属氧化物膜层的方法称为阳极氧化，又称电化学氧化。

下面以 Al 的阳极氧化为例，介绍阳极氧化膜的形成过程（如图 7-32 所示）：

A 为阻挡层形成阶段。由于铝和氧之间具有很大的亲和力，通电后在铝基材表面会迅速形成一层致密无孔的阻挡层，其厚度取决于外加电压。阻挡层在电解的几十秒内形成。

B 为微孔形成阶段。阻挡层形成后，会发生局部溶解（与电解液中的酸反应）而形成许多微孔，表面变得不均匀，电流密度分布也出现不均匀，凹处电流密度增加，凸处电流密度减小。

C 为稳定生长阶段。电流密度的分布不均为电化学溶解创造了条件。凹处在大电流作用下加速溶解并逐渐变成深孔，而凸处则成为孔壁。在此阶段，微孔数目保持不变而微孔深度与氧化膜厚度随时间而增加。但是，氧化膜厚度的增加会导致其生长受到的阻滞也随之增大。当氧化膜的形成速度降低到与氧化膜在电解液中的溶解速度相同时，氧化膜厚度不再增加。

图 7-33 表示出了阳极氧化膜的微观结构模型。阳极氧化膜为双层结构，内层致密无孔的阻挡层，具有很高的电阻值，厚度一般为纳米级，只有膜层总厚度的 0.5%~2%，通常由非晶态的 Al_2O_3 组成。外层为多孔层，由许多与表面垂直的六面体柱状膜胞构成，每个膜胞中间有一个孔（孔径为 15~25nm），形似蜂窝状结构。多孔层厚度通常在几微米到几十微米之间，有时可达数百微米。

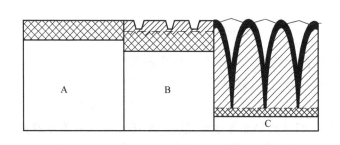

图 7-32　阳极氧化铝多孔膜的生长过程示意　　图 7-33　阳极氧化膜的微观结构模型

阳极氧化可以提高金属基材的抗腐蚀性能、表面硬度及耐磨性，氧化膜中的微孔还可以吸附各种染料，使金属具有美观艳丽的颜色。

如果将电解电压突破传统阳极氧化的工作电压（法拉第区域）而进入高压放电区域，则阳极氧化膜的形成会在微弧光等离子体放电的条件下进行，该过程被称为微弧氧化。微弧氧化的阳极电压由普通阳极氧化的几十伏提高到了几百伏，当电压达到某一临界值时，可以击穿金属表面形成的氧化膜，产生微弧光等离子体放电并在放电通道内产生瞬间的高温高压条件。瞬间的高温高压可以使无定形氧化物发生烧结而转变成晶态陶瓷相结构，如铝合金表面微弧氧化膜主要由 α-Al_2O_3、γ-Al_2O_3 相组成，这是微弧氧化同普通阳极氧化的最大区别，也是微弧氧化膜性能高于阳极氧化膜的根本原因。微弧氧化膜层与基体的结合更牢固，结构更致密，韧性高，具有更加优异的耐磨性、耐腐蚀性、耐高温冲击性和电绝缘性等特性。

7.4.2 溶液化学反应法

（1）化学镀

化学镀是指在无电流通过（无外界动力）时借助还原剂在金属盐溶液中使目标金属离子还原，并沉积在基片表面上形成金属/合金薄膜的方法，也称无电解镀（electroless plating）。化学镀与电镀的本质区别是，电镀反应驱动力来自外加电场赋予的能量，而化学镀的反应驱动力来自溶液体系自身的化学势。

化学镀的典型实例如下。

① 铝板助焊层的形成　铝板表面易氧化形成氧化膜而难以挂上焊锡（焊接性能差）。这时可以将铝板进行酸洗后浸入 $CuSO_4$ 溶液中，通过化学镀在其表面形成 Cu 助焊层：
$$2Al+3CuSO_4 \longrightarrow 3Cu\downarrow +Al_2(SO_4)_3$$

② 化学镀银　化学镀银是工业上应用最早的一种化学镀，主要用于制镜工业、热水瓶内胆等轻工业产品。此外，在某些形状复杂难以应用电镀技术和某些非导体工件的金属化方面也有应用。化学镀银可以用甲醛、葡萄糖、二甲胺基硼烷、酒石酸钾钠等作还原剂，将 Ag^+ 还原为金属 Ag，如：
$$4AgNO_3+9HCHO（甲醛）\longrightarrow 4Ag\downarrow +9CO_2\uparrow +4NH_3\uparrow +3H_2O$$

③ 化学镀镍　化学镀镍（electroless nickel plating，ENP）是最常用的一种化学镀技术。ENP 的基本原理是，以次磷酸盐（如 NaH_2PO_2、KH_2PO_2）作为还原剂使 Ni 盐（如 $NiSO_4$、$NiCl_2$）中的 Ni^{2+} 还原成金属 Ni，同时次磷酸盐分解析出 P，使镀层中含有一定量的 P（质量分数为 3%~15%），所以 ENP 也称镍磷镀。关于 ENP 的具体反应机理，目前尚无统一认识，现为大多数人所接受的是原子氢理论：

a. 镀液在加热时，次磷酸根在水溶液中脱氢，而形成亚磷酸根，同时放出原子态活性氢，即：
$$H_2PO_2^-+H_2O \longrightarrow HPO_3^{2-}+H^++2[H]$$

b. 原子态活性氢吸附在催化金属表面而使之活化，使镀液中的 Ni^{2+} 还原，在催化金属表面上沉积金属 Ni（沉积的 Ni 也具有催化性，可使反应继续进行下去）：
$$Ni^{2+}+2[H] \longrightarrow Ni\downarrow +2H^+$$

c. 次磷酸根发生分解，还原成磷：
$$H_2PO_2^-+[H] \longrightarrow H_2O+OH^-+P\downarrow$$

ENP 能在钢、铝合金、铜等表面实施。ENP 层具有高硬度、高结合强度、高耐蚀性、高耐磨性、耐高温、无磁性、钎焊性能好、电阻率低、导电（热）性能好、膨胀系数低、抗变色能力强等特殊的物理化学性能，在电子、航空航天、机械制造、石油化工等行业有广泛应用。

与电镀相比，化学镀具有镀层均匀、针孔小，不需电源设备，能在非金属材料表面上沉积等特点。化学镀的废液排放少，对环境污染小，成本也较低，在许多领域已开始逐步取代电镀，是一种环保型的表面处理工艺。

（2）溶胶-凝胶法

薄膜制备的溶胶-凝胶法是指将金属醇盐或无机盐（氯化物、硝酸盐、乙酸盐）溶于水或有机溶剂中，由于溶质与溶剂产生水解或醇解反应形成溶胶，再将溶胶通过浸渍或旋涂等方法涂覆于基片表面，之后再进行干燥脱水处理而获得固体薄膜的方法。如，TiO_2薄膜的制备需要首先将钛酸乙酯在特定的水溶液中进行水解，形成溶胶：

$$Ti(OC_2H_5)_4 + 4H_2O \longrightarrow H_4TiO_4 + 4C_2H_5OH$$

将溶胶涂覆在衬底上后，进行加热脱水，得到 TiO_2 薄膜：

$$H_4TiO_4 \longrightarrow TiO_2 + 2H_2O \qquad (120℃)$$

溶胶-凝胶法的成膜方法有浸渍提拉法、旋涂法、喷涂法、简单刷涂法等。可根据衬底的尺寸和形状以及对所制薄膜的要求而选择不同的方法。目前比较常用的方法为浸渍提拉法和旋涂法。浸渍提拉法首先把衬底浸没在配制好的溶液中，然后按一定的速度将其从溶液中拉出时，会在衬底上形成一个连续的膜。薄膜的厚度可以通过改变溶液的浓度、黏度和提拉速度进行调控。使用该方法可以比较容易获得厚度 50~500nm 的薄膜。旋涂法是将衬底（通常为 Si 片）固定在一根与涂膜面垂直的高速旋转（几千转每分）的轴上，在衬底中央滴注溶胶溶液，利用离心力胶液均匀地涂覆整个衬底表面。所得薄膜的厚度在几百纳米到几十微米之间变化，取决于匀胶机的转速和溶胶的黏度。

溶胶-凝胶法多用于制备各种功能性的氧化物薄膜，如 TiO_2、$BaTiO_3$、$LiNbO_3$、$Pb(Zr_xTi_{1-x})O_3$ 等。

🖊 思考题 ▶▶▶

1. 一般真空蒸镀需要的真空度（Pa）大概为多大数量级？请定量解释你的结论。

2. 对电阻蒸发源材料的要求有哪些？常用的电阻蒸发源材料有哪些？如何选择电阻蒸发源的形状？

3. 试比较电阻蒸发、电子束蒸发、电弧蒸发、激光蒸发四种蒸镀方法的优缺点。

4. 什么是合金蒸镀的分馏现象？如何蒸镀特定成分的合金？

5. 何谓溅射产额？溅射产额与哪些因素有关？它们是如何影响溅射产额的？

6. 为什么不同元素的溅射产额不同，但溅射法制备合金薄膜的化学成分与靶材成分却基本一致？

7. 为什么磁控溅射具有"低温、高速"两大特点？

8. 溅射镀和离子镀膜过程中施加适当的基底负偏压对薄膜来说有何益处？

9. 如何减小电弧离子镀中的"大颗粒"沉积？

10. 试对比真空蒸镀、溅射镀、离子镀三种 PVD 技术的沉积粒子种类、能量以及所得薄膜的特点。

11. 根据提供化学反应活化能的方式不同，CVD 可以分为哪些类型？各自的特点有哪些？

12. 何谓 MOCVD？通常用来生长何种薄膜？有何优缺点？

13. 电感耦合 PECVD 相比电容耦合 PECVD 有什么优点？

14. 微弧氧化和阳极氧化的主要区别是什么？

第8章

单晶材料的制备

本章导读 ▶▶▶

　　单晶材料具有独特的电、光、热、力等方面性能，在半导体、仪器仪表等工业领域有十分重要的应用。单晶材料的制备就是将物质的非晶态、多晶态或能够形成该物质的反应物通过一定的物理或化学手段转变为单晶态。按照结晶前原料或前驱体的状态，单晶材料的制备方法可以分为固相法、液相法和气相法三类。本章主要阐述这三类技术的原理、方法、设备、特点等内容：

　　1. 单晶材料制备的固相法（应变退火法、烧结法、同素异形转变法）；

　　2. 单晶材料制备的液相法（熔体法、常温溶液法、高温溶液法、水热和溶剂热法）；

　　3. 单晶材料制备的气相法。

学习目标 ▶▶▶

　　1. 了解固相法制备单晶的原理、方法和特点；

　　2. 掌握熔体法、常温溶液法、高温溶液法制备单晶的原理、方法和特点；

　　3. 了解水热和溶剂热法的原理和方法；

　　4. 了解气相法生长Ⅱ-Ⅵ族化合物半导体单晶和金刚石大单晶的方法。

8.1 概述

单晶体（单晶）是指结晶体内部质点（原子、分子或离子）在三维空间呈高度有规律的、周期性重复排列所形成的固态物质。也就是说，单晶的整体在三维方向上由同一空间格子构成，整个晶体中质点在空间的排列为长程有序。单晶体与多晶体是一对相对概念。我们日常使用的金属和陶瓷制品大多为多晶体，其内部包含许多晶粒。若一块材料仅有一个晶粒构成，则该材料即为单晶。多晶体内部晶粒的大小和形状不同，取向也是杂乱的，晶粒与晶粒之间还存在晶界。显然，与单晶体相比，多晶体内晶粒的杂乱取向和晶界的存在破坏了质点排列的规律性。

单晶材料通常具有多晶材料和非晶材料所不具有的独特的电、光、热、力等方面的优异性能，在现代工业的诸多领域有着广泛的应用。例如单晶体的频率稳定性比多晶体好得多，因此单晶的压电晶体（如石英）被用来作为频率控制元件。如果没有提供优质半导体单晶，半导体工业的存在和发展是很难想象的。20世纪60年代后激光技术的出现，对单晶体的品种和质量提出了崭新的要求。在电子工业、仪器仪表工业中大量应用单晶做成的器件，例如晶体管主要由硅、锗或砷化镓单晶所组成，激光器的关键部件就是红宝石单晶或者是钇铝石榴石单晶，谐振器的主要部件则是石英单晶。

单晶材料的人工制备也称为晶体的生长或培养，是将物质的非晶态、多晶态或能够形成该物质的反应物通过一定的物理或化学手段转变为单晶的过程。按照结晶前原料或者前驱体的状态，单晶材料的制备方法可以分为固相法、液相法和气相法。其中，固相法包括应变退火法、烧结法、同素异形转变法等，液相法包括熔体法、常温溶液法、高温溶液法、水热法、溶剂热法等，气相法可以分为PVD法和CVD法两种。

理论上讲，制备单晶材料的关键在于将晶核的形成数目控制得尽量少。形核数目越少，则越有可能生长为大块的单晶。对于均匀形核，一般过冷度和（或）过饱和度是影响形核率的最主要条件。低的过冷度和过饱和度有助于降低形核率，因此对单晶的生长来说也是有利的。由于非均匀形核的形核率一般远高于均匀形核，因此在单晶生长时要尽量规避杂质和器壁的影响。以所要生长晶体的小单晶（籽晶）为中心进行外延生长是最常采用的成核控制与单晶生长技术。

8.2 单晶材料制备的固相法

8.2.1 应变退火法

对于塑性良好的多晶金属材料，在经塑性变形后，在材料内部会产生大量的应变，因而储存了大量的应变自由能。该应变自由能近似等于产生应变所做的功减去应变过程中释放的热量。应变自由能大部分储存于晶粒间界的位错行列中，其可以作为主要推动力驱使多晶金属材料发生再结晶而形成单晶。此外，晶粒间界具有的界面自由能也是材料发生再结晶的推动力，减小晶粒间界的面积便能降低材料的自由能。但是，只有在晶粒尺寸相当小的情况下，界面自由能才能成为再结晶的主要推动力。

虽然产生应变的材料相对于未产生应变的材料来说在热力学上是不稳定的，但是在室温下材料消除应变的速率一般很慢。升高温度可以提高原子的迁移率和点阵振动的振幅，因此消除应变的速率将显著提高。在产生应变后进行退火正是为了加速应变的消除。应变消除的过程通常伴随着小晶粒被较大晶粒吞并而形成更大尺寸晶粒的过程。

实际上，在应变退火中，通常要在一系列试样上改变应变量，以便找到退火期间引起一个或多个晶粒生长所必需的最佳应变量或临界应变量。一般来说，1%~10%的应变足够满足要求。也可以使用锥形试样寻找特殊材料的临界应变量，因为这样形状的试样在受到拉伸力时会自动产生一个应变梯度。在退火后，可以通过观察确定晶粒生长最好的区域，并计算出该区域的应变。如图8-1所示，让试样通过一个温度梯度，将它从冷区移动至热区。在试样最先进入热区的尖端部分开始晶体长大，在最佳条件下，只有一颗晶粒长大并占据整个界面。有时为了促进初始形核，退火前将图8-1中的A区进行严重变形。

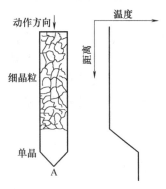

图8-1　在温度梯度中退火

金属构件在加工成形过程中就会产生一定的应变，这正好与单晶生长有关。金属成形方法有铸造、锻造、挤压、滚扎、拔丝等。铸造引起的应变通常很小。锻造和挤压产生的应变是不均匀的，但是如果想使一局部区域产生严重应变以便在此处成核，可以进行局部锻造。滚扎产生的应变相对均匀，滚扎还会形成对于单晶生长非常有利的织构。拔丝会在材料中产生相当均匀的张应变，也会形成织构。因此，晶体生长工作者经常采用滚扎和拔丝的方法在金属中引入应变。

下面将分别介绍应变退火法制备铝单晶、铜单晶、铁单晶的工艺流程。

（1）应变退火法制备铝单晶

由于铝的退火温度适中，所以应变退火法制备铝单晶的研究最多。当铝的初始晶粒尺寸在0.1mm左右时，效果较好。有时在铝试样的表面就开始成核，影响了单晶的生长。一般认为，铝晶核是在靠着表面氧化膜的位错堆积处开始的，因此在产生临界应变后腐蚀掉约100μm的表面层有助于阻止表面成核。特定的织构取向有利于单晶的生长，如［111］方向40°角以内的织构取向有利于单晶快速长入基体。具体的工艺如下。

① 首先，在550℃的温度下对铝进行退火，以消除原有应变的影响，并提供合乎要求的晶粒尺寸。然后，使无应变的、晶粒较细的铝变形产生1%~2%的应变。接着，将温度从450℃按25℃/d的速度升至550℃，进行退火。在初始退火后，再在320℃的温度下进行回复退火4h。回复退火可以减少晶粒数目，使晶粒在后期退火时能更快地长大。最后，再加热至450℃，并在该温度下保温2h。这样可以获得长15cm、直径1mm的丝状单晶。

② 在液氮温度（−196℃）下进行滚扎，然后在 640℃的温度下退火 10s，再在水中淬火，得到用于再结晶的铝样品，此时样品中含有 2mm 大小的晶粒和强烈的织构。接着，以 4cm/h 的速度通过 100℃/cm 的温度梯度，然后加热到 640℃退火，可以得到约 1m 长的晶体。

③ 交替施加应变（施加的应变不足以使新晶粒成核）和退火，以产生直径 5mm 的晶粒，然后在 640℃的温度下退火。这样可以得到宽度为 2.5cm 高纯度单晶铝带。

（2）应变退火法制备铜单晶

由于铜的堆垛层错能低，应变退火倾向于在铜中产生孪生取向。但是，采用二次再结晶可获得好的铜单晶。二次再结晶是几个晶粒从一次再结晶时形成的基体中生长，在高于一次再结晶的温度下使受应变的试样退火引起的。典型的铜的二次再结晶步骤为：

① 在室温下滚扎经过退火处理的铜片，使之减薄约 90%；

② 真空中将试样缓缓加热至 1000~1040℃，保温 2~3h。

应当指出，在第一阶段得到的强烈织构到第二阶段会被一个或几个晶粒吞并。如果在第二阶段加热过快会形成孪晶。在第二阶段前可以对样品的晶粒取向进行检验，并且可以用腐蚀法（取向有偏差的晶粒位于表面时）或切除法（取向有偏差的晶粒位于试样边缘时）把取向有偏差的晶粒去除。

（3）应变退火法制备铁单晶

用应变退火法可以生长出优质的铁晶体，但是所要求的条件主要取决于纯度。含碳量高于 0.05%的软铁不能再结晶，必须要在还原气氛中脱碳，使其含碳量降低至约 0.01%。施加临界应变前的晶粒度应当在 0.1mm 左右，滚扎减薄约 50%，然后拉伸产生约 3%的应变。为了更好地控制成核，可以把临界应变区域限制在试样的小体积内。施加临界应变后，还要用腐蚀法或电解抛光法把表面层去掉，然后在 880~900℃温度范围内退火 72h。有时，还需把退火生长后的表面多晶体腐蚀掉，把大晶体暴露出来。

应变退火法制备单晶的优点有：①可以在不添加其他成分的情况下进行低温生长。②生长晶体的形状是事先固定的，所以可以方便地生长丝、箔等形状的晶体。③单晶取向容易控制，杂质和添加组分的分布在生长前被固定下来，生长过程中并不改变。应变退火法的主要缺点是晶体生长在固相中进行，成核密度较高，难以控制成核以形成大单晶。

8.2.2 烧结法

对于非金属材料，使用前述的应变退火法生长其晶体是比较困难的，原因在于难以使非金属材料产生塑性变形，这时可以直接采用加热的方法即烧结法来提高晶粒的尺寸，获得单晶。一般来说，有用的单晶并不是有意用烧结法生长的，用烧结法生长晶体常被用来研究烧结过程。但是，在烧结过程中总会在无意中形成或多或少的单晶体。

一个典型的烧结法生长单晶的实例是石榴石晶体的制备。在 1450℃以上的温度下烧结钇铁石榴石 $Y_3Fe_5O_{12}$（YIG）多晶体可以制得达 5mm 大的石榴石晶体。同样地，采用烧结法，BeO、Al_2O_3、Zn 等晶体都可以生长到相当大的尺寸。

无机陶瓷中的气孔比金属中多，气孔可以阻止少数晶粒以外的多数晶粒长大，所以多孔材料中容易出现大尺寸晶粒。热压是在压力作用下的烧结，主要用于陶瓷的致密化。

在一般情况下，为了引起陶瓷致密化，压力需要足够高，温度需要足以消除气孔而又不引起显著的晶粒长大。但是，如果在热压中升高温度，烧结引起的晶粒长大可能非常显著，有可能得到有用的单晶。采用热压法，可以生长出体积达 $7cm^3$ 的 Al_2O_3 单晶。

8.2.3 同素异形转变法

该方法最著名的实例是，在高温高压条件下将石墨转变为单晶金刚石。天然的金刚石是碳在深层地幔经高温高压转变而来的。因此，人们一直希望通过碳的另外一种同素异形体——石墨来合成金刚石。

从热力学角度看，在常温常压下，石墨是碳的稳定相，金刚石是碳的不稳定相；而且金刚石与石墨之间存在着巨大的能量势垒。要将石墨转化为金刚石，必须克服这个能垒。但是，在高温高压下，金刚石与石墨的相对稳定性会发生反转，这为通过同素异形转变法人工合成金刚石提供了契机。通过热力学计算，至少要在 1500℃ 和 15000atm（1atm=101325Pa）的高温高压条件下才能将石墨转变为金刚石。

早期合成金刚石的想法始于 1832 年法国的 Cagniard 及后来英国的 Hanney 和 Henry Moisson。但直到 1953 年，瑞典的 Liander 等才通过高温高压技术首次成功地合成了金刚石，接着美国通用电气公司的 Bundy 等人利用此方法也得到了人造金刚石。他们把石墨与金属催化剂（Fe、Ni、Co 等）相混合，在约 1300~1500K 的温度和 6~8 GPa 的压强下得到了金刚石。催化剂的加入不仅大大降低了合成所需的压力与温度条件，而且缩短了合成时间。目前，工业上合成金刚石仍主要沿用这种静态高温高压催化法。不用催化剂得到金刚石的实验在 1961 年获得成功。用爆炸的冲击波提供高压和高温条件，估计压强为 30GPa，温度约 1500K，得到的金刚石尺寸为 10μm。1963 年又在静压下得到了金刚石，压强为 13GPa，温度高于 3300K，历时数秒得到的金刚石尺寸为 20~50μm。

目前使用高温高压生长技术，一般只能合成小颗粒的金刚石。在合成大颗粒金刚石单晶方面，主要使用晶种法，在较高压力和较高温度下（6GPa、1800K），几天时间内使晶种长成粒度为几毫米，重达几个克拉（1 克拉=0.2g）的宝石级人造金刚石。较长时间的高温高压使得生产成本高昂，设备要求苛刻。而且由于使用了金属催化剂，金刚石中残留有微量的金属粒子，因此要想完全代替天然金刚石还有比较长的距离。此外，用目前的高温高压技术生产的金刚石的尺寸只能从数微米到几毫米，这也限制了金刚石的大规模应用。

8.3 单晶材料制备的液相法

8.3.1 熔体法

单晶生长的熔体法就是将结晶材料进行加热熔化，然后通过降温使熔液达到过冷状态,而从中析出晶体的方法。熔体法包括定向凝固法、提拉法、泡生法、区熔法、焰熔法等。下面将分别对这些方法进行较为详细的介绍。

(1)定向凝固法

定向凝固法是通过控制过冷度实现熔液的定向凝固以获得单晶的方法。该方法由布里奇曼(Bridgman)于1925年首次使用,后被斯托克巴格(Stockbarger)进一步发展,因此这种生长单晶的方法又称Bridgman-Stockbarger法,简称BS法。该方法主要用于生长高温合金、碱金属和碱土金属的卤化物(如CaF$_2$、LiF、NaI等)以及一些化合物半导体(PbS、PbSe、PbTe、GaAs、AgGaS$_2$、AgGaSe$_2$、CdZnTe等)晶体。

本质上,定向凝固法借助在一个温度梯度内进行结晶,从而在单一的固-液界面上成核。要结晶的材料通常被放在一个圆柱形的坩埚中,并被加热至熔化,形成熔液。然后,使该坩埚下降通过一个跨熔点的温度梯度[图8-2(a)],或使加热器沿坩埚上升。也可以将坩埚固定于一个能产生近似线性温度梯度剖面的炉子内[图8-2(b)],然后冷却整个炉子。通常在炉内出现的一段温度梯度[图8-2(c)中的a~b段]可能对于定向凝固法来说也是足够线性的。无论是坩埚下降还是加热器上升,均要使垂直于坩埚轴的等温线足够缓慢地通过坩埚,以便使晶体-熔液(固-液)界面能随之移动,实现单晶的逐渐长大。通常,熔液在缓慢通过温度梯度降温的过程中,最初成核的只有几个微晶。然后,可以通过使用特殊形状的坩埚端部的方法来使其中一个微晶控制整个固-液生长界面。

① 圆锥形的坩埚端部[图8-3(a)]。最初只有极少量的熔体过冷,这样只形成一个或几个晶粒。如果有一个晶核的取向合适,它将统一整个生长界面(几何淘汰规律)。

② 毛细管状的坩埚端部[图8-3(b)]。最初只有少量熔体过冷,如果形成了多个微晶,在生长界面通过毛细管时,有较多的机会使一个微晶统一整个生长界面。

③ 圆锥形+毛细管的坩埚端部[图8-3(c)]。该坩埚端部兼具有①和②的优点,即最初形核数量少并且增大了单一微晶统一生长界面的概率。

④ 圆锥形+小球泡+毛细管的坩埚端部,毛细管后可以接坩埚主体也可以再接一个或几个小球泡+毛细管单元[图8-3(d)]。在一个很小的体积(圆锥体)内发生初始成核,并且有利于从小球泡内选择一块微晶作为在毛细管内生长的籽晶。

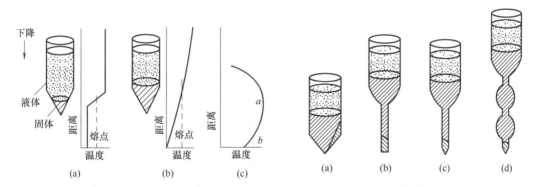

图8-2 定向凝固法制备单晶的温度梯度   图8-3 具有不同形状端部坩埚示意

定向凝固法中常遇到的困难是沿坩埚轴向的温度梯度太小,这往往会导致当坩埚尖端处的熔液发生结晶时，整个坩埚中的熔液都已处于过冷状态。在这样的条件下，晶体会穿过剩余熔体而迅速生长，容易形成多晶。因此，要获得大的温度梯度，来保证单晶的生长。

设备方面，定向凝固法需要：①与单晶材料的生长气氛和温度相适应的几何形状合适的坩埚，②能产生所需温度梯度的加热炉，③坩埚下降装置或程序控温装置。用于熔化结晶材料的坩埚一般要求其不能与熔体发生反应。因此，用于制作坩埚的材料通常是派热克斯（Pyrex）玻璃、外科尔（Vycor）玻璃、石英玻璃、Al_2O_3、贵金属或石墨等。其中，石英玻璃的软化温度约为 1200℃，可以用于低熔点晶体的生长；石墨在非氧化气氛中的使用温度为 2500℃。如图 8-4 所示，加热炉通常分为上炉腔和下炉腔两部分。上炉腔为高温区，加热器布置比较紧密；下炉腔为低温区，加热器布

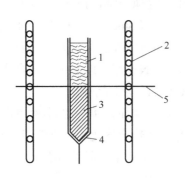

图 8-4　定向凝固法装置示意

1—熔体；2—加热器；3—晶体；4—坩埚；5—挡板

置比较松散，也可以不加热。上、下炉腔之间通常设有隔热挡板，用来提高上、下炉腔之间的温度差。坩埚下降装置由电机和机械传动装置（齿轮或滚珠丝杠等）构成，坩埚下降速率和加热炉内温度场均可以由计算机进行程序化控制。

定向凝固法制备单晶的技术优点有：①由于可以把原料密封在坩埚里，减少了挥发造成的泄漏和污染，使晶体的成分容易控制；②晶体形状可以随坩埚的形状而定，适合异形晶体的生长；③适合大尺寸、多数量晶体的生长，由于每一个坩埚中的熔体都可以单独成核，这样可以在一个结晶炉中同时放入若干个坩埚，或者在一个大坩埚里放入一个多孔的柱形坩埚，每个孔都可以生长一块晶体，而它们则共用一个圆锥底部进行几何淘汰，大大提高了成品率和工作效率；④操作工艺比较简单，易于实现程序化、自动化。定向凝固法的主要缺点有：①不适宜生长在冷却时体积增大的晶体，否则会在晶体内造成较大的压应力，并且会导致晶体从坩埚中取出困难。②由于晶体在整个生长过程中直接与坩埚接触，往往会在晶体中引入较多的杂质。③在晶体生长过程中难于直接观察，生长周期也比较长。

（2）提拉法

提拉法是丘克拉斯基（Czochralski）在 1917 年发明的从熔体中提拉生长高质量单晶的方法，因此该方法又称 Czochralski 法（简写为 Cz 法）。这种方法能够生长单晶 Si、单晶 Ge、无色蓝宝石、红宝石、钇铝榴石、钆镓榴石、变石和尖晶石等重要的宝石晶体。

图 8-5 给出了提拉法的装置示意。提拉法的装置由以下五部分组成。

① 加热系统　加热系统由加热、保温、控温三部分构成。最常用的加热装置分为电阻加热和高频线圈加热两大类。采用电阻加热，方法简单，容易控制。保温装置通常采用金属材料以及耐高温材料等做成的热屏蔽罩和保温隔热层，如用电阻炉生长钇铝榴石、刚玉时就采用该保温装置。控温装置主要由传感器、控制器等精密仪器构成。

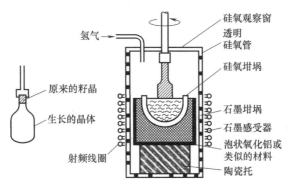

图 8-5　提拉法的装置示意

图中标注：氢气、原来的籽晶、生长的晶体、射频线圈、硅氧观察窗、透明硅氧管、硅氧坩埚、石墨坩埚、石墨感受器、泡状氧化铝或类似的材料、陶瓷托

② 坩埚和籽晶杆（提拉杆）　作坩埚的材料要求化学性质稳定、纯度高，高温下机械强度高，熔点要高于原料的熔点 200℃左右。常用的坩埚材料为 Pt、Ir、Mo、石墨、SiO$_2$ 或其他高熔点氧化物。其中 Pt、Ir 和 Mo 主要用于生长氧化物类晶体。

籽晶要求选用无位错或位错密度低的相应宝石的小单晶。籽晶上的缺陷，如位错、开裂、晶格畸变等在一定的范围内会"遗传"给新生长的晶体。从已有的大晶体上切取籽晶是最方便和广泛使用的方法。若要通过晶体生长的方法制取籽晶，需尽量采用均匀成核方式。制作好的籽晶大多安放在白金制作的提拉杆上使用。

③ 传动系统　为了获得稳定的旋转和升降，传动系统由籽晶杆、坩埚轴和升降系统组成。

④ 气氛控制系统　不同晶体常需要在各种不同的气氛里进行生长。如钇铝榴石和刚玉晶体需要在氩气气氛中进行生长。该系统由真空装置和充气装置组成。

⑤ 后热器　后热器可用高熔点氧化物（如氧化铝、陶瓷）或多层金属反射器（如 Mo 片、Pt 片）等制成。通常放在坩埚的上部，生长的晶体逐渐进入后热器，生长完毕后就在后热器中冷却至室温。后热器的主要作用是调节晶体和熔体之间的温度梯度，控制晶体的直径，避免组分过冷现象引起晶体破裂。

提拉法生长单晶的工艺流程可以分为原料熔化、引晶、缩颈、放肩、等径生长、收尾等几个阶段（如图 8-6 所示）。

① 结晶物质在坩埚中加热熔化为熔融液体，调整加热功率，使熔体温度略高于熔点；

② 籽晶预热后，旋转着下降至与熔体液面接触；

③ 待籽晶微熔后，旋转并提拉籽晶，使籽晶直径变小（缩颈阶段）；

④ 降低坩埚温度或熔体温度梯度，缓慢提拉籽晶，使籽晶直径变大（放肩阶段）；

⑤ 然后保持合适的温度梯度和提拉速度使晶体直径不变（等径生长阶段）；

⑥ 当晶体达到所需长度后，在提拉速度不变的情况下，升高熔体的温度或在温度不变的情况下加快提拉速度，使晶体脱离熔体液面。

通常对提拉法制备的晶体还需要进行退火处理，以提高晶体均匀性和消除可能存在的内部应力。

在提拉法生长单晶过程中，熔体的温度控制和提拉速度的控制是两个关键技术点。提拉法要求固液界面处的熔体温度保持在熔点，保证籽晶周围的熔体有一定的过冷度，熔体的其余部分保持过热。这样，才可保证熔体中不产生其他晶核，在界面上原子或分

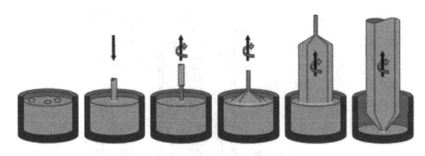

图 8-6　提拉法制备单晶工艺流程

子按籽晶的结构排列成单晶。另外，熔体的温度通常远远高于室温，为使熔体保持其适当的温度，还必须由加热器不断供应热量。提拉的速率决定晶体生长速度和质量。适当的转速，可对熔体产生良好的搅拌，达到减少径向温度梯度、阻止组分过冷的目的。一般提拉的速率在 6~15mm/h 之间。在其他条件不变的情况下，增大提拉速度则晶体直径减小，反之则直径增大。在晶体提拉法生长过程中，常采用"缩颈"技术以减少晶体中的位错，并使偏离主方向的晶粒被淘汰。为了保证获得缺陷少的高质量单晶，经常采用缩颈与放肩多次交替使用的方法。由于已经选用了优质的籽晶，而且过高的提拉速率也会在晶体中引入缺陷，所以可以跨过缩颈阶段而直接进行放肩阶段。这样可以提高晶体的生长效率，但是籽晶的质量会直接影响到晶体的质量。

提拉法的优点有：①可以直接观察晶体的生长状况，为控制晶体外形提供了有利条件；②晶体在熔体的自由表面处生长，而不与坩埚相接触，能够显著减小晶体的应力并防止坩埚壁上的寄生成核；③晶体的生长速度较快；④可以方便地使用定向籽晶和"缩颈"工艺，得到不同取向的单晶体，降低晶体中的位错密度，减少嵌镶结构，提高晶体的完整性。

提拉法的缺点有：①一般要用坩埚作容器，导致熔体有不同程度的污染；②当熔体中含有易挥发物时，则存在组分控制的困难；③不适用于制备固态下有相变的晶体。

（3）泡生法

泡生法是由俄罗斯人 Kyropoulos 发明的一种从熔体中生长单晶体的晶体生长法，因此又称为 Kyropoulos 法，简称 Ky 法。经过科研工作者几十年的不断改造和完善，泡生法目前是解决提拉法不能生产大晶体的方法之一。现在该方法广泛应用于蓝宝石单晶的生长。

泡生法的原理（图 8-7）与提拉法类似。首先，将晶体原料放在坩埚中加热至熔化，调整加热温度场，使熔体上部温度略高于熔点。将籽晶安装在提拉杆上，下降提拉杆使籽晶与熔体表面接触。待籽晶微熔后，降低熔体表面温度至熔点。提拉并转动提拉杆，使熔体顶部处于过冷状态而结晶于籽晶上。放肩阶段与提拉法类似，停止或保持旋转，以调整各方向均匀生长，降低提拉速度使晶体长到预期的直径。待熔体与晶种界面的凝固速率稳定后，晶种便不再拉升，也不做旋转，仅以控制冷却速率的方式来使单晶从上方逐渐往下凝固，最后凝固成一整个单晶晶体。

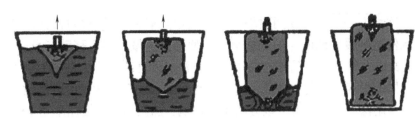

图 8-7　泡生法生长单晶的过程

泡生法与提拉法最大的区别是，泡生法不以提拉为主要的长晶手段。泡生法在晶体生长过程中只拉出晶体的头颈部，晶体其余部分依靠温度变化来生长，通过设置温度梯度熔体结晶逐步往下进行，结晶界面始终在熔体中推移和扩展。

泡生法的技术优势是：①在整个晶体生长过程中，晶体不被提出坩埚，固液界面处于熔体包围中，晶体的生长环境稳定；②可以控制冷却速率，减少了晶体的热应力；③晶体缺陷密度低，可获得高质量的单晶；④可生长出直径 100mm 以上的蓝宝石晶体，而这对于提拉法来说是比较困难的。泡生法的缺点是温度场的控制比提拉法要求更高，容易受机械振动的影响，并且晶体的生长速率比提拉法低，效率不够高。

（4）区熔法

区熔法利用热能在半导体棒料的一端产生一熔区，再熔接单晶籽晶，调节温度使熔区缓慢地向棒的另一端移动，通过整根棒料，生长成一根单晶，其晶向与籽晶的相同。区熔法可以分为水平区熔法和竖直区熔法，原理相似，都是通过控制熔区移动来生长晶体的工艺，只是晶粒取向不同，两种方法的原理如图 8-8 所示。

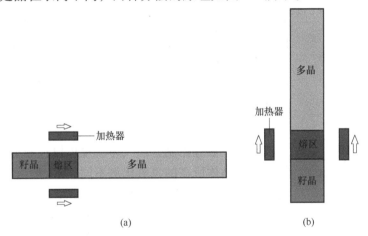

图 8-8　水平区熔法（a）与竖直区熔法（b）示意

水平区熔法使用坩埚或舟皿来盛装原料，左边接籽晶，熔区从左端开始右移，结晶也从左开始，结晶直接在坩埚或者舟皿中进行。加热可以使用电阻炉，也可使用高频炉。用此方法制备单晶时，设备简单，与提纯过程同时进行又可得到纯度很高和杂质分布十分均匀的晶体。但因结晶物质与舟皿直接接触，难免会受到舟皿成分的沾污，且不易制得完整性高的大直径单晶。水平区熔法主要用于锗、GaAs 等材料的提纯和单晶生长。

竖直区熔法又称为悬浮区熔法（float zone method，简称浮区法、FZ 法），是因熔区悬浮而得名,这种方法不需要使用坩埚。它是利用热能在半导体棒料的底端产生熔区,调节温度区域使熔区缓慢地向棒的上端移动,使结晶区域也向上移动,最后通过整根棒料,使原料生长成一根完整单晶棒的晶体生长方法。竖直区熔法主要用于单晶硅的制备,这是由于硅熔体的温度高,化学性能活泼,容易受到异物的沾污,难以找到适合的舟皿,不能采用水平区熔法。此外,由于该方法不用坩埚,加热温度不受坩埚材料熔点的限制,可用来生长高熔点的晶体,例如钨单晶(熔点为 3410℃)。

竖直区熔法的熔区加热用感应线圈来进行。为了优化熔区温度和杂质分布,通常还要将熔区的上下部分进行方向相反的转动。在竖直区熔法中,熔区的稳定性很重要。稳定熔区的力主要是熔体的表面张力和加热线圈提供的磁浮力,而造成熔区不稳定的力主要是熔硅的重力和旋转产生的离心力。要熔区稳定地悬浮在硅棒上,前两种力之和必须大于后两种力之和。故一般要求材料具有较大的表面张力和较小的熔态密度。

(5)焰熔法

1885 年,弗雷米(Fremy)、弗尔(Feil)和乌泽(Wyse)通过氢氧火焰熔化天然红宝石粉末与重铬酸钾的方法制成了当时轰动一时的"日内瓦红宝石"。1902 年,法国化学家维尔纳叶(Verneuil)改进并发展了这一技术使之能进行商业化生产,因此焰熔法又被称为 Verneuil 法。焰熔法可以低成本制取红宝石、蓝宝石、尖晶石、金红石及人造钛酸锶等多种人工宝石。

图 8-9 给出了焰熔法制取单晶的装置示意。焰熔法是利用氢氧焰温度高达

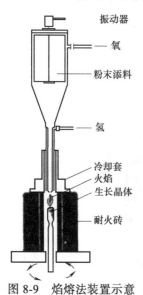

图 8-9　焰熔法装置示意

2400~2900℃的特点,在火焰的上方放调配好的晶体原料粉末,火焰的下方放生长晶体的晶种,原料粉末通过氢氧火焰时被熔化成熔液后掉落在晶种上,晶体即可不断生长。原料粉末装在底部有筛孔的圆筒内,在筒的中部有一根贯通的振动器。通过振动器的振动可以使粉料少量、等量、周期性地从筛孔漏出,并且通过控制振动器的振动强度还可以控制粉料漏出的速率。氧气通过管道与粉料一同下降,与氢气在火焰上方喷嘴处混合并被点燃。通过控制管内气体流量可以控制 H_2 与 O_2 的比例,制备不同晶体所需的氢氧比例不同,但一般氢气的量都比完全反应所需的量多,即燃烧的火焰为富氢焰。例如:生长无色蓝宝石的 $H_2:O_2=(2.0~2.5):1$,生长红宝石的 $H_2:O_2=(2.8~3.0):1$,生长蓝宝石的 $H_2:O_2=(3.6~4.0):1$。吹管至喷嘴处有一水冷却套,使氢气和氧气处于正常供气状态,保证火焰以上的氧管不被熔化。粉料经氢氧火焰熔融后落在旋转平台上的种晶棒上,逐渐长成一个梨晶(形状像梨)。通过控制旋转平台,扩大晶体的生长直径。然后,旋转平台以恒定的速度边旋转边下降,使晶体得以等径生长。平台下降的速度应与晶体生长速度相同。冷却套下为一个由耐火砖围砌的保温炉,用以保持燃烧温度及晶体生长温度。保温炉上部可以开一个观察孔,用以了解晶体生长情况。晶体生长结束后,应以原状放在炉内冷却,此时的冷却条件对晶体质量也有较大的影响。耐火砖的作用是保持

图中标注:振动器、氧、粉末添料、氢、冷却套、火焰、生长晶体、耐火砖

炉腔的温度，使之缓慢下降，否则晶体在空气中会因急剧冷却而产生内应力，对晶体产生破坏作用，轻则形成裂纹，重则会使晶体破裂。

焰熔法生长晶体与其他方法相比，有如下特点：①不需要坩埚，可避免坩埚的污染；②火焰温度高，可用来生产熔点较高的宝石晶体；③设备简单，晶体生长速度快，效率高，产量大；④制备的晶体具有如同唱片纹的弧线生长纹或色带，以及珠形、蝌蚪状气泡等特征。⑤由于氢氧火焰的温度梯度较大，造成晶体结晶层的纵向温度梯度和横向温度梯度均较大，故生长出来的红宝石晶体质量欠佳，不能用于激光等要求质量很高的高科技方面；⑥火焰温度难以控制得很稳定，晶体易产生较大的内应力，故须进行退火处理；⑦对粉料的纯度、粒度要求严格，损耗大（约有30%的损失），原料的成本高；⑧通常不适用于制备易挥发、易氧化材料的晶体。

8.3.2 常温溶液法

常温溶液法是一种历史最悠久、应用也很广泛的单晶体制备技术，其基本原理是将晶体原料（溶质）溶解于溶剂中，采取适当措施造成溶液的过饱和状态而从中析出晶体。根据使溶液过饱和的方法不同，常温溶液法又可分为降温法、蒸发法、电解溶剂法、流动法等。此外，通过凝胶介质控制化学反应和晶核形成的凝胶法也属于常温溶液法。

从溶液中生长晶体，所需的过饱和度常常可通过降温、溶剂蒸发、在溶液中造成温度梯度等方法来获得。获得过饱和度的方法可以用图 8-10 所示的准二元相图来加以说明。在静置和无籽晶的条件下，如曲线 1 所表示的那样，将组分为 n_A 在温度 T_A 平衡的溶液冷却到 T_B 时，即有自发成核出现。在液相线和与 B 相交的虚线之间的区域，溶液处于过冷引起的过饱和状态。只有温度下降到 T_B 形成临界晶核之后，才能出现析晶现象。人们常把这个区域称为亚稳区。如再从 T_B 继续降温，则晶核就会在一个低很多的过饱和度下逐渐长大。生长可以一直进行到降温结束，同时溶液成分变至 n_F，但最多只能降至共晶

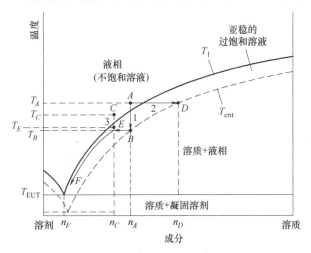

图 8-10　从溶液中获得过饱和度的方法

ABF（1）——缓冷法；AD（2）——蒸发法；CE（3）——温度梯度输运法

点。直线 2 表示溶剂蒸发法生长过程。让溶剂在一恒定温度 T_A 下蒸发，则溶液浓度即从 n_A 平穿亚稳区逐渐变化至 n_D，并在该处成核生长。直线 3 代表的是温差法生长过程。溶剂在高温处溶解溶质至饱和，并通过对流到达低温区，这时溶液就由饱和变成过饱和。过剩的溶质就会成核生长，浓度降低之后的溶液又经对流，回流至高温区再度溶解溶质至饱和，这样周而复始就构成了溶质的温度梯度输运过程。在实际操作中，三个过程都可能同时出现，只是主次不同而已。

常温溶液法中使用最广泛、最重要的溶剂为水。除水外，还可以使用重水、乙醇、氯仿、四氯化碳、苯、甲苯等。有时还使用两种或多种溶剂的混合物，如水-乙醇、乙醇-甲苯、甲醇-甘油等。常温下，溶剂对溶质要有较大的溶解度（此处的溶质不限定为晶体材料，在凝胶法中反应物也要溶解于特定溶剂中）。此外，溶剂还要具有纯度和化学稳定性高、挥发性低、黏度和毒性小、价格便宜等特性。

下面分别对降温法、蒸发法、电解溶剂法、流动法、凝胶法等生长单晶的原理、装置、适用范围、技术特点等进行介绍。

（1）降温法

降温法的基本原理是利用物质较大的正的溶解度-温度系数，在晶体生长过程中通过不断降低温度来维持溶液过饱和，而使溶质不断析出，促使晶体长大。

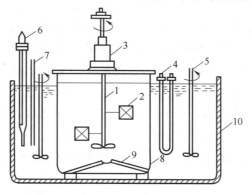

图 8-11   降温法生长单晶的装置示意

1—掣晶杆；2—晶体；3—转动密封装置；4—浸没式加热器；5—搅拌器；6—控制器（接触温度计）；

7—温度计；8—育晶器；9—有孔隔板；10—水槽

图 8-11 给出了降温法生长单晶材料的装置示意。降温法通过控制温度来调控溶液的过饱和度，因此降温法生长单晶的关键就是掌握合适的降温速率，使溶液始终维持适宜的过饱和度。一般来说，在晶体生长的初期，降温速率要慢，到了生长的后期，降温速率可适当加快。在降温过程中，最好能随时测定溶液的过饱和度。同时，晶体生长过程中的一些现象（如生长涡流强弱、晶面相对大小的变化、次要面的出现与消失、晶面花纹等），往往是溶液过饱和度偏高或偏低以及晶体均匀性遭破坏的信号。这些现象可以作为估计过饱和度，控制降温速率的参考。晶体生长结束后，抽取溶液使晶体与溶液分离，取出晶体。降温法适宜的起始温度一般在 50~60℃之间，降温幅度在 15~20℃之间。起始

温度过高，则溶剂的蒸发量大；终止温度太低，对晶体生长也不利。

降温法适宜生长一些溶解度和溶解度温度系数［最好不低于 1.5g/（kg·℃）］均较大的物质晶体。如非线性光学晶体 KH_2PO_4（KDP）、热释电晶体硫酸三甘肽（TGS）、压电光电晶体 $NH_4H_2PO_4$ 等。表 8-1 列出了一些可用降温法制备其单晶的材料在 40℃水中的溶解度和溶解度-温度系数。

表 8-1 一些材料在 40℃水中的溶解度和溶解度-温度系数

材料	溶解度/（g/kg）	溶解度-温度系数/［g/（kg·℃）］
明矾 $K_2SO_4Al_2(SO_4)_3 \cdot 24H_2O$	240	9.0
$NH_4H_2PO_4$	360	4.9
硫酸三甘肽（TGS）	300	4.6
KH_2PO_4（KDP）	250	3.5
乙二胺酒石酸	598	2.1

（2）蒸发法

蒸发法的原理是保持溶液温度恒定，将溶剂不断蒸发，使溶液始终保持过饱和状态，使晶体不断生长。

图 8-12 给出了蒸发法的装置示意。蒸发法通常需要使用加热装置使蒸发在适当的高温下进行，以加快溶剂的蒸发速度。溶剂蒸气通过冷却器冷凝后在收集器内聚集，再通过自动取水装置（虹吸管）流进量筒内。收集器上设有溢流口，当收集器内溶剂的量超过一定值时，会自动流回溶液中。通过调节溶液温度和自动取水装置的取水速率可以实现对溶液过饱和度和晶体生长速率的控制。

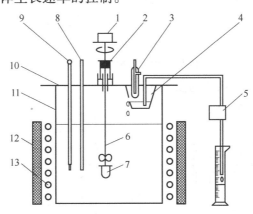

图 8-12 蒸发法生长单晶的装置示意

1—晶转电机；2—水封；3—冷凝水；4—冷凝水收集器；5—自动取水器；6—掣晶杆；7—晶体；

8—导电表；9—温度计；10—育晶器盖；11—育晶器；12—保温层；13—炉丝

对于溶解度较大，但溶解度-温度系数很小或为负值的物质（如表 8-2 中列出的物质），不能用降温法生长其晶体，这时可使用蒸发法。

表 8-2　具有高溶解度和低溶解度-温度系数的材料在 60℃水中的溶解度和溶解度-温度系数

材料	溶解度/（g/kg）	溶解度-温度系数/[g/（kg·℃）]
K_2HPO_4	720	0.1
$Li_2SO_4 \cdot H_2O$	244	−0.36
$LiIO_3$	431	−0.2

（3）电解溶剂法

电解溶剂法的原理是靠电解不断将溶剂从体系去除，以维持溶液过饱和状态，晶体不断生长。电解溶剂法的装置如图 8-13 所示。电解电极使用惰性的铂电极，并通过恒温槽使晶体生长在恒定的温度下进行。过饱和度可以通过电解电流精确控制，而与溶液温度关系不大，可以在室温下进行（这一点优于蒸发法）。

该方法只适用于溶剂可以被电解，并且电解产物容易从溶液中移除（如气体）的体系。同时，要求结晶物质在溶剂中溶解后可以导电，且不先于溶剂或与溶剂同时被电解。该方法既适用于溶解度-温度系数较小或为负的晶体，也适用于生长有数种晶相而每种晶相仅在一定的温度范围内才能稳定存在的晶体。

（4）流动法

如图 8-14 所示，流动法生长设备由生长槽（槽Ⅰ）、饱和槽（槽Ⅱ）和过热槽（槽Ⅲ）三部分组成。槽Ⅰ与槽Ⅱ、槽Ⅱ与槽Ⅲ之间通过管道连通，它们之间的溶液流动由重力驱动。槽Ⅲ与槽Ⅰ之间通过泵和管道连通，用泵将槽Ⅲ中溶液抽至槽Ⅰ。每个槽都有独立的控温系统。槽Ⅰ内溶液的温度最低，槽Ⅱ溶液温度居中，槽Ⅲ温度最高，即 $T_1<T_2<T_3$。槽Ⅱ底部有未溶解的晶体原料，以保证其输出的溶液为 T_2 下的饱和溶液。该饱和溶液在槽Ⅲ中被加热至比 T_2 高几度的温度 T_3，以消除其中可能存在的晶核。过热的"饱和溶液"流入温度最低的槽Ⅰ中后迅速降温，达到过饱和状态，发生析出而使晶体长大。晶体生长后的稀溶液再流入槽Ⅱ中以溶解晶体原料。如此循环往复，使晶体不断长大。可以看出，流动法实际上是凭借饱和槽和生长槽之间的温差（$\Delta T=T_2-T_1$）来实现晶体生长的，因此流动法又被称为温差法。

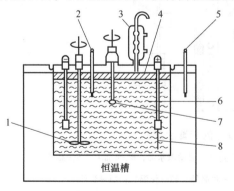

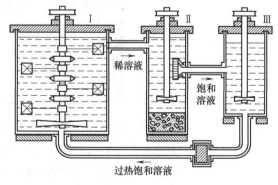

图 8-13　电解溶剂法生长单晶的装置示意
1—搅拌器；2—温度计；3—冷凝管；4—覆盖层；
5—温度计；6—流动层；7—晶体；8—铂电极

图 8-14　流动法生长单晶的装置示意

流动法适用于生长溶解度及溶解度-温度系数都较大的物质的晶体。该方法的优点是：①晶体的生长温度和过饱和度都是恒定的，晶体可以始终在最有利的温度和最合适的过饱和度下生长，避免了因生长温度和过饱和度变化而产生的杂质分布不均匀和生长带等缺陷，晶体的均匀性和完整性好。②生长单晶的尺寸不受溶液体积和溶解度的限制（起初晶体原料只需部分被溶解），只受生长容器大小限制，因此可以生长特大尺寸的单晶，如大功率激光器用的大尺寸 KDP 单晶。流动法的缺点是设备比较复杂，调节三槽之间适当的温度梯度和溶液流速之间的关系需要有一定的经验。

（5）凝胶法

凝胶法生长单晶是以凝胶作为扩散介质和支持介质，使一些在溶液中进行的化学反应通过在高黏度的凝胶中扩散而缓慢进行，溶解度较小的反应产物在凝胶中成核并长大，形成单晶。除化学反应外，凝胶法还可以根据物质在不同比例的混合溶剂中的溶解度不同的原理来生长其单晶。例如，在水-乙醇溶液中，随乙醇比例的增大，KH_2PO_4 的溶解度下降。据此，可以将乙醇慢慢扩散至含 KH_2PO_4 饱和溶液的凝胶内，从而获得 KH_2PO_4 单晶。凝胶法生长的晶体见表 8-3。

表 8-3　凝胶法生长的一些晶体

晶体材料	凝胶介质	反应物或原料
酒石酸钙	硅胶	酒石酸+氯化钙
钨酸钙	硅胶	钨酸钠+氯化钙
碘化铅	硅胶	碘化钾+醋酸铅
醋酸银	硅胶	醋酸+硝酸银
氯化亚铜	硅胶	CuCl 的盐酸溶液[①]

① CuCl 溶解在盐酸中形成的 H_xCuCl_{x+1}（$x=1$，2，3）配合物溶液，在硅水凝胶中扩散会被水稀释，而又分解形成难溶于水的 CuCl。

凝胶是一种具有富含液体、高黏滞性的半固体二组分体系，其中一个组分的分子键合成三维网络，而另一个组分通过渗透而形成连续相。晶体生长所用的凝胶介质通常为由硅酸钠溶液制备的硅水凝胶（硅胶），也可以为琼脂、明胶、硬脂酸盐等有机凝胶。

凝胶法生长单晶的装置的类型有很多，最基本装置有两种：试管和 U 形管。最简单的试管法就是将可溶性反应物 A 与凝胶混合均匀，待胶化后，在凝胶上层加入含有另一反应物 B 的溶液。随着扩散的进行，A 与 B 反应，在凝胶中及凝胶与溶液的界面上形成晶体［如图 8-15（a）所示］。但是，这样容易在凝胶与溶液的界面处形成非晶沉淀，阻碍扩散过程。U 形管法将 A、B 两反应溶液用凝胶隔开，通过反应物在凝胶中的扩散，在凝胶中反应并形成晶体［图 8-15（b）］。U 形管特别适用于 A 和 B 两反应物一混合就能形成沉淀的反应。利用简单 U 形管的原理，发展出了多种多样的装置，如图 8-15（c）中所示的装置。这种装置可以使晶体在较大的容器中进行生长。

凝胶法生长较大尺寸晶体的关键在于控制得到低的成核数目。凝胶的三维网络结构对外来杂质起到了过滤作用，因此凝胶法能有效地抑制非均匀形核，减少成核数量。凝胶虽然可以减缓杂质的扩散速度，但减缓后的杂质扩散速度仍比有限成核所需的速度大，因此成核控制仍是凝胶法生长晶体的重要问题。现介绍下列几种有效控制成核数目的方法。

① 控制凝胶密度。在凝胶法中进行成核控制的特殊之处在于有凝胶密度这一变量。一般来说，凝胶密度增加，则晶核形成数目会减少。这是因为凝胶密度越大，凝胶中的孔的孔径就越小，反应物在凝胶中扩散的速度就越慢，成核时的过饱和度就越小。因此，为获得大尺寸的单晶，需要适当的凝胶密度，但并非凝胶密度越大越好。凝胶密度过大会导致晶体长大过程中受到的压力较大，进而影响晶体的品质。实验证明，适宜的凝胶密度在 $1.03 \sim 1.06 \mathrm{g/cm^3}$ 之间。

② 控制生长温度。凝胶法的晶体生长温度不宜太高，最佳的生长温度为等于或略低于室温。

③ 控制溶液浓度。起始的反应物溶液浓度应远远低于能够成核的浓度，然后缓慢而连续地逐渐增加反应物溶液浓度，以控制成核。

④ 空白凝胶分离法。所谓空白凝胶就是不含有任何反应物的凝胶。使用空白凝胶将反应物和（或）含有反应物的凝胶隔开，可以控制成核。

⑤ 添加活化中心。向凝胶液中加入某些经特殊选择的活化中心，这样有可能减少成核。

虽然可以通过上述一些方法对晶体成核进行控制，但实际上影响生长出晶体的质量和大小的因素还有很多，如光照、凝胶均匀程度，甚至凝胶柱的直径、高度等。因此，还需要通过反复试验，才能找到最佳条件。在最佳条件下，整个凝胶中可以只生长出一颗单晶。

凝胶法生长单晶技术特点：①通过化学反应进行晶体生长，可以生长溶解度非常小的难溶物质的晶体；②晶体在柔软多孔的凝胶骨架中生长，避免了通常溶液法难以避免的籽晶架或器壁对晶体生长的影响；③不发生对流，晶体在近于静止环境中生长，晶体的完整性高、具有规则外形，可直接观察晶体的生长过程；④晶体生长在室温下进行，适用于对热非常敏感的物质晶体的生长（如蛋白质、具有生物活性的配合物等）；⑤设备简单，但由于凝胶的支持重量有限，生长出的晶体尺寸较小，通常为毫米级。

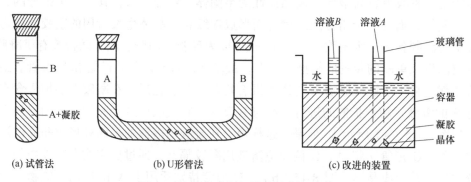

图 8-15　凝胶法生长单晶的装置示意

除了上述各种常温溶液法各自具有的技术特点外，整体上常温溶液法的优点有：①晶体可在远低于其熔点的温度下生长，避免了许多晶体出现不到熔点就分解或不希望有的晶型转变、熔化时的很高蒸气压等问题；②多数情况下，可以直接观察晶体的生长过程，便于对晶体生长动力学研究；③容易生长大块的、均匀性良好并具有较完整外形的晶体。常温溶液法的缺点是：①组分多，影响晶体生长的因素比较复杂，晶体的生长速度慢、周期长（一般数十天乃至数年）；②常温溶液法对控温精度要求较高。经验表明，为培育高质量的晶体，温度波动不宜超过百分之几摄氏度，甚至千分之几摄氏度。

8.3.3 高温溶液法

高温溶液法是结晶物质在高温条件下溶解于低熔点的助熔剂熔液中形成饱和溶液，然后通过缓慢降温或其他办法，形成过饱和溶液，并使晶体析出的方法，也称为熔盐法或助熔剂法。该方法的原理与常温溶液法类似，主要区别是高温溶液生长温度高（一般在 400~1000℃ 之间），体系中的相关系也更加复杂。

高温溶液法是一种最早应用于合成祖母绿 $Be_3Al_2(Si_6O_{18})$ 的人工合成晶体的方法。即把铍的氧化物与氧化铝的混合物置于白金坩埚中，然后又添加适宜的锂酸盐和钼酸盐作助熔剂，再加入可提供二氧化硅的硅玻璃粉末及致色的铬盐。当把坩埚加热到 800℃ 时，坩埚中的氧化物逐渐熔融分解，并发生反应形成祖母绿熔体。为了得到晶体，还需把一个装在白金筛里的祖母绿籽晶，放在略低于熔体表面的地方，使熔体逐渐结晶生长在籽晶表面。在生长过程中，还需不断地通过一个白金竖管向坩埚中添加铍和铝的氧化物混合物。据称，为了获得 1 克拉的宝石晶体，常常需要几个月的时间。故用该方法制得的宝石，价格仍然比较高。目前，高温溶液法还用来生长红宝石、蓝宝石、变石等人工宝石。

高温溶液法中没有一种助熔剂像常温溶液中的水似的，能够溶解多种物质并适合其晶体生长。因此，助熔剂的选择就显得十分重要。助熔剂的选择要求有：①助熔剂对结晶物质有足够大的溶解度，一般应为 10%~50%（质量分数），并且在生长温度范围内，有适度的溶解度-温度系数；②与溶质的作用应是可逆的，不形成稳定化合物，所要的晶体是唯一稳定的物相；③应具有尽可能高的沸点和尽可能低的熔点，以便有较宽的生长温度范围供选择；④助熔剂在晶体中的固溶度应尽可能小，或尽可能选择含有与结晶物质相同的离子，避免过多的杂质引入晶体；⑤应具有较小的黏滞性以利于溶质扩散和能量输运；⑥具有很小的挥发性（挥发法除外）和毒性；⑦对坩埚材料无腐蚀性，否则会对坩埚造成损坏，腐蚀产物也会污染溶液；⑧在熔融状态时的密度应尽量与结晶物质相近，以利于溶液均匀；⑨易溶解于对晶体无腐蚀作用的某些溶剂或溶液中，以便将得到的晶体从凝固的助熔剂中很容易地分离出来。表 8-4 列出了一些常见助熔剂及其性质。

表8-4 常见助熔剂及其性质一览

助熔剂	熔点/℃	沸点/℃	相对密度	溶剂	生长晶体举例
B_2O_3	450	1250	1.8	热水	$Li_{0.5}Fe_{2.5}O_4$、$FeBO_3$
$BaCl_2$	962	1189	3.9	水	$BaTiO_3$、$BaFe_{12}O_{19}$
$BaO–0.62B_2O_3$	915		约4.6	盐酸、硝酸	YIG、YAG（钇铝石榴石，$Y_3Al_5O_{12}$）、$NiFe_2O_4$

助熔剂	熔点/℃	沸点/℃	相对密度	溶剂	生长晶体举例
BaO–BaF$_2$–B$_2$O$_3$	约800		约4.7	盐酸、硝酸	YIG、RFeO$_3$[①]
BiF$_3$	727	1027	5.3	盐酸、硝酸	HfO$_2$
Bi$_2$O$_3$	817	1890（分解）	8.5	盐酸、碱	Fe$_2$O$_3$、Bi$_2$Fe$_4$O$_9$
CaCl$_2$	782	1627	2.2	水	CaFe$_2$O$_4$
CdCl$_2$	568	960	4.05	水	CdCr$_2$O$_4$
KCl	772	1407	1.9	水	KNbO$_3$
KF	856	1506	2.5	水	BaTiO$_3$、CeO$_2$
LiCl	610	1382	2.1	水	CaCrO$_4$
Li$_2$MoO$_4$	705		2.66	热碱、酸	BaMoO$_4$
LiVO$_4$					绿柱石
MoO$_3$	795	1155	4.7	硝酸	Bi$_2$Mo$_2$O$_9$
Na$_2$B$_4$O$_7$	724	1575	2.4	水、酸	TiO$_2$、Fe$_2$O$_3$
NaCl	808	1463	2.2	水	BaTiO$_3$
NaVO$_4$					YVO$_4$
Na$_2$WO$_4$	698		4.18	水	Al$_2$O$_3$、Fe$_2$O$_3$
PbCl$_2$	498	954	5.8	水	PbTiO$_3$
PbF$_2$	822	1290	8.2	硝酸	Al$_2$O$_3$、MgAlO$_4$
PbO	886	1472	9.5	硝酸	YIG、YFeO$_3$
PbO–0.2B$_2$O$_3$	500		约5.6	硝酸	YIG、YAG
Pb–0.85PbF$_2$	约500		约9.0	硝酸	YIG、YAG、RFeO$_3$[①]
PbO–Bi$_2$O$_3$	约580		约9	硝酸	（BiCa）$_3$（FeV）$_5$O$_{12}$
PbO–0.5V$_2$O$_5$	约720		约6	盐酸、硝酸	RVO$_4$[①]、TiO$_2$、Fe$_2$O$_3$
V$_2$O$_5$	670	2052	3.4	盐酸	RVO$_4$[①]

① R=稀土元素。

下面介绍几种具体方法。

（1）缓冷法

顾名思义，缓冷法就是通过缓慢冷却（降温）使高温溶液达到过饱和并控制晶核形成来获得单晶的方法。具体流程如下。

首先将配制好的物质（晶体原料和助熔剂）装入坩埚中，不要装得太满，一般以不超过坩埚体积的 3/4 为宜。为防止高温下溶剂蒸发，可将坩埚密封或加盖。装好料后，将坩埚放在加热炉内加热，并应设法使坩埚底部比顶部低几度至十几度，以使溶质有优先在底部成核的倾向。首先升温至熔点以上十几度至 100℃，并保温几个小时至一天左右时间，让物料充分反应、均化。保温时间应视助熔剂的溶解能力和挥发性而定。然后，迅速降温至比预计饱和温度高十几度，保持一定时间以使体系均匀，再降温至比预计成核温度略高，再根据具体情况以 0.1~5℃/h 的速度降温（对于某些体系，降温速度达几十摄氏度每时也满足要求），先慢后快，以防过多成核。当温度降至其他相出现或溶解度-温度系数近于零时停止生长，并以较快速度降温至室温。此时晶体周围的溶液凝为固态，再以适当溶剂溶解溶液凝固后固体，得到晶体。

使用缓冷法生长晶体要求对温度的控制要具有良好的可靠性和稳定性，若要生长完整性好的优质单晶，温度控制精度至少应在 1℃以内。

（2）助熔剂蒸发法

借助助熔剂蒸发也可以使熔液达到过饱和状态，促使晶体析出。使用该方法生长单晶，体系内有两个温度区域，一个是高温的生长区域，另一个是低温的冷凝区域。助熔剂蒸气由生长区溶液表面挥发，扩散到冷凝区域后冷凝下来。此方法所用助熔剂必须有足够大的挥发性，如 BaF_2、PbF_2 等。蒸发速率依助熔剂性质、生长温度、坩埚盖开孔大小不同而不同。晶体的生长速率的调节主要靠改变蒸发孔径，从而改变平均蒸发速率来实现。

助熔剂蒸发法的生长设备更加简单，不需要控温和程序降温仪器。蒸发法的主要优点是生长可在恒温下进行，晶体成分较均匀，同时也避免了冷却过程中出现的其他物相的干扰，适合生长降温过程中出现结构相变或变价的化合物单晶。如 Cr_2O_3 在 1000℃以下会变为 CrO_3，这样就不能用缓冷法生长，但若用恒温蒸发法就较为合适。应当指出的是，助熔剂蒸气大多有毒和有腐蚀性，需要通过回收装置对其进行回收。图 8-16 给出了两种助熔剂蒸气回收装置。

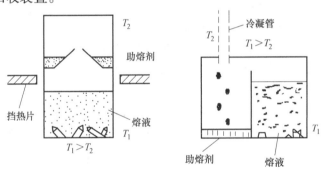

图 8-16 蒸发法生长晶体的两种助熔剂蒸气回收装置

（3）温差法

温差法的原理已在 8.3.2 节做了简要说明。如图 8-17 所示，将晶体原料碎块放置于坩埚下部的高温区（溶解区），其上再放置一个开有若干小孔的挡板来阻挡它漂浮。相应的，低温区位于坩埚的上部。高温区与低温区的温差通常在 5~50℃。凭借该温差，在高温区溶解达到饱和的溶液通过对流运动至低温区变成过饱和溶液，过剩的溶质就在低温区坩埚壁上成核进行生长 ［图 8-17（a）］，或在伸入溶液中的籽晶上沉析出来 ［图 8-17（b）］。引入籽晶将大大提高生长晶体的质量和尺寸。由于晶体生长是在恒温下进行的，使用该方法生长的晶体的均匀性较好，最适合于生长固溶体单晶。温差法通常使用黏滞性较低的助熔剂或混合助熔剂，如 $BaO-B_2O_3$ 等。

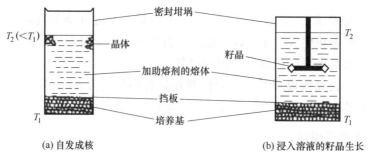

图 8-17　温差法生长单晶装置

(a) 自发成核　　　　　　　(b) 浸入溶液的籽晶生长

（4）溶液提拉法

该方法是高温溶液法和熔体提拉法的结合。晶体生长过程大致如下：将籽晶固定在样品棒下端，缓慢下降至液面上方，预热后再将其下降至与液面接触，然后靠降温或温差使溶液过饱和，从而使晶体生长。同时，将晶体在转动的条件下缓慢向上提拉，以温差控制过饱和度。也可以将籽晶固定在铂制的横杆两端［如图 8-17（b）所示］，这种方法由于搅拌更充分，其生长晶体的效果一般比直杆单籽晶的好。溶液提拉法克服了自发成核法的许多缺点，可以生长出优质、较大尺寸且外形完整的晶体。同时，由于生长完成后可以将晶体提出液面而避免了溶液固化时受到应力、回溶等现象。但生长大尺寸晶体，周期较长，通常以月计。

（5）薄层溶剂浮区法

该方法是高温溶液法与浮区法的结合。该方法将一薄层（厚度大约 1mm）助熔剂放置在籽晶与多晶料棒之间，在高梯度的温度场中加热，并把温度维持在助熔剂熔点与结晶物质熔点之间。这时，结晶物质可以在助熔剂熔液中溶解，而且溶液层的厚度超过初始的助熔剂层厚度。可以将加热器设置在试样的上方［如图 8-18（a）所示］，这样溶液区的上表面温度将比下表面的温度高。晶体原料不断在溶液区的上表面发生溶解，在溶液区下表面的晶体上析出，使晶体连续长大。因此，溶液区就会向高温方向移动，晶体也随之向上生长。也可以把加热线圈置于助熔剂薄层位置［如图 8-18（b）所示］，先让

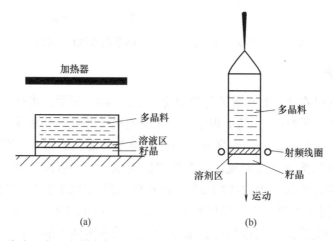

(a)　　　　　　　　　　(b)

图 8-18　溶液区在温度梯度场中移动（a）与溶液区随加热器位置相对移动（b）

助熔剂熔化后，再将坩埚缓慢下降逐步通过加热线圈，通过线圈部分的温度也随之下降，当降到低于某一值时，结晶就在溶液区下方的籽晶上发生。只要温度的极大值和极小值局限于很窄的区域，同时下降速率与晶体生长速率相等，则溶液区和晶体生长的稳定性都可以得到保持。

高温溶液法生长晶体的技术特点有：①相比于熔体法，高温溶液法的生长温度低，许多不溶于水和其他液体溶剂的难溶化合物、在熔点处易挥发和变价的化合物、非同成分熔化的化合物都可以通过该方法生长其晶体。表 8-5 列出了一些使用高温溶液法生长的典型晶体。②由于助熔剂的黏度比水等液体溶剂大得多，边界层较厚，晶体生长速度主要受溶质穿过边界层的扩散过程限制。同时，为避免生长晶体出现熔融包裹体，晶体生长必须在比熔体生长慢得多的速度下进行，导致生长速率极为缓慢。

表 8-5 高温溶液法生长的典型晶体

材料	分子式	助熔剂	生长方法	生长条件	备注
蓝宝石	Al_2O_3	PbF_2	缓冷法	在 1200℃ 达到平衡；按 1℃/h 的速度冷却至 900℃	达 3cm 的板状晶
钛酸钡	$BaTiO_3$	KF	缓冷法、蒸发法	在 1200℃ 达到平衡；按 20~40℃/h 的速度冷却至~850℃，倾出助熔剂；用水漂洗	KF 蒸发也对过饱和有贡献
钛酸钡	$BaTiO_3$	TiO_2	提拉法	在熔体中 $TiO_2/BaO>1$	在籽晶上生长几厘米
绿柱石	$Be_3Al_2Si_6O_{18}$	PbO-PbF_2	缓冷法	在 975℃ 达到平衡；按 6℃/h 的速度冷却至 790℃	加籽晶的生长更有效
铝酸镁	$MgAl_2O_4$	PbF_2	蒸发法	温度高于 1450℃	晶体达 2cm
镁铁氧体	$MgFe_2O_4$	PbP_2O_7	缓冷法	在 1310℃ 达到平衡；按 4.3℃/h 的速度冷却至 900℃	晶体达 3mm
氧化镁	MgO	PbF_2	蒸发法	温度高于 1150℃	晶体达 2cm
铌酸钠	$NaNbO_3$	NaF-$NbCO_3$	缓冷法	在 1300℃ 达到平衡；按 20℃/h 的速度冷却至 200℃	1mm×1mm×0.3mm 的板状晶
氧化镍	NiO	PbF_2	缓冷法	在 1200℃ 达到平衡；按 3℃/h 的速度冷却至 900℃	晶体达 0.5mm
锆酸铅	$PbZrO_3$	PbF_2 或 $PbCl_2$	蒸发法	温度为 1200℃	晶体达 0.3mm
稀土正铁氧体	$RFeO_3$ R=稀土元素	PbO	缓冷法	在 1310℃ 达到平衡；按 30℃/h 的速度冷却至约 850℃	小晶体
YAG	$Y_3Al_5O_{12}$	PbO-PbF_2	缓冷法	在 1150℃ 达到平衡；按 4~5℃/h 的速度冷却至 750℃	晶体可达几厘米
YIG	$Y_3Fe_5O_{12}$	PbO	缓冷法	在 1370℃ 达到平衡；按 1~5℃/h 的速度冷却	晶体可达几厘米

材料	分子式	助熔剂	生长方法	生长条件	备注
钒酸钇	YVO_4	V_2O_5	缓冷法	在1200℃达到平衡；按3℃/h的速度冷却至900℃	晶体达2mm
各种氧化物	HfO_2、TiO_2、ThO_2、$YCrO_3$、Al_2O_3	PbF_2或BiF_3-B_2O_3	蒸发法	温度为1300℃	晶体达1~10mm

8.3.4　水热和溶剂热法

（1）水热法

晶体生长的水热法（又称高压溶液法）是一种利用高温高压的水溶液使那些在大气条件下不溶或难溶于水的物质通过溶解或反应生成该物质的溶解产物，并达到一定的过饱和度而进行结晶和生长的方法。实际上，水热法模仿了自然界各种矿物晶体的形成条件，可以生长水晶（SiO_2）、刚玉（Al_2O_3）、ZnO以及硅酸盐、钨酸盐、石榴石、KTP（$KTiOPO_4$）等上百种晶体。其中，人工水晶是水热法制备晶体材料中最成功和值得骄傲的例子。目前，全球人工水晶的年产量已达数万吨。表8-6给出了采用水热法生长的一些典型晶体及其生长条件。

表8-6　水热法生长的典型晶体

材料	矿化剂及其浓度	结晶温度/℃	温差/℃	装填度/%	生长速度/（mm/d）
Al_2O_3蓝宝石	K_2CO_3，1mol/L	490	50	89	0.25
SiO_2石英	NaOH，1mol/L	380	50	82	2.0
YIG	KOH，20mol/L	350	10	88	0.13
$YbFeO_3$	KOH，20mol/L	350	10	88	0.13
ZnO	KOH，5mol/L	350	10	85	0.25
ZnS	NaOH，5mol/L	350	10	85	0.05

① 水热法的原理与装置　与水溶液生长相似，水热法也是先将原料溶解，再用降温法或温差法得到过饱和溶液，使晶体生长。温差法是目前使用最广泛的水热生长晶体的方法，所使用的装置为立式高压釜（如图8-19所示）。高压釜是一个具有可靠的密封系统和防爆装置的厚壁金属（合金钢）圆筒，一般可承受1100℃的温度和1GPa的压力。在高压釜内要装有耐腐蚀的Pt、Au等贵金属或聚四氟乙烯等材料的内衬，以防矿化剂与釜体材料发生反应。高压釜的上部为生长区（约占釜体的2/3），籽晶挂在生长区的培育架上，晶体在籽晶上逐步生长。高压釜的下部是培养料区，也称为溶解区，溶解区内放入适量的高纯度原料。在溶解区和生长区之间通常还设有多孔隔板，用以调节高压釜内溶液的对流状态。在高压釜内装入培养料、多孔隔板、水、培育架和籽晶后进行密封。密封后的高压釜便可以放入加热炉中，对高压釜的下部进行加热，或放入温差电炉内，

使高压釜的上、下部分之间形成一定的温差（下边热、上边冷）。当高压釜内的温度超过 100℃后，由于热膨胀和大量蒸汽的形成，在釜内会产生高压环境。随着温度的不断升高，溶解区的晶体原料不断溶解于水热溶剂中，并形成饱和溶液。由于高压釜的上部温度低，下部的饱和溶液通过对流上升到上部随即成为过饱和溶液，使溶质在籽晶上不断析出，使籽晶长大。析出溶质后的溶液又回到下部高温溶解区成为不饱和溶液，而继续溶解晶体原料，再次形成饱和溶液。如此往复，晶体不断长大。

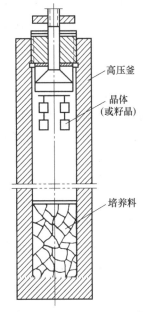

图 8-19　水热法生长单晶的装置

② 影响水热法生长晶体的主要因素

a. 矿化剂及其溶度　由于水热法生长的晶体材料在纯水中的溶解度都很小，而且随温度的升高，溶解度的变化也不大。所以，常常需要在水溶液中加入一种或几种称为矿化剂的物质，以增大晶体原料在水溶液中的溶解度。矿化剂通常是一类在水中具有较大的溶解度和溶解度-温度系数且能与难溶组分形成可溶性配合物的物质。常用的矿化剂有：碱金属及铵的卤化物，碱金属的氢氧化物，弱酸（H_2CO_3、H_3BO_3、H_3PO_4、H_2S）及其与碱金属形成的盐类，强酸的盐类，无机酸类等，其中碱金属的卤化物和氢氧化物是应用较广的矿化剂。例如，ZnO 在强碱溶液中会与 OH^- 和 H_2O 反应，可以生成 $Zn(OH)_4^{2-}$ 配离子：

$$ZnO + 2OH^- + H_2O \longrightarrow Zn(OH)_4^{2-}$$

$Zn(OH)_4^{2-}$ 在 ZnO 晶体的生长面上，发生上式的逆过程，而实现晶体的长大。加入矿化剂还可以改变溶质在水热溶液中的溶解度-温度系数。例如，在 100~400℃温度范围内，$CaMoO_4$ 在纯水中的溶解度随温度升高而减小。如果在体系中加入 NaCl 或 KCl，不仅可以将 $CaMoO_4$ 的溶解度提高一个数量级，而且其溶解度-温度系数也由负值变为正值。

选择适当的矿化剂和溶液浓度是水热法生长晶体首先要解决的问题。矿化剂的种类对晶体的质量和生长速度有较大的影响。如生长水晶时，选用 Na_2CO_3 作矿化剂的优点是晶体的生长速度快，缺点是会形成大量自发晶芽，使晶体质量降低。与之相反，选用 NaOH 为矿化剂时，自发晶芽少，晶体的透明度好，但晶体的生长速度较低。因此，目前普遍采用 Na_2CO_3+NaOH 混合矿化剂。一般地，增加矿化剂的浓度，能提高晶体的溶解度及生长速度。矿化剂的浓度对晶体生长也会产生影响。当矿化剂浓度较低时，矿化剂浓度增大则晶体的生长速度相应增大；但当矿化剂浓度超过一定范围后，晶体生长速度就不再增加，甚至会出现生长速率下降的现象。如在生长水晶时，当选用的矿化剂 NaOH 的浓度大于 1.5mol/L 时，由于石英在此溶液中的溶解度过大，会出现水玻璃相（$NaO·SiO_2·nH_2O$）而影响晶体的生长。当矿化剂浓度小于 1.0mol/L 时，晶体的生长速率会急剧下降，甚至使晶体出现针状裂纹。所以，适宜的矿化剂浓度应当为 1.0~1.5mol/L。

b. 温度、温差、隔板开孔率　温度是水热法生长晶体的关键因素之一。溶解区内，温度影响着晶体原料的溶解度和溶液的浓度，从而决定了有多少原料可以到达生长区。只有达到一定的温度，晶体生长才能进行。生长区的温度还直接影响着晶体的生长速率。当溶解区与生长区的温差一定时，生长区温度越高，晶体的生长速率越大。但一般来说，如果晶体的生长速率过大，在晶体生长的后期会因培养料供不应求而出现裂隙。

生长区的温度确定后，溶解区与生长区的温差便是快速生长优质晶体的关键。高压釜内存在的温差，使溶液产生对流，是晶体原料物质的传输动力。因此，溶解区与生长区的温差大小直接影响溶液在两区间的对流速率和生长区过饱和度的高低。也就是说，温差的大小直接影响溶质的转移速率。温差越大，质量传输越快，晶体生长速率就越大。但是，温差过大会使晶体原料以包裹物的形式进入晶体，影响晶体的净度，使晶体的透明性变差。

溶解区和生长区之间设置的多孔隔板的作用是调节生长系统中的溶液对流或质量传输状态，使整个生长区达到比较均匀的质量传输状态，使生长区上下部晶体的生长速率相近，还可以使溶解区与生长区的温差增大，提高晶体的生长速率。隔板的开孔率（隔板上孔洞面积与隔板面积之比）大小直接影响溶解区与生长区之间的温差变化，对晶体生长速率有显著影响。在一定限度内，开孔率增大，温差变小，晶体生长速率下降，且生长区下部晶体的生长速率比上部的下降更明显。随着开孔率的减小，晶体的生长速率加快，且上下部晶体生长趋于相近。但是，在晶体生长过程中必须要有足够的开孔率，以保持必要的质量传输。不同口径的高压釜，其适宜的开孔率范围不同。小口径的高压釜，开孔率以 10%~12%为宜；大口径的高压釜，开孔率以 5%~7%为宜。

c. 压力与装填度　在一定的温度和溶液浓度条件下，高压釜内的压力来自于高温条件下其内部充填的大量的气液混合物，其大小是由室温下高压釜内溶液的装填度所决定的。所谓装填度（f）是指室温下溶液的体积 V_s 占高压釜内腔自由体积 V_f 的百分比，即：

$$f = (V_s/V_f) \times 100\% \tag{8-1}$$

式中，V_f 等于高压釜内腔体积 V_0 与高压釜内固体（籽晶、籽晶架、隔板、晶体原料等）总体积 ΣV_i 之差：

$$V_f = V_0 - \Sigma V_i \tag{8-2}$$

在相同温度下，装填度越高，反应釜内的压力就越大，晶体的生长就越快。通过调整装填度可以调整釜内压力，从而调整晶体的生长速率。但装填度过大，会使釜内压力过大，给高压釜釜体的材料选择造成困难，而且高压条件下某些矿化剂也会对高压釜产生严重的腐蚀，造成高压釜冷却后开启不便。根据加热温度，装填度通常在 50%~80%为宜，此时压强在 0.02~0.3GPa 之间。装填度一般不超过 86%。

d. 晶体原料的溶解度　晶体原料在含有矿化剂的高温高压水溶液中的溶解度（用质量分数表示）一般应在 1%~5%之间，晶体生长才具有较为合适的速度。例如，SiO_2 在 NaOH 水热溶液中的溶解度在 2%~4%之间；Cr_2O_3 在 500℃的 Na_2CO_3 水热溶液中的溶解度为 3.4%；ZnO 在 200℃的 NaOH 水热溶液中的溶解度为 4%。也有培养料在水热溶液中溶解度小于 1%的情况下进行晶体生长的报道。例如，采用水热法生长 $K(Ta,Nb)O_3$ 晶体时，晶体原料的溶解度仅有 0.4%；生长 $YFeO_3$ 晶体时，培养料的溶解度在 0.3%~0.4%之间。此情况下，培养料的溶解度已接近水热法进行晶体生长的溶解度低极限值。

③ 水热法的技术特点　水热法生长晶体的优点是适用于生长熔点很高、具有包晶反应或不同成分熔化且在常温常压下不溶于各种溶剂的晶体材料以及熔化前后会分解、熔体蒸气压较大、凝固后在高温下易升华或具有多型性相变以及在特殊气氛中才能稳定的晶体。此外，水热法与自然界生长晶体的条件很相似，因此生长出来的宝石晶体与天然宝石晶体最为接近。

水热法的主要缺点有：a.水热法往往只适用于氧化物晶体和少数对水不敏感的硫化物晶体的制备，而不适用于制备其他对水敏感的化合物如Ⅲ-Ⅴ族半导体等；b.对晶体生长设备的要求非常严格，需要耐高温耐高压的钢材、耐腐蚀的内衬，温压控制严格；c.安全性差，加热时密闭反应釜内流体体积膨胀，能够产生很高的压强，存在极大的安全隐患；d.无法实时观察晶体的生长过程；e.生长晶体的大小受投料量和高压釜容器大小的限制；f.生长速率慢，周期长（50天到3个月）。

（2）溶剂热法

溶剂热法是指密闭体系如高压釜内，以有机物或非水溶媒（如有机胺、氨、醇、二硫化碳、四氯化碳、苯等）为溶剂，在一定的温度和溶液的自生压力下，进行晶体生长的一种方法。溶剂热法是在水热法的基础上发展起来的，它与水热法的不同之处在于所使用的溶剂为有机物而不是水，因此适用于生长一些对水敏感（与水反应、水解、分解或不稳定）的物质如Ⅲ-Ⅴ族半导体、碳化物、氟化物、新型磷（砷）酸盐分子筛等的晶体。

根据选用的溶剂不同，溶剂热法又分氨热法、醇热法、苯热法等，各种方法生长的晶体种类各不相同，工艺流程也有所差别。这里重点讲述一种重要的单晶材料——GaN单晶的氨热法生长。

GaN是第三代半导体材料的典型代表，但很难得到大尺寸的GaN块状单晶。波兰Amomono公司采用氨热法生长的GaN单晶已经超过2英寸，并且位错密度（小于$5 \times 10^3 cm^{-2}$）远低于采用氢化物气相外延技术生长的GaN厚膜的位错密度（一般在$10^6 cm^{-2}$量级）。因此，以液态氨（NH_3）为溶剂的氨热法被认为是现阶段最有可能实现工业化量产块状GaN单晶的技术。

同水热法一样，氨热法生长GaN单晶也需要在高压釜内进行。但是，氨热法生长GaN单晶的工艺流程比晶体的水热法生长工艺流程要复杂一些。复杂最主要的原因：一是使用的溶剂为常温常压下为气态的氨（液氨的沸点为-33.4℃），因此大部分操作需在低温下进行；二是所生长的为氮化物，要求尽量避免氧气和水等含氧物质的混入。所以，氨热法工艺要求配备手套箱、液氨注入系统等设备。具体工艺流程如下。

首先将籽晶、籽晶架、晶体原料、矿化剂及多孔挡板等装入高压釜，再在2-丙醇和干冰混合冷却液中冷冻到-50℃，并将高压釜抽真空。采用液氨注入系统，将液氨压入高压釜里，然后将高压釜置入电阻炉内加热，进行晶体生长。晶体生长20天或更长时间后，将高压釜冷却到室温，并将高压釜内的NH_3释放到水中。打开高压釜，取出晶体，并将其在王水溶液中浸泡，以除掉表面杂质。

氨热法所用高压釜的材料多选择镍基高温合金（一般镍含量50%~80%，铬含量20%）。内衬选用不易被超临界氨腐蚀的高纯贵金属材料。大尺寸GaN单晶多采用籽晶温差法生长。为了得到更均匀的晶体，要求生长区和溶解区各自区域内要保持尽量一致的温度，这就要求在挡板附近生成一个阶跃型温差。除了高压釜内部设计外，加热装置的设计也是建立一个稳定的阶跃型温差的关键。这一般可以通过采用加热线圈，根据不同的部位的温度要求，提供不同的加热功率来实现。也可以在加热炉膛内增加隔热层，将炉膛上下部的高低温区隔开，有效地抑制热对流，保证所需的温差和温差的稳定性。

Ga 源可以采用 GaN，也可以采用金属 Ga。以 Ga 为 Ga 源时，反应很难控制，生长出的晶体非常小，一般只有几个微米。因此，现在多采用 GaN 为 Ga 源，即以多晶 GaN 为晶体原料，通过溶解-结晶机制进行 GaN 单晶的生长。

氨热法生长 GaN 单晶常用的矿化剂主要有两种：一种是呈酸性的 NH_4X（X=Cl、Br、I），另一种是呈碱性的 MNH_2（M=Li、Na、K）。在酸性矿化剂中，GaN 具有正的溶解度-温度系数，即溶解度随温度的升高而增大，因此籽晶所在的生长区处于低温区，培养料在高温区。相反的，在碱性矿化剂中，GaN 的溶解度随温度升高而减小，因此进行晶体生长时，籽晶处于高温区，培养料处于低温区。一般设计高压釜的底部为高温区，顶部为低温区，这样更有利于形成稳定的对流。如果使用碱性矿化剂，籽晶应放置在底部高温区；由于釜壁最靠近加热器，而且氨流体的热导率低，故釜壁温度比籽晶周围的温度高，又因为 GaN 在碱性矿化剂溶液中具有负的溶解度-温度系数，因而釜壁处的饱和度更高，很容易引起非均匀成核。使用酸性矿化剂则不存在该问题。在中性矿化剂 MX 中，只有 KI 作为矿化剂时，有少量的纤锌矿 GaN 生成，但其中还夹杂有闪锌矿的 GaN，因此中性矿化剂不适合用来生长 GaN 单晶。

表 8-7 给出了碱性矿化剂和酸性矿化剂生长 GaN 晶体的工艺条件，从中可以看出使用酸性矿化剂时，晶体生长所需的温度和压力条件均较使用碱性矿化剂时的低。

表 8-7　氨热法生长 GaN 晶体的主要工艺

矿化剂类型	酸性	碱性
矿化剂	NH_4Cl、NH_4Br、NH_4I	$LiNH_2$、$NaNH_2$、KNH_2
籽晶与培养料的相对位置	籽晶：顶部低温区 培养料：底部高温区	籽晶：底部高温区 培养料：顶部低温区
温度	500~550℃	500~700℃
压力	100~150 MPa	200~500 MPa

8.4　单晶材料制备的气相法

所谓气相法生长单晶，就是将拟生长的晶体材料通过升华、蒸发、分解等过程转化为气相，然后通过适当条件下使它成为过饱和蒸气，经过冷凝结晶而生长成晶体。

气相法主要可以分为两种：物理气相沉积（PVD）和化学气相沉积（CVD）。PVD是指用物理方法将多晶原料经过气相转化为单晶体，如升华再结晶法、气相外延法和阴极溅射法等。CVD是指通过化学过程将多晶原料经过气相转化为单晶体，如化学传输法、气体分解法、气体合成法和 MOCVD 法等。气相法生长晶体的优势在于生长的晶体纯度高、晶体的完整性好。目前，气相法主要用于单晶外延薄膜的生长（同质外延和异质外延）和晶须的生长，而生长大尺寸的块状晶体有其不利之处。采用气相法生长单晶存在的最主要问题是晶体的生长速度极慢，并且有一系列难以控制的因素，如温度梯度、过饱和度、载带气体的流速等。因此，气相法较少被用来生长单晶材料。为了避免与第 7 章内容（薄膜材料的制备）重复，在这里我们结合实例介绍气相生长两类（种）重要单晶材料的方法。

8.4.1 Ⅱ-Ⅵ族化合物半导体单晶的气相法生长

Ⅱ-Ⅵ族化合物半导体具有直接跃迁型能带结构和很宽的禁带宽度，是重要的发光材料，在激光器、发光二极管、荧光管及场致发光器件等方面都有广泛的应用。但是，制备Ⅱ-Ⅵ族化合物半导体的单晶有很多困难。首先，这些材料的熔点较高。其次，ⅡB 族和ⅥA 族元素都有很高的蒸气压，它们的化合物的蒸气压也很高。如，ZnS 的熔点蒸气压为 $1 \times 10^7 Pa$，ZnSe 的熔点蒸气压为 $7 \times 10^6 Pa$。因此，用熔体法生长比较困难。

利用Ⅱ-Ⅵ族化合物半导体材料蒸气压高的特点，可以采用升华再结晶法生长其单晶。升华再结晶法是通过热的作用，使晶体原料在熔点以下由固态不经过液态直接转变为气态，而后在一定温度条件下重新凝结再结晶。升华再结晶法的装置有闭管［图 8-20（a）］和开管［图 8-20（b）］两类。在闭管中，晶体原料在管底部（高温区）被加热升华，经气体扩散至管顶部低温区，而凝结为晶体。在开管体系中，原料在高温区升华后，被惰性气体携带至低温区进行结晶。

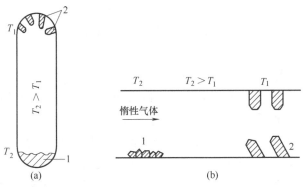

图 8-20　升华再结晶法的装置示意
1—原料；2—晶体

1891 年，R. Lorenz 用升华再结晶法生长了硫化物的小晶体。1950 年，D.C. Reynolds以粉末状 CdS 为原料用升华再结晶法制备了尺寸为 3mm×3mm×6mm 的块状 CdS 晶体。1961 年，W.W. Piper 用升华再结晶法生长了直径为 13 mm 的 CdS 单晶。由于设备简单，目前升华再结晶法已成为生长Ⅱ-Ⅵ族化合物半导体单晶材料的主要方法之一。

也可以利用ⅡB族和ⅥA族元素都具有高蒸气压的特点,采用气相升华合成法生长Ⅱ-Ⅵ族化合物半导体单晶。例如,通过分别加热 Cd 和 S 单质产生 Cd 蒸气和 S 蒸气,然后用惰性气体为载气将二者混合,发生化合反应而生长 CdS 单晶。或者以 Cd 蒸气(以 H_2 为载气)与 H_2S 气体反应,生长 CdS 单晶。

无论是采用直接升华法还是气相升华合成法,所生长出来的晶体都比较小,成片状或柱状的 n 型单晶。用升华再结晶法还可以制备 SiC、Zn、Se、Cd 等单晶。

8.4.2 金刚石大单晶的 CVD 法生长

CVD 生长金刚石大单晶是 CVD 金刚石研究领域在过去十余年中所取得的重大技术进展之一。CVD 法生长金刚石单晶需要用金刚石单晶片作为晶种(衬底),以 CH_4 和 H_2 为工作气体,在晶种表面进行外延生长而使晶种长大。

在 8.2.3 节中,介绍了石墨通过高温高压制备金刚石单晶的方法。与高温高压法相比,CVD 法的主要优点在于:①CVD 金刚石的纯度高。在高温高压法中通常要加入金属催化剂来降低金刚石形成的温度和压力条件,这会导致金属原子或多或少会进入金刚石晶格。而在 CVD 法中,只要使用高纯度气体,原则上能生长高纯度金刚石。②可以生长大尺寸的金刚石单晶。目前高温高压法制备的最大尺寸的金刚石单晶片仅为 8mm×8mm。而 CVD 金刚石单晶的最大尺寸已达 12.5mm×12.5mm,最大质量已超过 10 克拉。马赛克单晶(多个单晶同时生长拼接而成)尺寸已达到 20mm 以上。

CVD 金刚石单晶生长并非易事,需要对单晶衬底(晶种)选择、衬底表面预处理、生长设备和工艺、生长后热处理工艺、单晶外延生长层与晶种分离工艺等一系列工艺技术环节进行控制和优化才能奏效。CVD 金刚石单晶生长一般选用高温高压合成的金刚石单晶片作为衬底,要求晶种的取向为<100>(允许偏离 1°~3°),不允许存在其他取向的生长区域。这是因为<100>取向外延生长的晶体质量最高,而其他生长取向,如<111>取向生长,则容易产生大量的孪晶、层错和位错。除高温高压合成金刚石,天然金刚石单晶和 CVD 金刚石单晶也可用作 CVD 金刚石外延生长的衬底。除要求单晶衬底必须具有严格的<100>取向外,衬底的表面质量对金刚石单晶外延生长也有很大的影响。单晶衬底表面的研磨加工不可避免地会产生细微的划痕以及亚表面的损伤,必须采用 H_2-O_2 等离子体预处理去除,否则将严重影响 CVD 外延生长层的质量。

国内外生长 CVD 金刚石大单晶主要采用能够产生高密度等离子体和高浓度氢原子的微波等离子体 CVD 技术。CVD 金刚石的缺陷密度与生长速率成正比,与原子氢浓度的平方成反比(这是因为氢原子可以刻蚀非晶相)。因此,原子氢浓度是金刚石膜气相沉积的决定性因素,随着原子氢浓度的升高,不仅金刚石膜质量提高,而且沉积速率也随之增加。微波等离子体在 7.3.2 节已进行了介绍,它是一种无电极放电技术,能在高气压(10kPa 以上)下进行工作。随着工作气压的升高,耦合功率随之增加,等离子体球急剧收缩,等离子体功率密度大幅上升,从而能够提供极高原子氢浓度,达到 CVD 金刚石单晶高质量、高速率沉积的要求。

微波等离子体 CVD 金刚石单晶外延生长工艺参数范围大致为：气源为 CH_4 和 H_2 的混合气体，其中甲烷含量在 0.5%~5% 之间，压力为 15~40kPa，衬底温度为 900~1200℃，N_2/CH_4 在 0%~2% 之间，微波功率一般在 5kW 以下。添加 N_2 的目的是提高单晶外延生长速率，并稳定 <100> 取向生长。文献报道的最高生长速率为 150μm/h。但由于氮的进入，所生长的金刚石单晶呈现浅黄色至褐色。

由于微波放电的"边沿效应"，有可能造成单晶衬底边沿的温度远高于内部区域温度，因此一般情况下都不能把单晶衬底直接放在沉积台（基台）上，而必须采用如图 8-21 所示的方法，使单晶衬底表面与沉积台表面高度相当或略低。否则，将严重影响外延生长表面质量。但当单晶衬底表面低于沉积台表面时会显著降低单晶外延生长速率。

CVD 金刚石外延生长单晶层与衬底的分离也需要专门的技术。文献中报道最多的是所谓"Lift-off"方法：首先采用碳离子注入的方法在晶种的亚表面形成一个损伤层，在金刚石外延生长温度（900~1200℃）下损伤层会发生石墨化，因此在沉积结束后可被热的氧化性酸溶液溶解，从而实现外延层与晶种的分离。但是"Lift-off"方法仅适用于外延层厚度不大的情况（0.2~0.3mm 以下），对于大厚度的多晶层，还必须采用激光切割的方法分离。

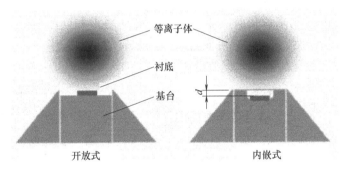

图 8-21　两种衬底放置方式

CVD 金刚石单晶的尺寸受单晶衬底尺寸的限制，有多大衬底就能生长多大的 CVD 金刚石单晶。目前国外最大尺寸的高温高压金刚石单晶片尺寸仅为 8mm×8mm，因此 CVD 金刚石单晶也被限制在了这个尺寸。CVD 金刚石单晶的生长与其他晶体的生长不同，其他晶体基本上都是从小的晶种生长成大的晶体，即越长越大（如 Si、SiC），而 CVD 金刚石单晶却是越长越小，如图 8-22（a）所示。CVD 金刚石单晶越长越小的主要原因是无法避免在晶种四周同时生长多晶层，而且随着单晶外延生长层厚度的增加，多晶层有可能同时向外和向内生长。此外，在内部外延生长区域有可能出现非外延生长金刚石晶粒。可以采用多次重复生长-加工的方法来获得大厚度的 CVD 金刚石单晶。但这样做的效率很低，平均一次生长仅能增厚 400μm。为了获得更大尺寸的金刚石单晶，有人提出采用图 8-22（b）所示的"侧向生长"方法，即采用依次在 <100> 和 <010> 方向生长来扩大 CVD 金刚石单晶的尺寸。目前采用此方法所得到的最大尺寸 CVD 金刚石单晶为 12.6mm×13.3mm×3.7mm，见图 8-22（c）。

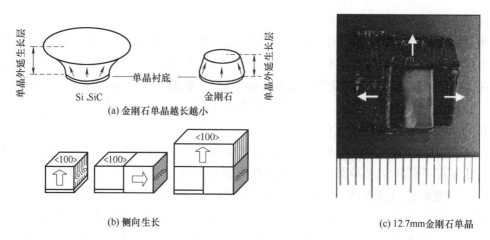

(a) 金刚石单晶越长越小

(b) 侧向生长

(c) 12.7mm金刚石单晶

图 8-22　扩大 CVD 金刚石单晶尺寸方法示意

　　扩大 CVD 金刚石单晶尺寸的另外一种方法是生长所谓的"马赛克单晶"。如图 8-23 所示，首先采用所谓"Lift-off"技术从一片晶种"复制"大量的 CVD 单晶片，然后把所复制的 CVD 单晶片拼在一起，经过外延生长即可获得大尺寸的"马赛克单晶"。目前获得的金刚石"马赛克单晶"尺寸已达到 20mm×22mm。显然"马赛克单晶"不是真正意义上的单晶，仍然存在晶界和位于晶界附近的生长缺陷，但"马赛克单晶"技术对于金刚石在电子学方面的应用来说仍具有重要意义。这是因为一旦金刚石"马赛克单晶"尺寸达到 50.8mm 以上的水平，就有可能直接利用现有的小型硅半导体生产线进行晶片级金刚石半导体器件工业化生产技术研发。

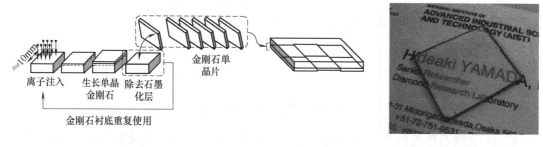

(a) 制备流程示意

(b) 25.4mm马赛克单晶

图 8-23　金刚石"马赛克单晶"及其制备流程

思考题 ▶▶▶

1. 应变退火法制备单晶体相较于烧结法有什么优缺点？
2. 简述提拉法生长单晶的操作过程。
3. 提拉法和定向凝固法相比，具有哪些优点？
4. 泡生法和提拉法相比，具有哪些优点？

5. 焰熔法的优缺点有哪些？

6. 根据使溶液过饱和的方法不同，单晶生长的常温溶液法可以分为哪几种方法？各自的特点是什么？

7. 水热法生长单晶的原理是什么？有何技术特点？

8. 什么是单晶生长的高温溶液法？对助熔剂的要求有哪些？

9. 气相法生长单晶有何优势与不足？

10. 扩大气相生长金刚石单晶尺寸的方法有哪些？

11. 说出下列单晶体的制备方法：单晶叶片、Si、GaAs、红宝石、K_2HPO_4、大尺寸KH_2PO_4、$KTiOPO_4$、水晶、CdS、SiC、金刚石、GaN、钇铝石榴石。

第**9**章

非晶态合金的制备

本章导读 ▶▶▶

非晶态合金内部原子排列呈长程无序状态，具有良好的力学、磁学性能和耐蚀性，在机械、电子、化工等行业有重要的应用。非晶态合金的制备要求合金熔液的玻璃形成能力与冷却速率的相匹配。通过成分设计提高合金熔液的玻璃形成能力，同时配合快速冷却技术，可以制备大块非晶态合金。本章主要阐述以下内容：

1. 非晶态合金的结构、性能及应用；
2. 非晶态合金的形成理论；
3. 大块非晶态合金的制备方法。

学习目标 ▶▶▶

1. 了解非晶态合金的结构和性能特点；
2. 理解大块非晶态合金成分设计的准则；
3. 了解基于合金特征温度的玻璃形成能力判据；
4. 掌握常用的大块非晶态合金的制备方法。

9.1 概述

非晶态合金是指内部原子排列不存在长程有序的金属和合金，通常也称为玻璃态合金或金属玻璃。在微观结构上，非晶态合金具有液体一样的近程有序而远程无序的结构，就像黏度极大的液体；在宏观上，非晶态合金又具有固体的刚性。和其他非晶态物质一样，非晶态合金也是一种热力学上的亚稳态材料。由于非晶态的自由能比相应的晶态要高，在适当的条件下，会发生结构转变而向稳定的晶态过渡。但由于晶相形核和长大的势垒比液体状态下的高得多，因此在通常的温度条件下非晶态能够长期保持，即动力学稳定。与晶态金属或合金相比，非晶态合金具有很高的强度、硬度、韧性、耐磨性、耐蚀性及优良的软磁性、超导性、低磁损耗等特点，已在机械、电子、化工等行业取得了广泛的应用。

9.1.1 非晶态合金的结构特征

非晶结构的随机性和无规性使得测定和描述非晶结构均属难题，只能统计地表示之。常用的非晶结构分析方法是从利用 X 射线或中子散射方法得到的散射强度谱中求出的径向分布函数 $g(r)$。$g(r)$ 是取某一原子为原点，在距离原点为 r 处找到另一原子的概率，它可以描述材料中的原子分布。图 9-1 给出了气体、液体、非晶体、晶体的原子径向分布函数。可以看出，非晶态与液态的 $g(r)$ 的图形很相似但略有不同，而和完全无序的气态及有序的晶体则有明显的区别。

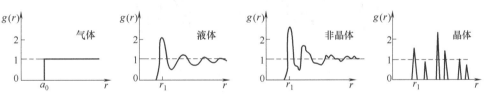

图 9-1 气体、液体、非晶体、晶体的原子径向分布函数

具体来说，非晶态合金的结构特点如下。

① 非晶态合金在总体结构上呈长程无序性，但在长程无序的三维空间又无序地分布着短程有序的"晶态小集团"或"伪晶核"，其大小不超过几个晶格的范围。

② 非晶态合金中原子排列是原子尺度的无序，不存在结晶金属所具有的晶界、双晶、堆垛、层错、偏析和析出物等局部的组织不均匀缺陷，是一种原子尺度、组织均一的材料，具有各向同性的特点。

③ 非晶态合金是由单原子组成的，故与分子组成的玻璃、高分子聚合物相比，是一种更加理想的单原子非晶结构材料。

④ 非晶态合金不受化合价的限制，在较宽的成分范围内可以自由调节其组成。因此，它具有许多结晶合金所不具有的优异的材料特性的调控性。

⑤ 非晶态合金在热力学上处于亚稳态，在晶化温度（在玻璃化温度附近）以上将发生晶态结构相变，但在晶化温度以下能长期稳定存在。

9.1.2 非晶态合金的性能及应用

非晶态合金在成分、结构上都与晶态金属或合金有较大的差异，因此非晶态合金在许多方面表现出了独特的性能。

（1）独特的力学性能

非晶态合金的重要特征是具有高的强度、硬度、韧性和耐磨性。例如，非晶态铝合金的抗拉强度是超硬铝的两倍。由于非晶态合金中原子排列长程无序，缺乏周期性，受力时不会发生位错滑移，因此某些非晶材料具有极高的强度，甚至比超高强度钢高出 1~2 倍。非晶态合金在具有高强度、高硬度的同时，还具有很好的塑性和韧性。非晶态合金在压缩、剪切、弯曲状态下还具有延展性，非晶薄带折叠 180°也不会出现断裂。图 9-2 表示出了晶体与非晶体在变形机制上的区别。晶体在受到剪切应力作用时，以位错为媒介在特定晶面上移动；而非晶体中原子排列是无序的，有很高的自由体积，在剪切应力作用下，可以重新排列成另一个稳定的组态，因而是整体屈服而不是晶体中的局部屈服。

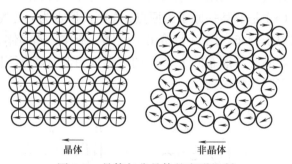

图 9-2　晶体与非晶体的变形机制

非晶态合金可以单独制成耐磨器件，也可以与其他材料复合制成高强度的复合材料。非晶合金可用于制作轮胎、传送带、水泥制品及高压管道的增强纤维。采用非晶态合金制备的高耐磨音频、视频磁头已经在高档录音、录像机中取得了广泛应用。

（2）特殊的物理性能

非晶态合金因其结构呈长程无序，故在物理性能上与晶态合金不同，显示出"异常"情况。非晶合金一般具有高的电阻率和小的电阻温度系数，在低于其临界转变温度时，可具有超导电性。非晶态合金具有恒定的热膨胀性能，可用在铁镍合金上。非晶合金还具有耐放射损伤性能，在核反应堆、宇航等领域具有广泛的应用。

目前，非晶态合金最令人瞩目的物理性能是其优良的磁学性能，包括软磁性能和硬磁性能。一些非晶合金在外磁场作用下很容易磁化，当外磁场移去后又很快失去磁性，且涡流损耗小，是极佳的软磁材料，这种性质称为高磁导，其中具有代表性的是 Fe-B-Si

合金。有些非晶合金具有很好的硬磁性能，其磁化强度、剩磁、矫顽力、磁能积都很高，例如 Nd-Fe-B 非晶合金经部分晶化处理后（晶粒尺寸 14~50nm）达到了目前永磁合金的最高磁能积值，是重要的永磁材料。

铁基非晶合金具有高饱和磁感应强度和低损耗的特点，非常适合作为变压器铁芯。非晶合金铁芯变压器相比传统的硅钢片铁芯变压器的空载损耗下降 80%左右，空载电流下降约 85%，是节能效果最理想的配电变压器。钴基、铁镍基非晶合金条带可以用来制造图书馆和超市防盗系统的传感器标签。

（3）优异的化学性能

许多非晶合金具有极佳的抗腐蚀性能，这是由于其结构的均匀性，不存在晶界、位错、沉淀相，以及在凝固结晶过程中产生的成分偏析等能导致局部电化学腐蚀的因素。如图 9-3 所示的是多晶的 304 不锈钢与非晶态 $Fe_{70}Cr_{10}P_{13}C_7$ 合金在 30℃的 HCl 溶液中腐蚀速率的比较。可以看出，不锈钢的腐蚀速率明显高于非晶合金，且随着 HCl 浓度的提高而进一步增大，而非晶合金即使在强酸中也具有很好的抗蚀性，其中 Cr 的主要作用是形成富 Cr 的钝化膜，而 P 能促进钝化膜的形成，像这样成分的均质合金相，在晶体材料中是无论如何也得不到的。此外，非晶合金的成分不受限制，因此可

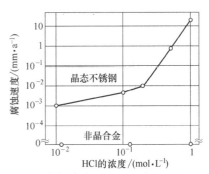

图 9-3　晶体与非晶合金在 30℃的 HCl 溶液中的腐蚀速率

以得到平衡条件下在晶态不可能存在的含有多种合金元素配比的均质材料，在腐蚀介质中形成极为坚固的钝化膜，特别有利于发展新的耐蚀材料。

利用非晶态合金耐腐蚀的优点，可以制成耐蚀管道、电池电极、海底电缆屏蔽、磁分离介质、污水处理系统中的零件等，目前都已达到了实用阶段。非晶合金的耐蚀性还可用于长期在泥沙、水流中工作的水轮机上，将大大提高其使用寿命，减少维修费用。

非晶态合金表面能高，可连续改变成分，具有明显的催化性能。非晶态合金在热力学上处于不稳定状态，其表面含有许多配位不饱和的原子，富有反应活性。并且，非晶态合金的表面原子排列如同液体般混乱，有利于反应物的吸附。已有研究表明，非晶态合金的活性高于相应的晶态合金，并且具有特殊的选择性，是一类很有发展前途的新型催化剂。

9.2　非晶态合金的形成理论

液态金属在冷却过程中，通常在低于理论熔点的温度就会发生凝固结晶，这个过程可分为形核和长大两个基本阶段。随着温度的降低，结晶开始和终了的时间与温度的关系可以用一个 C 曲线来表示，如图 9-4 所示。从图中可以看出，如果以极高的速率进行

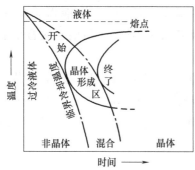

图 9-4 液态金属的结晶开始时间与
温度的关系

冷却，金属熔液可以不发生结晶而始终为过冷液体，最终凝固为非晶体。液态金属不发生结晶的最小冷却速率称作临界冷却速率 R_c。熔体在大于 R_c 的冷却速度下冷却时原子扩散能力显著下降，最后被冻结成非晶态的固体，固化时的温度称作玻璃转变温度 T_g。冷却速度越快，则 T_g 越高。

理论上讲，只要冷却速度足够大（大于 R_c），所有金属（合金）都可获得非晶态。对于纯金属而言，其结晶开始时间约为 10^{-6}s，这意味着纯金属必须以大于 10^{10}K/s 的速率冷却时才可能获得非晶态，这在目前的技术手段上，是难以实现的。对于合金而言，获得非晶态的临界冷却速率与合金的成分、合金中原子的键合特性、电子结构、组元的原子尺寸差异以及相应的晶态相的结构等因素有关。合金的 R_c 通常比纯金属的低，但是对于大多数合金体系来说，其 R_c 仍然较高（10^4~10^6K/s），因此通过快速冷却技术只能得到非晶态合金的粉末、细丝、薄带或表面薄膜等低维材料。通过合金成分设计，可以获得低临界冷却速率的合金体系，从而制得大块非晶合金材料。

9.2.1　熔体结构与玻璃形成能力

如上所述，理论上，只要冷却速率足够大（大于合金系的临界冷却速率 R_c），所有的合金熔液都能被"冻结"而形成非晶态合金。但是，不同的合金体系在形成非晶态合金时所需的临界冷却速率 R_c 却相差很大，其根本原因是它们的合金熔液的结构及演化行为存在很大的差异。虽然合金熔体中原子不存在长程有序排列，但是由于原子之间存在相互作用力，因此它们一般会形成短程有序原子团簇，其尺寸在 0.2~0.5nm 之间。在短程有序结构中，原子是通过范德华力、氢键、共价键或离子键这些方式结合在一起的。有些短程有序是以化合物的形式存在的，原子之间具有一定的化学计量比，这类短程有序称为化学短程序。此外，还会由于不同组元的原子尺寸差别，通过原子的随机密堆积方式形成几何短程序。如果这些短程序团簇的原子排列方式与平衡结晶相中原子的排列方式相差较大且短程序中原子之间的结合力较强，那么这些短程序团簇在合金熔体的快速凝固过程中进行原子重排会变得非常困难。这就使得合金原子无法按照平衡晶体的化学组成和结构进行长程重排，进而能够抑制晶体相的形核和长大，使合金熔液被过冷到很低的温度。过冷熔液的黏度随温度的降低不断增大，当黏度达到 10^{13}~10^{15}Pa·s 时，就形成了保留熔体原子结构的非晶态合金固体。因此，合金熔体中的原子结构决定了该熔体形成非晶态（玻璃）的能力高低。玻璃形成能力高，则临界冷却速率低，合金熔液可以在较低的冷却速率下凝固为非晶态，有利于获得三维尺寸都达到毫米级的"大块非晶合金"或"大块金属玻璃"。

9.2.2　影响玻璃形成能力的因素

（1）合金的组元数

根据经典形核理论，临界形核功表达式为：

$$\Delta G^* = \frac{16\pi}{3} \times \frac{\sigma^3}{\Delta G_{L \to X}^2}$$ （9-1）

式中，$\Delta G_{L \to X}$ 是过冷液相转变为晶相的 Gibbs 自由能之差，即结晶的驱动力；σ 是晶核与熔体间的界面能。临界形核功越大，则临界形核半径越大，形核率越小，因而玻璃形成能力就越高。而

$$\Delta G_{L \to X}(T) = \Delta H_F - T \Delta S_F$$ （9-2）

式中，ΔH_F 为熔化焓，ΔS_F 为熔化熵。因此，要使形核功大，则需要 $\Delta G_{L \to X}$ 低，这就要求 ΔH_F 小，而 ΔS_F 则要尽量大。由于 ΔS_F 与微观状态数正相关，合金组元数增多，无疑会使 ΔS_F 增大。图 9-5 给出了几种合金体系过冷液相与晶相间的 Gibbs 自由能之差随温度的变化关系曲线。从图中可以看出，随着合金组元数由 2 增至 5，$\Delta G_{L \to X}$ 降低；相应地，合金系的临界冷却速率（括号内数值）出现明显的降低，表明合金系玻璃形成能力的提高。

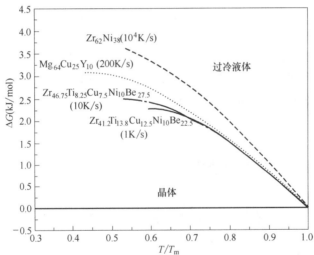

图 9-5　几种合金体系过冷液相与晶相间的 Gibbs 自由能之差

（2）原子尺寸

应用自由体积模型，流体的流动性 Φ 可表示为：

$$\Phi = A \exp\left(-\frac{k}{V_f}\right)$$ （9-3）

式中，A 和 k 为常数，V_f 为自由体积。

Φ 与自扩散系数大体上成正比例关系。组元间原子尺寸的差异大，将增大过冷液体

的原子堆积密度,使自由体积 V_f 减小。根据式(9-3), V_f 减小将导致 Φ 和自扩散系数的减小,使流体黏度增加。因此,组元越复杂,原子尺寸差别越大的合金系,越有利于获得大的玻璃形成能力。

(3)组元原子间的相互作用

实验证明:过渡金属元素和类金属元素形成的合金,具有较大的负的混合热,并且随着类金属原子的增加,合金系的玻璃形成能力提高。负的混合热意味着合金内不同元素的原子之间存在着较强的相互作用。不同原子之间强的相互作用有利于形成短程序,从而提高合金系的玻璃形成能力。

日本东北大学的井上明久(A. Inoue)教授等在长期的研究工作中提出了获得大块非晶合金的三条经验准则:a.由三个以上的组元构成的多组元合金系统;b.主要组元之间的原子尺寸差在 12%以上,且符合大、中、小的关系;c.主要组元之间的混合热为适当的负值。可以看出,这三条经验准则均有助于提高合金系的玻璃形成能力。Inoue 准则已被普遍接受,并依据这三条准则发现了许多可以形成的大块非晶的合金系,如 Mg 基、Al 基、Fe 基、Zr 基、La 基、Ti 基、Cu 基等。

(4)合金成分的控制设计

除了上述三条合金元素种类的影响外,合金的成分(各元素的比例)也对玻璃形成能力有显著的影响。在共晶体系中,玻璃形成能力在共晶成分附近达到最大。根据深共晶理论,液体从高温降到低温,深共晶是最容易的。在热力学上,深共晶成分处液相线温度最低,具有更好的热稳定性和无序性;在动力学上,共晶相的形核和生长相对困难,需要通过各组分的协同、长程扩散才能完成。因此,深共晶成分通常具有较强的玻璃形成能力。从二元相图上可以知道深共晶成分,再结合 Inoue 经验准则,就可以找到最理想的非晶形成成分。

9.2.3 评估玻璃形成能力的判据

合金系的玻璃形成能力在本质上是由合金内在物理性质所决定的。因此,人们希望能用一个合适的参数来对所研究的合金系的玻璃形成能力进行预先评估,这无疑会大大减少实验工作量。研究者在这方面做了大量工作,提出了各种各样的玻璃形成能力的表征参数或判据。这些判据的得出可以基于合金组元基本性质,可以基于合金熔液性质,也可以基于合金特征温度。其中,使用起来最方便的是基于合金特征温度的玻璃形成能力判据。

(1)约化玻璃转变温度 T_{rg}

早在 1969 年,为了描述合金系的非晶形成能力,Turnbull 就提出了约化玻璃转变温度 T_{rg} 的概念:

$$T_{rg} = \frac{T_g}{T_m} \tag{9-4}$$

式中，T_g 为合金的玻璃转变温度，T_m 为合金的熔点温度（固相线温度）。T_g 并不是一个固定的值，它随着冷却速率的增加而增大。通常，合金系的 T_{rg} 越大，则其非晶形成能力就越强。Tumbull 指出：当 $T_{rg}=1/2$ 时，仅能在高冷却速率下形成小体积的非晶态合金；当 $T_{rg} \geqslant 2/3$ 时，合金熔体中的最大均匀形核速率将变得足够小，合金凝固过程中的结晶会被大大地阻滞，过冷熔液变得十分稳定，人们可以很容易地用较低的冷却速率将其凝固为非晶固体。如果 $T_{rg}=1$，则在 T_m 温度时，非晶相就是平衡态，不论停留多长时间熔体都不会转变为晶态。图 9-6 给出了几种合金系的 T_{rg} 对其 R_c 和所能制成的非晶体最大厚度 t_{max} 的影响。由图可以看出，随着 T_g/T_m 的线性增大，

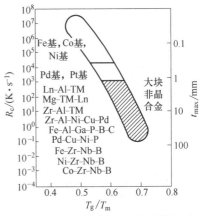

图 9-6 约化玻璃转变温度对临界冷却速率和最大尺寸的影响（TM 表示过渡金属）

R_c 呈负指数关系迅速降低，而 t_{max} 呈正指数关系迅速增大；尤其是对于 $T_{rg} \geqslant 0.6$ 的合金系，可以制得厚度大于 1mm 的大块非晶合金。

有人主张用 T_g/T_L（T_L 代表合金的液相线温度）来表示 T_{rg} 更为合适。对于具有理想深共晶点的合金来说，T_m 和 T_L 非常接近，二者差别不大。但是，对于大多数具有强玻璃形成能力的合金来说，其成分并不位于深共晶点，并且在冷却过程中共晶成分也会发生偏移，这样就造成 T_m 和 T_L 不一致，在有些体系中二者相差达几十甚至上百开。因此，用 T_g/T_m 和用 T_g/T_L 表示的 T_{rg} 往往相差很大。吕昭平对此进行了研究，发现用 T_g/T_L 代替 T_g/T_m 来表示 T_{rg} 能更好地反映合金的玻璃形成能力的大小。

（2）过冷液相区宽度 ΔT_x

过冷液相区宽度 ΔT_x 是指起始结晶温度 T_x 与玻璃转变温度 T_g 的差，即：

$$\Delta T_x = T_x - T_g \tag{9-5}$$

式中，ΔT_x 反映了非晶合金的热稳定性，即非晶合金被加热到 T_g 以上温度时抵抗晶化能力的高低。ΔT_x 大的非晶合金可以在较宽的温度范围内保持稳定而不发生晶化。一般来说，ΔT_x 越大，合金的玻璃形成能力就越强。但是，ΔT_x 与玻璃形成能力之间的关系目前尚存在争议。有观点认为 ΔT_x 反映的是非晶合金的热稳定性，而玻璃形成能力表示的是过冷合金熔液在 T_m 至 T_g 区间的热稳定性。虽然这两种热稳定性是相似的、有联系的，但又是不完全相同的两种性质。近几年的试验结果也发现，有些非晶合金系的玻璃形成能力与 ΔT_x 之间并不存在必然的联系。例如，Zr-Al-Ni-Cu-Pd 系的 ΔT_x 远大于 Pd-Ni-Cu-P 合金，但是所能得到的最大厚度却不及后者。

（3）Φ 参数

根据合金熔液的脆性理论，结合形核和核长大理论模型，Fan 等提出了表征合金玻璃形成能力的参数 Φ，其表达式为：

$$\Phi = T_{rg} \left(\frac{T_x - T_g}{T_g} \right)^{0.143} \qquad (9\text{-}6)$$

可以看出，Φ 参数包括了参数 T_{rg} 和 ΔT_x，因而能比这两个单独参数更好地反映合金的玻璃形成能力。此外，Φ 参数不仅适用于合金体系，还适用于氧化物体系和高分子体系。但对于不同的玻璃体系，式（9-6）右边的指数各不相同。

（4）γ 参数

吕昭平等从熔体冷却过程中的结晶和过冷熔体加热时晶化两个方面考虑，定义了一个新参数 γ 来表征玻璃形成能力，即：

$$\gamma = \frac{T_x}{T_g + T_L} \qquad (9\text{-}7)$$

据统计，合金系的临界冷却速率 R_c 以及能得到非晶体的最大截面厚度 t_{max} 与 γ 之间分别有以下关系：

$$R_c = 5.1 \times 10^{21} \exp(-117.19\gamma) \qquad (9\text{-}8)$$

$$t_{max} = 2.08 \times 10^{-7} \exp(41.7\gamma) \qquad (9\text{-}9)$$

与 T_{rg} 和 ΔT_x 相比，γ 能更准确地反映合金的玻璃形成能力的大小。因此，γ 参数是一个简单的、可靠程度较高的玻璃形成能力表征参数，它可以对预测大块非晶合金的形成起有力的指导作用，是目前较有说服力的非晶形成能力的新判据。

9.3 非晶态合金的制备方法

根据制备方法的不同，非晶态合金的形态有粉末、细丝、表面薄膜、薄带和大块非晶合金等。其中，粉末、细丝、薄膜、薄带等属于低维非晶态合金材料，其厚度或直径小于 100μm 左右，可以通过快速凝固技术制得。但是，受尺寸和形状的限制，低维非晶态合金材料的实用性受到了限制。近年来，人们在研究具有很强的玻璃形成能力的合金系方面取得了突破性进展，发展了具有低临界冷却速率的多组元合金系列，使得大块非晶合金的制备得以实现。例如，加州理工学院的 Johnson 等发现了临界冷却速率仅为 1K/s 的 Zr-Ti-Cu-Ni-Be 和 Zr-Ti-Ni-Cu 合金系，并用铸造方法制备出重 20kg、直径 100mm 的 $Zr_{41.2}Ti_{13.8}Cu_{12.5}Ni_{10}Be_{22.5}$ 大块非晶合金。

9.3.1 低维非晶态合金的制备

对于玻璃形成能力较低的合金系来说，其临界冷却速率很高（$10^4 \sim 10^6$K/s），因此必须在很高的冷却速率下才能制得其非晶合金。为了获得高的冷却速率，所能得到的非晶合金的尺寸在至少一个维度上要受到限制，否则位于样品中央的原子会因冷却速率不够快而发生结晶。表 9-1 列出了一些常用的制备非晶粉末、薄带和表面薄膜的方法。各种方法的原理、装置和技术特点等可以参考本书的 5.2 节、6.2 节、第 7 章等有关章节，此处就不再赘述。如有特殊之处则主要在于，为了获得极高的冷却速率，冷媒通常要用液氮、液氦等低温流体以及铜等高热导率固体材料作为传热介质。

表9-1　一些常用的非晶粉末、薄带和表面薄膜的制备方法

形态	制备方法
粉末	真空蒸发法、雾化法、离心法、双辊法、化学还原法、机械合金化法
薄带	离心法、单辊法、双辊法、熔体沾出法、熔滴法
薄膜	溅射法、电解法、真空蒸镀法、激光表面非晶化法、离子注入法

9.3.2　大块非晶态合金的制备

大块非晶态合金是指三维尺寸均达到毫米级的非晶合金。大块非晶合金的制备不能仅依靠快速冷却技术，还需要对合金的成分进行设计，以提高其非晶形成能力，降低其临界冷却速率，也就是说并非所有的合金体系都能制得其大块非晶合金。大块非晶合金的成分设计原则和玻璃形成能力的判据已在 9.2 节中做了介绍。本小节着重介绍几种常见的大块非晶合金的制备方法。

（1）熔剂包覆法

如图 9-7 所示，将母合金用低熔点氧化物（如 B_2O_3）包裹起来，然后置于容器中熔炼，待中间样品熔化后，再快速冷却至氧化物熔点以上、样品熔点以下的某个温度，样品在液态氧化物包裹下冷凝为非晶。氧化物的包裹起两个作用：①吸附合金熔体内的杂质颗粒，使合金净化，这类似炼钢中的造渣；②将合金熔体与容器壁隔离开，避免其与冷却器壁直接接触而诱发非均匀形核。同时，由于包裹物的熔点低于合金熔体，因而在合金凝固过程中包裹物仍处于熔化状态，包裹物也不会诱发非均匀形核。实质上，该方法是通过抑制非均匀形核实现深过冷，获得很大的凝固速率，从而形成大块非晶

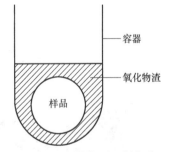

图 9-7　熔剂包覆法制备非晶态合金示意

合金。该方法适用于具有较高的玻璃形成能力的合金系。Turnbull 等通过该方法得到了厘米级的 Pd-Ni-P 非晶合金，这也是人们开发出来的第一种"大块"非晶合金。

（2）熔体水淬法

如图 9-8 所示，熔体水淬法是将合金原料放在石英管中，在真空或保护气氛中加热使母合金熔化，合金熔化后连同石英管一起淬入流动的冷水中，以实现快速冷却，形成

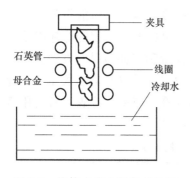

图 9-8　熔体水淬法制备非晶态
合金的原理示意

夹具
石英管
母合金
线圈
冷却水

大块非晶态合金。该方法可以制得表面光亮、有金属光泽的非晶态合金棒材。但是，对于熔液与石英管壁有强烈反应的合金体系不宜采用此方法，如镁基非晶合金就不适合用水淬法制备。此外，由于水的比热容比铜大、导热性也不如铜，因此水淬法的冷却速率不高，只适合于制备非晶形成能力特别大的合金体系。目前，用该方法已成功制备出直径分别为 8mm、15mm、12mm 的 Zr-Ti-Be-Co、Zr-Ti-Cu-Be-Co、Zr-Ti-Cu-Ni-Be-Co 以及直径为 10mm 的 Pd-Ni-Cu-P 等大块非晶合金。该方法常和熔剂包覆法配合使用。

（3）铜模铸造法

该方法是制备大块非晶合金材料通常采用的方法，是一种短流程的制备方法。与普通的金属模铸造法一样，将母合金熔体从坩埚中注入到具有一定形状和尺寸的水冷铜模中，利用铜模良好的散热能力，即可形成外部轮廓与模具内腔相同的块体非晶合金。母合金熔化可以采用感应加热法或电弧熔炼方法。为减少铜模内腔引起的非均匀形核，可对模具内腔表面做特殊处理。

该方法所能获得的冷却速率与水淬法相近，为 $10^2 \sim 10^3$K/s。但是，用于 Zr-Al-Ni-Cu 系非晶合金时，铜模铸造法所能达到的最大厚度却远远小于水淬法的最大厚度（如后者为 16mm 时，前者只有 7mm），这或许是由于这种合金熔体的黏度较高。相比之下，铜模铸造法更适于制备低熔点、低黏度的 Mg-La-TM 和 La-Al-TM 合金系的大块非晶。该工艺的关键是要尽量抑制在铜模内壁上发生非均匀形核并保持良好的液流状态。熔体的熔炼次数对合金的临界冷却速率影响很大。反复熔炼提高了熔体的纯度，消除了非均匀形核点，因此重复熔炼数次后，R_c 明显下降。该方法可以制得直径 7mm 的 La-Al-Ni 系和 Mg-La-Cu 系非晶合金，以及直径 10mm 的 Zr-Al-Ni 系非晶合金。

应用该方法的难题是合金熔体在铜模内快速凝固后会出现表面收缩现象，而造成与模具内腔形成间隙，导致样品冷却速率下降或者样品表面不够光滑。

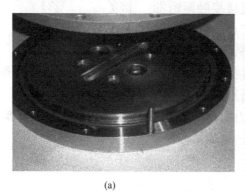
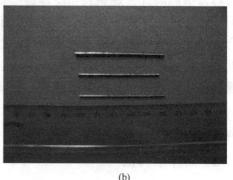

(a)　　　　　　　　　　　　　　　(b)

图 9-9　铜模铸造法的铜模（a）及制得的棒状非晶态合金（b）

（4）吸入铸造法

吸入铸造法的发明解决了传统铜模铸造法在熔体注入铜模时易发生凝固的缺点。图 9-10 是该工艺的装置示意。利用电弧加热预合金化的铸锭，待其完全熔化后，利用油缸、气缸等驱动活塞以 1~50mm/s 的速度移动，由此在熔池和水冷铜模空腔之间产生的压力差（或者利用真空泵获得压力差）把熔体快速吸入铜模，使其得到强制冷却，形成非晶合金。由于该工艺的控制因素较少，只有熔体温度、活塞直径、吸入速度等，所以能方便地制备出块体非晶合金。日本东北大学的井上明久等先后用吸入铸造法制备出了直径 16mm 和 30mm 的圆柱形 $Zr_{55}Al_{10}Ni_5Cu_{30}$ 非晶体。

（5）高压铸造法

图 9-11 是高压铸造设备示意。该方法是利用高压（50~200MPa）作用，使合金熔体在极短的时间（几毫秒）内完全冲入铸型内，使合金熔体快速冷却而得到大块非晶态合金。高压可以使熔体与铜模紧密接触，增大二者界面处的热流和热导率，从而提高熔体的冷却速率。此外，高压还可以减小熔体原子间隙，使原子的扩散和重排都受到抑制。因此，该方法更有利于得到非晶态结构，可以制备出比水淬法更大尺寸的块体非晶态合金。该方法的优点是液态金属的填充好，可减少凝固过程中因熔体收缩造成的缩孔之类的铸造缺陷，同时也是制备近净形大块非晶的较好方法，可以直接做较复杂形状的大尺寸非晶合金器件。但是，该方法产生高压所需的设备体积大、结构较复杂、技术难度大、维修费用高，且容易形成气孔缺陷。

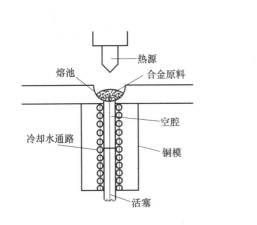

图 9-10　吸入铸造法制备大块非晶态合金示意

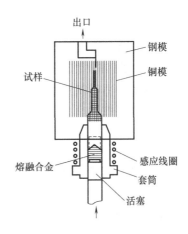

图 9-11　高压铸造法制备大块非晶态合金示意

（6）液态模锻法

该技术是新开发的一种大块非晶态合金净形制备技术。利用电弧放电将合金在水冷铜模中熔化，利用冲头穿透合金熔体，利用冲头和凹形铜模将合金熔液急冷下来，从而得到杯状的块体非晶态合金（如图 9-12 所示）。Inoue 等利用该方法成功制备出了 Zr 基和 Ni 基大块非晶合金。

图 9-12　液态模锻法制备的大块非晶合金

（7）定向凝固法

定向凝固法是一种可以连续获得大块非晶合金的方法。图 9-13 是该工艺的示意图，定向凝固法制备块体非晶合金所用的设备为电弧炉，在电弧炉中有一个钨阴极电极和一

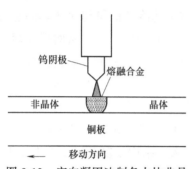

图 9-13　定向凝固法制备大块非晶
态合金示意

个凹状的水冷铜模。把合金原料放入水冷铜模中，采用电弧作为热源使合金熔化，通过控制钨阴极电极（或铜模）的移动速率（大于 10mm/s），可以连续生产尺寸较长的非晶态合金棒。

定向凝固法有两个主要的控制参数，即定向凝固速度 v 和固液界面前沿液相温度梯度 G。定向凝固法所能达到的理论冷却速度可通过以下公式进行计算，即 $R_e=Gv$。可见，温度梯度 G 越大，定向凝固速度 v 越大，冷却速率 R_e 就越大，可以制备的非晶态合金的直径就越大。然而，温度梯度的大小主要受定向凝固设备限制，

一般在 10~100K/mm 的范围内。定向凝固速度受设备的熔化速率控制，例如必须保证在样品相对移动过程中熔区固相能够完全熔化，并达到一定的过热度，因此定向凝固速度也不可能太快。定向凝固法适于制作截面积不大但比较长的样品。Inoue 等利用此方法制备了大块 $Zr_{60}Al_{10}Ni_{10}Cu_{15}Pd_5$ 非晶合金，其尺寸达厚 10mm、宽 12mm、长 170mm。

（8）固结成形法

上述方法都是将合金熔液进行迅速冷却而制得大块非晶合金的，但是这些方法只适用于高玻璃形成能力的合金系，并且样品的尺寸受到了较大的限制。固结成形法是利用非晶合金在过冷液相区（T_g 至 T_x）具有的超塑性成形能力来制备大块非晶的，在样品尺寸上可以不受限制，因此是一种极有前途的大块非晶制备方法。

最常见的是粉末固结成形法。该方法首先要制备非晶合金粉末，然后通过热挤压或者冷挤压将粉末固结成形为大块的非晶合金。采用该方法制备高强度的大块非晶合金必须满足以下要求：a.在晶化温度以下加压，使非晶粉末发生流动变形获得完全的密实化；b.在晶化温度以下利用粉末之间的相互剪切作用破坏粉末表面可能形成的氧化膜，从而使粉末之间完全弥合。

用非晶粉末制备大块非晶的工艺流程一般是，将预先配制好的合金在惰性气体的保护下进行熔化，而后要在高真空或惰性气氛中进行雾化制粉。将获得的粉末收集起来过

筛，筛去粒度较大的可能发生晶化的颗粒。将过筛后的颗粒（150μm 以下）进行真空热挤压，获得一定的致密度。然后将预挤压的试样进行包套、除气、焊合。最后的挤压过程要控制压头的压力、压头的速度、挤压温度等工艺参数，确保被挤压试样在过冷液相区发生牛顿流动，获得超塑性能，使粉末能够完全弥散混合在一起。

采用非晶粉末固结成形法，可以将临界冷却速率较高的合金系制成大块非晶。和熔体冷却法相比，该方法可以在更广的合金系中制得几何尺寸更大的非晶合金。例如，目前在 Al 基合金系中很难获得较大尺寸的非晶，但是通过非晶粉末固结成形法，就可以获得尺寸为几十毫米的大块非晶样品。非晶粉末固结成形法制得的非晶合金的力学性能与通过其他方法获得非晶合金的性能几乎完全相同，说明非晶粉末已经完全结合在一起，形成了单一的非晶相。

如果过冷液相区较窄的话，获得非晶粉末完全弥合而不发生晶化的非晶态是很困难的，因此该方法的关键在于要寻找具有较大过冷液相区的合金系。目前，粉末固结成形法制备大块非晶的工艺主要集中在对 Al 基和 Zr 基合金的研究上，对其他合金系的研究还不多。

现在，还出现了一些非常规的固结成形方法，如高压放电烧结法、爆炸焊接、放电等离子烧结等。高压放电烧结法由日本日新钢铁公司发明，首先将一定厚度的非晶薄带进行冲裁和叠层，然后用极短时间的高电压大电流脉冲实现了对非晶薄带材料的固结成形。此方法能够制得相当于原始非晶薄带 100 倍左右厚度的高密度块状结合体。爆炸焊接是将爆炸产生的能量传递给多层非晶条带，使它们之间产生瞬间的高速、高压碰撞，从而使它们焊接在一起。在碰撞瞬间，界面热能会迅速传入基体内部，在界面形成高的冷却速率（$10^5 \sim 10^8$K/s），同时整体温度升高很少，因而能保证所得的合金块体为非晶态。放电等离子烧结是利用外加脉冲大电流形成的电场清除粉末颗粒表面氧化物和吸附气体，活化颗粒表面，提高颗粒表面原子的扩散能力，再在外加压力下利用强电流短时加热粉体，使其快速致密化。放电等离子烧结具有烧结温度低、烧结时间短的特点，因此适用于制备需要抑制晶化成核的大块非晶态合金。

 思考题 ▶▶▶

1. 何谓非晶态合金？如何制备非晶态合金？相比于晶态合金，非晶态合金有哪些特殊的性能以及应用？

2. 什么是合金熔液非晶化的临界冷却速率？该临界冷却速率与合金体系的玻璃形成能力之间有何关系？

3. 基于合金特征温度的玻璃形成能力判据有哪些？

4. 日本东北大学的 Inoue 教授等提出了获得大块非晶合金的三条经验准则是什么？如何理解这三条经验准则？

5. 非晶态合金粉末、薄带、薄膜的制备方法有哪些？

6. 大块非晶态合金的制备方法有哪些？各自有何特点？

第10章

纳米材料的制备

 本章导读 ▶▶▶

将三维空间内至少有一维处在纳米尺度范围（1~100nm）的结构单元或由它们按一定规律构筑而成的材料或结构定义为纳米材料，因此它不仅包括纳米尺度的粒子还涵盖了由纳米粒子构成的纳米线、薄膜、块体等材料。本章主要阐述下列内容：

1. 纳米材料的分类、应用和特性；
2. 化学液相沉淀法、模板法、化学还原法、金属醇盐水解法、有机金属热分解法、熔盐法和超临界流体法制备纳米粒子的原理、工艺和装置；
3. 纳米块体的制备方法。

✈ 学习目标 ▶▶▶

1. 掌握纳米材料的定义，了解其分类、应用和特性；
2. 了解化学液相沉淀法、模板法、化学还原法、金属醇盐水解法、有机金属热分解法、熔盐法和超临界流体法等制备纳米粒子的原理、工艺和装置；
3. 了解纳米块体的制备方法。

10.1 概述

10.1.1 纳米材料的定义

"纳米"是长度单位，是 1m 的十亿分之一，即 $1nm=10^{-9}m$，相当于 10 个氢原子一个挨一个排起来的长度。通常原子的直径在 0.1~0.3nm 之间，人类的遗传物质 DNA 直径小于 3 nm，SARS 病毒直径约 60~120nm，红细胞直径几千纳米。

人们把组成相或晶粒结构的尺寸控制在 100nm 以下的材料称为纳米材料，即将三维空间内至少有一维处在纳米尺度范围（1~100nm）的结构单元或由它们按一定规律构筑而成的材料或结构定义为纳米材料。在这个尺度范围内的物质，与宏观材料相比，其特性截然不同。比如，贵金属金（Au）具有性质稳定不易氧化的特点而被人们用来制作首饰，不过 Au 一旦进入纳米量级后它的性质与宏观尺度上的金黄色 Au 完全不同，如十几纳米的金颗粒呈酒红色，而且还可以作为催化剂参与反应。

10.1.2 纳米材料的分类及其应用领域

按化学组分分类，主要包括金属纳米材料、纳米陶瓷材料、纳米高分子材料、纳米复合材料等。

按材料的物性分类，主要包括纳米半导体、纳米磁性材料、纳米铁电体、纳米超导体、纳米热电材料等。

按应用分类，主要包括纳米电子材料、纳米光电材料、纳米磁性材料、纳米生物医用材料、纳米敏感材料、纳米储能材料等。

按空间尺度分类，纳米材料大致可分为纳米微粒（零维）、纳米纤维（一维）、纳米薄膜（二维）、纳米块体（三维）四类，其示意图如图 10-1 所示。其中纳米微粒开发时间最长、技术最为成熟。

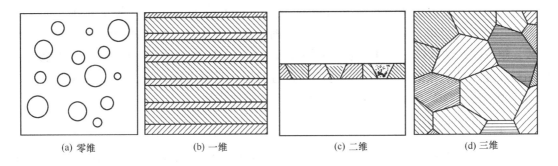

(a) 零维   (b) 一维   (c) 二维   (d) 三维

图 10-1　纳米材料示意

（1）纳米微粒

纳米体系的典型代表，一般为球形或类球形（与制备方法密切相关），如图 10-2 所示，是粒度在 100nm 以下的粉末或颗粒。它属于超微粒子范围（1~1000nm），由于尺寸小、比表面大和量子尺寸效应等原因，它具有不同于常规固体的新特性，也有异于传统材料科学中的尺寸效应。比如，当尺寸减小到数个至数十个纳米时，原来是良导体的金属会变成绝缘体，原为典型共价键无极性的绝缘体其电阻大大下降甚至成为导体，原为 P 型的半导体可能变为 N 型。从技术应用的角度讲，纳米颗粒的表面效应等使它在催化、粉末冶金、燃料、磁记录、涂料、传热、雷达波隐形、光吸收、光电转换、气敏传感等方面有巨大的应用前景。

（2）纳米纤维

指直径为纳米尺度而长度较大的线状材料，如图 10-3 所示。可用于：空气过滤、液体过滤、能源/电池隔膜、药物缓释、微导线、微光纤（未来量子计算机与光子计算机的重要元件）材料、新型激光或发光二极管材料等。

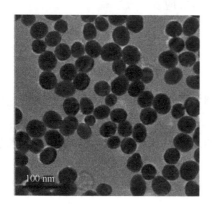
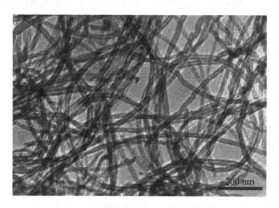

图 10-2　40nm 金纳米颗粒　　　　图 10-3　碳纳米管 TEM 照片

（3）纳米薄膜

由纳米晶粒组成的准二维系统，它具有约占 50%的界面组元，因而显示出与晶态、非晶态物质均不同的崭新性质（图 10-4）。比如，纳米晶 Si 膜具有热稳定性好、光吸收能力强、掺杂效应高、室温电导率可在大范围内变化等优点。纳米薄膜分为颗粒膜和致密膜，颗粒膜是纳米颗粒粘在一起，中间有极为细小的间隙的薄膜；致密膜指膜层致密，但晶粒尺寸为纳米级的薄膜。纳米薄膜将在过滤器、高密度磁记录、平面显示、压阻传感器、光电磁器件及其他薄膜微电子器件中发挥重要作用。

（4）纳米块体

由大量纳米微粒在保持表（界）面清洁条件下组成的三维系统（图 10-5），其界面原子所占比例很高，因此，与传统材料科学不同，表面和界面不再往往只被看成为一种缺陷，而成为重要的组元，从而具有高热膨胀性、高比热容、高扩散性、高电导性、高强度、高溶解度及界面合金化、低熔点、高韧性和低饱和磁化率等许多异常特性，可以在表面催化、磁记录、传感器以及工程技术上有广泛的应用。

图 10-4　ZnO/Ag 纳米多层光电功能薄膜　图 10-5　平均晶粒尺寸 60nm 的致密 Y_2O_3 陶瓷微结构照片

10.1.3　纳米材料的特性

纳米材料具有颗粒尺寸小、比表面积大、表面能高、表面原子所占比例大等特点，展示了与传统材料不同或反常的物理、化学特性，如原本导电的铜到某一纳米级界限就不导电，原来绝缘的二氧化硅晶体等在某一纳米级界限时开始导电。

（1）表面效应

表面效应是指纳米粒子的表面原子数与总原子数之比随着纳米粒子尺寸的减小而大幅度地增加，粒子的表面能及表面张力也随着增加，从而引起纳米粒子性能的变化。对于直径大于 100nm 的颗粒其表面效应可忽略不计，当小于此值时其表面原子分数快速增长，比表面积（表面积/体积）显著增大，以致 1g 超微颗粒表面积总和可达 $100m^2$ 甚至更高。表 10-1 列出了纳米 Cu 微粒的粒径与比表面积、表面原子数比例、表面能和一个粒子所含原子总数的关系。

表 10-1　纳米 Cu 微粒的粒径与比表面积、表面原子数比例、表面能和一个粒子所含原子总数的关系

粒径/nm	比表面积 /（$m^2 \cdot g^{-1}$）	表面原子数占全部原子数比例/%	一个粒子中的原子总数	表面能/（$J \cdot mol^{-1}$）
100	6.6		8.46×10^7	5.9×10^2
20		10		
10	66	20	8.46×10^4	5.9×10^3
5	180	40	1.06×10^4	
2	450	80		
1	660	99		5.9×10^4

表面原子数占全部原子数的比例和粒径之间关系见图 10-6，从表 10-1 和图 10-6 可

以看出超微颗粒粒径小于 10nm 后表面原子数占比急剧增大，而表面原子所处的晶体场环境及结合能与内部原子有所不同，存在许多悬空键，并具有不饱和性，因而极易与其他原子相结合而趋于稳定，所以具有很高的化学活性，很容易与周围的气体反应，也很容易吸附气体。利用纳米材料的这一性质，人们可以在许多方面使用纳米材料来提高材料的利用率和开发纳米材料的新用途。例如提高催化剂的效率、吸波材料的吸收率、涂料的遮盖率及杀菌剂的效率等。

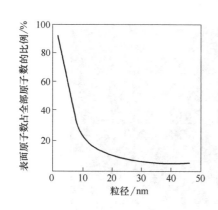

图 10-6　纳米粒子表面原子数占全部原子数的比例和粒径之间的关系

（2）小尺寸效应

当超微颗粒的尺寸与光波波长、德布罗意波长以及超导态的相干长度或透射深度等物理特征尺寸相当或更小时，晶体周期性的边界条件将被破坏；随着颗粒尺寸的量变，在一定条件下会引起颗粒性质的质变。由于颗粒尺寸变小所引起的宏观物理性质的变化称为小尺寸效应。对超微颗粒而言，尺寸变小，同时其比表面积亦显著增加，会使材料的声、光、电、磁、力学等特性出现改变而导致新的特性出现。

① 特殊的光学性质：当黄金被细分到小于光波波长的尺寸时，即失去了原有的富贵光泽而呈黑色。事实上，所有的金属在超微颗粒状态时都呈现为黑色。尺寸越小，颜色越黑。由此可见，金属超微颗粒对光的反射率很低，通常可低于 1%，大约几微米的厚度就能完全消光。利用这个特性可以作为高效率的光热、光电等转换材料，可以高效率地将太阳能转变为热能、电能。

② 特殊的热学性质：纳米微粒的熔点比常规粉体低得多。由于颗粒小，纳米微粒的表面能高，表面原子数多，这些原子近邻配位不全，纳米微粒间是一种非共价相互作用，活性大，纳米粒子熔化时所增加的内能小得多，这就使得纳米微粒的熔点急剧下降。例如金的常规熔点为 1064℃，当颗粒尺寸减小到 2nm 时，其熔点将降至约 327℃。

③ 特殊的磁学性质：超微颗粒的磁性与大块材料具有显著的不同，例如大块的纯铁矫顽力约为 80A/m，而当颗粒尺寸减小到 20nm 时，其矫顽力可增加 1000 倍，若进一步减小其尺寸，大约小于 6nm 时，其矫顽力反而降低到零，呈现出超顺磁性。利用磁性超微颗粒具有高矫顽力的特性，已作高储存密度的磁记录磁粉。利用超顺磁性，人们已将磁性超微颗粒制成用途广泛的磁性液体。自然界许多生物如鸽子、海豚、蝴蝶、蜜蜂等体内存在超微的磁性颗粒，从而使这些生物在地磁场导航下能辨别方向，而磁性超微颗粒充当生物磁罗盘。

④ 特殊的力学性质：陶瓷材料通常情况下呈脆性，然而由纳米超微颗粒压制而成的纳米陶瓷却具有良好的韧性，这是因为纳米材料具有大的界面，界面的原子排列是相当混乱的，原子在外力变形的条件下很容易迁移，因此表现出甚佳的延展性。呈纳米晶粒的金属要比传统的粗晶粒金属硬 3~5 倍，而由纳米晶粒构成的铜片的塑性变形可超过 5100%，如图 10-7 所示。

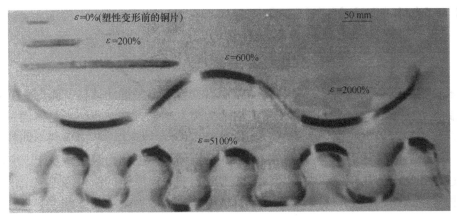

图 10-7　纳米铜的超塑延展性

除上所述外，超微颗粒的小尺寸效应还表现在超导电性、介电性能、声学特性以及化学性能等方面。

（3）量子尺寸效应

当粒子尺寸下降到某一值时，金属费米能级附近的电子能级由准连续变为离散能级以及纳米半导体微粒存在不连续的最高被占据分子轨道和最低未被占据的分子轨道能级，能隙变宽现象均称为量子尺寸效应。

根据能带理论，金属纳米晶粒的能级间距为 $\delta=4E_F/3N$，式中 E_F 为费米势能，N 为粒子中的总电子数。宏观物体包含无限个原子，即 $N\rightarrow\infty$，于是 $\delta\rightarrow0$。即宏观物体的能级间距几乎为零；而纳米微粒体积小，包含的原子数有限，N 值很小，能级间距将发生分裂，这就导致纳米微粒磁、光、声、热、电以及超导电性与宏观特性不同，从而产生量子尺寸效应。例如，温度为 1K 时，直径小于 14nm 的银纳米颗粒会变成绝缘体。

（4）介电限域效应

纳米颗粒分散在异质介质中，当介质的折射率对比微粒的折射率相差很大时，就产生了折射率边界，这就导致微粒表面和内部的场强比入射场强明显增加，这种局域场强的增强称为介电限域。一般来说，过渡金属氧化物和半导体微粒都可能产生介电限域效应，纳米颗粒的介电限域对光吸收、光化学、光学非线性等都会有重要的影响。

（5）宏观量子隧道效应

在经典力学中，当势垒的高度比粒子的能量大时，粒子是无法越过势垒的。然而，在量子力学原理中，粒子穿过势垒出现在势垒另一侧的概率并不为零。粒子尺寸足够小时，势垒宽度与粒子的德布罗意波长相当，可以观测到显著的隧道效应。近年来，人们发现一些宏观量，如微粒的磁化强度、量子相干器件中的磁通量等也具有隧道效应，称为宏观隧道效应。研究量子尺寸效应、宏观量子隧道效应对基础研究及实用都有重要意义。例如具有铁磁性的磁铁，其粒子尺寸达到纳米级时，即由铁磁性变为顺磁性；在制造半导体集成电路时，当电路的尺寸接近电子波长时，电子就通过隧道效应而溢出器件，使器件无法正常工作。这些都限制了微电子器件的极限尺寸。

10.2 纳米粉体的制备方法

纳米材料的制备在当前的纳米技术研究中占据着极为关键的地位。人们一般将纳米材料的制备方法划分为物理方法和化学方法两大类。物理方法制备纳米粉体通常为粉碎法和构筑法，前者以大块固体为原料，将块材物质粉碎、细化，从而得到不同粒径范围的纳米粒子。后者是从下而上由原子或分子的集合体人工控制构筑超微粒子，它利用某种物理过程如物质的热蒸发或在受到粒子轰击时物质表面原子的溅射等现象，使物质原子从源物质生成纳米粒子。粉碎法通常有机械粉碎法、搅拌磨、胶体磨、纳米气流粉碎磨、高能球磨等方式，与本书 6.2 粉末制备技术方法类同。构筑法主要分为蒸发法和溅射法，与 7.2 物理气相沉积相似。化学方法制备纳米粉体的方法较多，本书 7.3 节介绍的化学气相沉积制备薄膜材料、7.4 节介绍的溶胶-凝胶制备薄膜材料和第 8 章介绍的水热/溶剂热制备单晶材料的方法也是制备纳米粉体的经典方法，这里均不再赘述。本节主要对除此以外重要的化学方法制备纳米粉体方法进行介绍。

10.2.1 化学液相沉淀法

化学液相沉淀法是液相化学反应合成纳米材料最普通的方法。液相法制备纳米微粒的特点是以均相的溶液为出发点，通过各种途径使溶质与溶剂分离形成沉淀，如利用与各种溶解在水中的物质反应生成不溶性氢氧化物、碳酸盐和乙酸盐等，再将得到的沉淀物加热分解，得到最终所需的纳米粉体。以沉淀剂尿素和六亚甲基四胺分别制备 TiO_2 和 ZnO 纳米微粒为例，其反应过程如下。

① 尿素作为沉淀剂制备 TiO_2：

$$CO(NH_2)_2 + 3H_2O \longrightarrow CO_2 \uparrow + 2NH_3 \cdot H_2O$$
$$TiOSO_4 + 2NH_3 \cdot H_2O \longrightarrow TiO(OH)_2 \downarrow + (NH_4)_2SO_4$$
$$TiO(OH)_2 \longrightarrow TiO_2 + H_2O$$

② 六亚甲基四胺作为沉淀剂制备 ZnO：

$$(CH_2)_6N_4 + 10H_2O \longrightarrow 6HCHO + 4NH_3 \cdot H_2O$$
$$Zn^{2+} + 2NH_3 \cdot H_2O \longrightarrow Zn(OH)_2 \downarrow + 2NH_4^+$$
$$Zn(OH)_2 \longrightarrow ZnO + H_2O$$

从化学角度来看，在难溶盐溶液中，当其浓度大于它在该温度下的溶解度时就出现沉淀，或者说在难溶电解质溶液中，如果溶解的正、负离子的离子浓度乘积（简称离子积）大于该难溶物的溶度积，这种物质就会沉淀出来。即存在于溶液中的离子 A^+ 和 B^-，当它们的离子浓度积超过其溶度积 $c(A^+) \cdot c(B^-)$ 时，A^+ 和 B^- 之间就开始结合，进而形成晶核。随着晶核生长和在重力的作用下发生沉降，形成沉淀物。一般而言，当颗粒粒径达到 $1\mu m$ 以上时就形成沉淀。

溶度积可由有关手册查阅。由不同金属离子浓度可计算出开始生成氢氧化物沉淀的

pH 值。表 10-2 为常见金属氢氧化物沉淀的 pH 值。

表 10-2 常见金属氢氧化物沉淀的 pH 值

氢氧化物	溶度积	开始沉淀时的 pH 值	沉淀完全时的 pH 值
Al (OH)$_3$	1.3×10^{-33}	3.37	4.71
Co (OH)$_2$	1.6×10^{-15}	7.1	9.1
Fe (OH)$_3$	3.2×10^{-38}	1.14	3.0
Fe (OH)$_2$	1.0×10^{-15}	5.85	8.35
Zn (OH)$_2$	7.1×10^{-18}	5.5	8.0
Mg (OH)$_2$	1.8×10^{-11}	8.4	10.87
Cu (OH)$_2$	5.0×10^{-20}	4.2	6.7

　　根据沉淀方式的不同液相沉淀法可分为共沉淀法、均匀沉淀法和直接沉淀法，它们都是利用生成沉淀的液相反应来制取纳米粉体的。液相沉淀法反应过程简单，成本低，所得粉体性能良好，便于推广和工业化生产，广泛用于制备金属氧化物、复合氧化物、含氧酸盐、硫化物等。

（1）共沉淀法

　　共沉淀法是在混合的金属盐溶液（含有两种或两种以上的金属离子）中加入合适的沉淀剂，反应生成均匀沉淀，沉淀热分解后得到高纯纳米粉体材料。它是制备含有两种以上金属元素的复合氧化物纳米粉体的主要方法。其在制备过程中完成了反应及掺杂过程，因而得到的纳米粉体化学成分均一、粒度小而且均匀。它又可分成单相共沉淀和混合物共沉淀。

　　沉淀物为单一化合物或单相固溶体时，称为单相共沉淀，亦称化合物沉淀法。溶液中的金属离子是以具有与配比组成相等的化学计量化合物形式沉淀的，因而，当沉淀颗粒的金属原子之比就是产物的金属原子之比时，沉淀物具有在原子尺度上的组成均匀性。但是对于由两种以上金属元素组成的化合物，当金属原子之比按倍比法则，是简单的整数比时，保证组成均匀性是可以的，而当要定量地加入微量成分时，保证组成均匀性常常很困难，靠化合物沉淀法来分散微量成分，难以达到原子尺度上的均匀性。如果利用形成固溶体的方法就可以收到良好效果。

　　如果沉淀产物为混合物时，称为混合物共沉淀。混合物共沉淀过程是非常复杂的，溶液中不同种类的阳离子不能同时沉淀,各种离子沉淀的先后与溶液的 pH 密切相关。例如，Zr、Y、Mg、Ca 的氯化物溶入水形成溶液，各种金属离子发生沉淀的 pH 值范围不同，如图 10-8 所示。为了获得沉淀的均匀性，通常是将含多种阳离子的盐溶液慢慢加到过量的沉淀剂中并进行搅拌,使所有沉淀离子的浓度大大超过沉淀的平衡浓度，尽量使各组分按比例同时沉淀出来，从

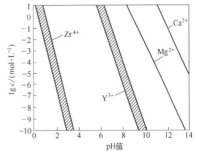

图 10-8 水溶液中锆离子和稳定剂离子的浓度与 pH 值的关系

而得到较均匀的沉淀物。但由于组分之间的沉淀产生的浓度及沉淀速度存在差异，所以可能会降低溶液的原始原子水平的均匀性。沉淀通常是氢氧化物或水合氧化物，但也可以是草酸盐、碳酸盐等。此过程的关键在于如何使组成材料的多种离子同时沉淀。一般通过高速搅拌、加入过量沉淀剂以及调节 pH 值来得到较均匀的沉淀物。

（2）均匀沉淀法

上述两种沉淀法，在其操作过程中，难免会出现沉淀剂与待沉淀组分的混合不均匀、沉淀颗粒粗细不等、杂质带入较多等现象，均匀沉淀法则能克服此类缺点。均匀沉淀法不是把沉淀剂直接加入待沉淀溶液中，也不是加沉淀剂后立即产生沉淀，而是首先使待沉淀金属盐溶液与沉淀剂母体充分混合，预先造成一种十分均匀的体系，然后调节温度和时间，逐渐提高 pH 值，或者采用在体系中逐渐生成沉淀剂等方式，创造形成沉淀的条件，使沉淀缓慢进行，以制得颗粒十分均匀而且比较纯净的沉淀物。例如，为了制取氢氧化铝沉淀，可在铝盐溶液中加入尿素溶于其中，混合均匀后，加热升温到 90~100℃，此时溶液中各处的尿素同时水解，释放出 OH^-，反应如下：

$$(NH_2)_2CO+3H_2O \rightarrow 2NH_4^+ + CO_2 + 2OH^-$$

于是氢氧化铝沉淀即在整个体系内均匀而同步地形成。尿素的水解速度随温度的改变而改变，调节温度可以控制沉淀反应在所需要的 OH^- 浓度下进行。

均匀沉淀法不限于利用中和反应，还可以利用酯类或其他有机物的水解、配合物的分解或氧化还原等方式来进行。除尿素外，均匀沉淀法常用的类似沉淀剂母体列于表 10-3 中。另外，当使用过量一水合氨作用于镍、铜或钴等离子时，在室温条件下，会发生沉淀重新溶解形成可溶性金属配合物的现象。而加热配合物离子溶液或 pH 值降低时，又会产生沉淀。这种配合沉淀的方法，也可归于均匀沉淀法一类，使用也较广泛。

表 10-3　均匀沉淀法使用的部分沉淀剂母体

沉淀剂	母体	化学反应
OH^-	尿素	$(NH_2)_2CO+3H_2O \longrightarrow 2NH_4^+ + 2OH^- + CO_2$
PO_4^{3-}	磷酸三甲酯	$(CH_3)_3PO_4+3H_2O \longrightarrow 3CH_3OH+H_3PO_4$
$C_2O_4^{2-}$	尿素与草酸二甲酯或草酸	$(NH_2)_2CO+2HC_2O_4^- +H_2O \longrightarrow 2NH_4^+ + 2C_2O_4^{2-} + CO_2$
SO_4^{2-}	硫酸二甲酯	$(CH_3)_2SO_4+2H_2O \longrightarrow 2CH_3OH+2H^+ + SO_4^{2-}$
	磺酰胺	$NH_2SO_3H+H_2O \longrightarrow NH_4^+ + H^+ + SO_4^{2-}$
S^{2-}	硫代乙酰胺	$CH_3CSNH_2+H_2O \longrightarrow CH_3CONH_2+H_2S$
	硫脲	$(NH_2)_2CS+4H_2O \longrightarrow 2NH_4^+ + 2OH^- + CO_2+H_2S$
CrO_4^{2-}	尿酸与 $HCrO_4^-$	$(NH_2)_2CO+2HCrO_4^- +H_2O \longrightarrow 2NH_4^+ + CO_2+2CrO_4^{2-}$

（3）直接沉淀法

直接沉淀法是使溶液中的金属阳离子直接与沉淀剂如 OH^-、$C_2O_4^{2-}$、CO_3^{2-}，在一定条件下发生反应而形成沉淀物，经过过滤、洗涤等处理将原有的阴离子洗去然后焙烧得到纳米粉体。直接沉淀法操作简便易行，对设备、技术要求不太苛刻，不易引入其他杂质，产品纯度很高，有良好的化学计量性，成本较低，因而对其研究也较多，但其合成的纳米粉体粒径分布较宽，分散性较差。不同的沉淀剂可以得到不同的沉淀产物，常见的沉淀剂为：$NH_3 \cdot H_2O$、$NaOH$、NH_4HCO_3、Na_2CO_3、$(NH_4)_2C_2O_4$ 等。按沉淀剂的不同，直接沉淀法又可分为氢氧化物沉淀法、草酸盐沉淀法、碳酸氢铵沉淀法。

氢氧化物沉淀法生成的氢氧化物是一种高度聚集、无定形、黏胶的沉淀物，经干燥、煅烧后产生坚硬的团聚体，需进行研磨粉碎。此方法的优点是只要采用纯度高的原料就容易制取高纯度的纳米材料，而且有高的产率。缺点是由于 OH^- 浓度的局部不均匀而导致晶核成长速度较快，反应过程中产生的团聚问题比较突出。

草酸盐沉淀法的特点是工艺与设备较为简单，沉淀期间可将合成和细化一道完成有利于工业化。不过，草酸盐沉淀法制备粉体也存在形成严重团聚结构的困扰，从而破坏粉体的特性。一般认为，沉淀、干燥及煅烧处理过程都有可能形成团聚体。因此欲制备均匀、超细的粉体，就必须对粉体制备的全过程进行严格的控制。

碳酸氢铵沉淀法除工艺实用、经济特点外，其最终产物比草酸盐沉淀法制备的粒径小。缺点是所得无定形沉淀的颗粒非常细小，过滤时易穿滤或堵塞滤纸的小孔，造成产物损失或使沉淀的洗涤过滤难以进行。

（4）沉淀法的影响因素和过程控制

沉淀法的关键步骤是配制金属盐溶液、中和沉淀、过滤洗涤和干燥焙烧，一般而言，沉淀法的生产流程包括溶解、沉淀、洗涤、干燥、焙烧等各个步骤。

操作步骤多，过程影响因素也很多，如过饱和度、反应温度和时间、煅烧温度和时间、表面活性剂、反应物配比及浓度、沉淀剂种类、沉淀方法、阴离子的种类、pH 值、溶剂、加料方式和搅拌强度、老化等都会影响沉淀的效果。影响因素复杂常使沉淀法的制备重复性欠佳，这是沉淀法存在的一个问题。因此，控制好沉淀条件是保证沉淀物质量的关键。

① 过饱和度　溶液过饱和度越大，成核速率越快。加快成核速率，降低生长速率有利于生成粒径细小的晶粒。实际上过饱和度增加的同时也有利于晶核的生长，但随着溶液过饱和度的进一步提高，晶粒生长速率增长占优势，因此在溶液中析出的纳米氧化物粒径就会较小。如制备氧化锌时，当 Zn^{2+} 浓度一定时，尿素与 Zn^{2+} 的用量比越大，溶液过饱和度越大，越有利于形成粒径小的沉淀。为了得到粒度均匀的纳米粉体，必须改变成核阶段过程控制因素将微观混合控制过程转化为动力学过程。在成核区，体系饱和度高于均相成核临界饱和比，为均相成核动力学控制；在生长区，饱和度比小于成核临界饱和比，为界面生长控制。因此，如何控制过饱和度的大小及分布是制备粒径均匀、大小适中的前驱物的关键。具体过饱和度的控制方法是反应物的选择，改变反应温度、反应物浓度、反应物料比以及投料方式。

② 反应温度和时间　反应温度强烈地影响沉淀剂的生成速率。对于尿素而言，每增加 10℃其水解反应速率增加 1.4~1.5 倍，在 80℃下尿素进行水解提供 OH^- 的速率只及 120℃时的 1/130 左右，在 110℃下也只是 120℃的 1/2 多一些。反应温度的降低使得溶液的过饱和度大大降低，反应时间变长，对晶体的生长影响显著，导致产品颗粒粗大，粒径分布变宽，这不利于获取分散性良好的单分散颗粒。

由于沉淀剂水解程度随着反应时间的增大而增大，因而必须保持一定的反应时间，才能得到较高的产物收率。在一定反应条件下选择合适的反应时间，实质上就是选择合适的终点过饱和度。所以当反应时间选择不当时，必定导致溶液中过饱和度过低和大粒径颗粒的出现。

③ 煅烧温度和时间　经均匀沉淀反应制得的沉淀物在烘干后，再经煅烧分解成产物。在合成氧化物纳米粉体时，煅烧温度和时间是合成的关键，煅烧温度过高、时间过长都会使纳米氧化物粒径增大，因此，在保证沉淀完全分解的基础上，煅烧温度越低、时间越短越好。

④ 表面活性剂　表面活性剂的用量对微粒的大小和形貌影响较大。表面活性剂会被固相粒子吸附，产生限制效应和渗透压效应，从而产生相应的斥力位能以抵消范德华力所致的吸附位能，阻止固相粒子的靠近，从而可获得较小的纳米微粒。关于表面活性剂对粉末形状的影响，则可用晶体生长周期链理论来解释。根据该理论，晶体生长速度依晶体取向不同而不同，晶体沿强键方向生长较快，其晶面被淹没；沿弱键方向生长较慢，其晶面显现。晶体生长形状取决于其中最弱的键链。异种物质选择地吸附于某一特定晶面上，抑制了该晶面方向上晶体的生长，从而改变了晶体的形状。

表面活性剂用量太多或太少都达不到应有的效果。当表面活性剂加入量过少时，不足以完全包裹生成的纳米粒子，反而由于表面活性剂的高分子链对微粒的搭桥作用而使微粒易于接触长大；当加入的表面活性剂量较大时，对生成的纳米晶核能迅速包裹，从而阻碍了晶核的进一步生长，能够获得尺寸更小的纳米微粒。

⑤ 反应物配比及浓度　反应物离子与沉淀剂配比的大小直接影响沉淀的平衡状态。当反应物浓度一定时，沉淀剂与反应物的物质的量比越大，溶液的过饱和度就越大，这就越有利于生成小粒径颗粒沉淀。与此同时，过量的沉淀剂还可保证在一定反应时间内与反应物的充分反应，从而提高产物收率。以制备 ZnO 为例，不同原料配比下 ZnO 的收率不同。对以尿素为均匀沉淀剂的均匀沉淀法来说，尿素与 $ZnNO_3$ 的用量比较大时（浓度一定时），相应溶液中 OH^- 的浓度增大，pH 值上升，溶液过饱和度增大，从而有利于形成粒径小的沉淀。

化学沉淀以后，对沉淀的洗涤以及干燥过程亦是影响产物形貌的重要因素。沉淀条件往往为碱性或酸性，而许多物质的等电点一般接近中性，所以采用蒸馏水洗涤，将沉淀所处的溶液环境向等电点移动，从而使沉淀颗粒表面电位降低，团聚情况加剧，在粉体干燥及煅烧过程中很可能转化为硬团聚。解决这一问题的一般方法是用表面张力比水小的有机溶剂洗涤，如乙醇等，胶体表面的羟基基团被有机基团取代，在随后粉体干燥过程中，这些有机基团的存在避免了硬团聚的产生。不过这种方法要消耗大量的有机溶剂，易造成污染。另一种方法是根据沉淀物等电点对应的 pH 值，用弱碱性氨水洗涤。

液相沉淀法一般采用真空干燥，近年来又发展了超临界干燥法、冷冻干燥法和共沸蒸馏干燥法。超临界干燥法是利用物质在临界温度和压力下，气相与液相间没有界面存在，从而没有界面张力，消除了干燥过程中因表面张力引起的毛细孔塌陷而产生的颗粒聚集。冷冻干燥法是将沉淀冷冻，沉淀中的水冻成冰后其体积膨胀使原先相互靠近的颗粒被胀开，同时冰的生成使颗粒的位置固定，限制了胶体的布朗运动及相互接触，防止了颗粒在干燥过程中的聚集。共沸蒸馏干燥法是通过有机溶剂与水共同沸腾除去沉淀中的水分的方法。

沉淀剂的选择对产物的结构和形貌影响很大，最常用的沉淀剂是 NH_3、NH_4OH 以及 $(NH)_2CO_3$ 等铵盐。它们在沉淀后的洗涤和热处理时易于除去而不残留。使用 NaOH 或 Na_2CO_3 来提供 OH^-、CO_3^{2-} 一般也是较好的选择。特别是后者，不但价廉易得，而且常常形成晶型沉淀，易于洗净。

此外，下列的若干原则亦可供选择沉淀剂时参考。

① 尽可能使用易分解挥发的沉淀剂。前述常用的沉淀剂如氨气、氨水和铵盐（如碳酸铵、醋酸铵、草酸铵）、二氧化碳和碳酸盐（如碳酸钠、碳酸氢铵）、碱类（如氢氧化钠、氢氧化钾）以及尿素等，在沉淀反应完成之后，经洗涤、干燥和焙烧，有的可以被洗涤除去（如 Na^+、SO_4^{2-}），有的能转化为挥发性的气体而逸出（如 CO_2、NH_3、H_2O）。

② 形成的沉淀物必须便于过滤和洗涤。沉淀可以分为晶型沉淀和无定形沉淀，晶型沉淀中又细分为粗晶和细晶。晶型沉淀带入的杂质少，也便于过滤和洗涤，特别是粗晶粒。可见，应尽量选用能形成晶型沉淀的沉淀剂。上述那些盐类沉淀剂原则上可以形成晶型沉淀。而碱类沉淀剂，一般都会生成无定形沉淀，无定形沉淀难于洗涤过滤，但可以得到较细的沉淀粒子。

③ 沉淀剂的溶解度要大。溶解度大的沉淀剂，可能被沉淀物吸附的量较少，洗涤脱除残余沉淀剂等也较快。这种沉淀剂可以制成较浓溶液，沉淀设备利用率高。

④ 沉淀物的溶解度应很小。这是制备沉淀物最基本的要求。沉淀物溶解度越小，沉淀反应越完全，原料消耗量越少。

⑤ 沉淀剂必须无毒，不应造成环境污染。

10.2.2 模板法

（1）模板法的概念

模板合成的原理非常简单，设想存在一个纳米尺寸的笼子（纳米尺寸的反应器），让原子的成核和生长在该"纳米反应器"中进行。在反应充分进行后，"纳米反应器"的大小和形状就决定了作为产物的纳米材料的尺寸和形状。无数多个"纳米反应器"的集合就是模板合成技术中的"模板"。近年来模板法制备纳米材料引起了人们广泛的重视，这种方法可预先根据合成材料的大小和形貌设计模板，基于模板的空间限域作用和模板剂的调控作用对合成材料的大小、形貌、结构、排布等进行控制。

那么如何找到、设计和合成各种模板呢？模板根据其自身的特点和限域能力的不同可分为软模板和硬模板两种。硬模板主要是指一些具有相对刚性结构的模板，如多孔氧化铝（阳极氧化铝）膜、多孔硅、介孔沸石［如介孔硅铝酸盐（MCM-41）］、分子筛、胶态晶体、纳米管、蛋白、金属模板以及经过特殊处理的多孔高分子薄膜等。软模板则主要包括两亲分子（表面活性剂）形成的各种有序聚合物，如液晶、胶团、反胶团、微乳液、囊泡、LB 膜（Langmuir-Blodgett film）、自组装膜以及高分子的自组织结构和生物大分子等。

（2）硬模板法

硬模板多是利用材料的内表面或外表面为模板，填充到模板的单体进行化学或电化学反应，通过控制反应时间，除去模板后可以得到纳米颗粒、纳米棒、纳米线或纳米管、空心球和多孔材料等。经常使用的硬模板包括碳纳米管、多孔氧化铝膜、聚合物膜纤维、二氧化硅模板、聚苯乙烯微球、径迹蚀刻聚合物膜等。

与软模板相比，硬模板在制备纳米结构方面有着更强的限域作用，能够严格控制纳米材料的大小和尺寸。但是，硬模板法合成低维材料的后处理一般都比较麻烦，往往需要用一些强酸、强碱或有机溶剂除去模板，这不仅增加了工艺流程，而且容易破坏模板内的纳米结构。

① 碳纳米管模板法　碳纳米管的空心管状结构是一种很好的硬模板，在制备纳米线、纳米棒等一维纳米结构时具有很好的应用。如将碳纳米管与具有较高蒸气压的氧化物或卤化物反应，可合成直径 2~30nm、长度达 20μm 的多种实心结构碳化物纳米线（包括 TiC、SiC、NaC、Fe_3C、BCx）。图 10-9 是利用该原理制备氮化镓纳米线装置示意图，将 Ga/Ga_2O_3 的混合粉末置于刚玉坩埚的底部，碳纳米管放在多孔氧化铝隔板的上面，通入氨气，加热到 1173K，在碳纳米管层内部，由下而上的 Ga_2O 气体与由上而下的氨气及碳纳米管自身反应，在碳纳米管的空间限制下，合成出直径为 4~50nm、长度达 25μm 的 GaN 纳米线。其化学反应式为：

$$4Ca+Ga_2O_3 \longrightarrow 3Ga_2O（V）$$
$$2Ga_2O（V）+C（纳米管）+4NH_3（V）\longrightarrow 4GaN（纳米线）+H_2O（V）+CO（V）+5H_2（V）$$

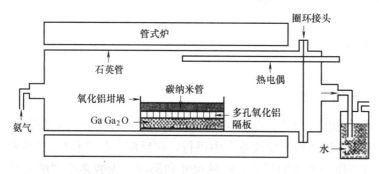

图 10-9　碳纳米管模板法合成 GaN 纳米线的装置示意

此方法最可能的生长机理是，碳纳米管的纳米空间为上述气相化学反应提供了特殊的环境，为气相的成核以及核的长大提供了优越的条件。碳纳米管的作用就像一个特殊的"试管"，一方面它在反应过程中提供所需的碳源，消耗自身；另一方面，提供了气相成核及核长大的场所，同时又限制了生成物的生长方向。图 10-10 为碳纳米管及以碳纳米管为模板合成的 GaN 纳米线。

② 氧化铝膜模板法　多孔阳极氧化铝（porous anodic alumina，PAA 或称为 anodic aluminum oxide，AAO）是将高纯铝置于酸性电解液中在低温下经阳极氧化而制得的具有自组织的高度有序的纳米孔阵列结构。它由阻挡层和多孔层构成，如图 10-11（a）所示，

紧靠金属铝表面是一层薄而致密的阻挡层，阻挡层一般是非晶结构氧化铝，多孔层的膜胞为六边紧密堆积排列，每个膜胞中心都有一个纳米级的微孔，孔的大小比较均匀，且与铝基体表面垂直，彼此平行排列，如图 10-11（b）和（c）所示。通过控制阳极氧化条件可以得到不同孔径和厚度的多种氧化铝模板，多孔氧化铝具有丰富的微孔结构，其孔排列均匀、规则有序，而且孔径的尺寸容易控制。

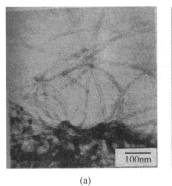
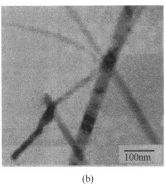

(a)   (b)

图 10-10　碳纳米管（a）和以碳纳米管为模板合成的 GaN 纳米线（b）

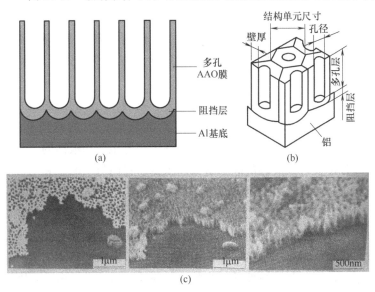

图 10-11　AAO/Al 结构的截面（a）、多孔阳极氧化铝六边形结构（b）及 SEM 照片（c）

通过化学、电化学方法或高温、高压下迫使熔化的金属进入 AAO 孔洞的方法获得规则有序的纳米组装阵列，利用多孔阳极氧化铝膜作为模板合成纳米材料与纳米结构的工艺流程如图 10-12 所示。

实现物料在孔洞中成核生长的办法有很多，其中电化学沉积的研究非常成功：AAO 模板首先通过离子溅射或热蒸发方法覆盖一层金属薄膜作为电镀的阴极，然后置于电镀液中组成回路，通电以使金属离子沉积在孔道中，通过控制沉积的量得到纳米粒子、纳米短棒或纳米长棒，此方法在制备 Cu、Pt、Au、Ag 和 Ni 在内的一系列不同长径比金属纳米材料上得到了广泛应用，也可以用于制备导电聚合物（如聚苯胺）纳米管和纳米丝。

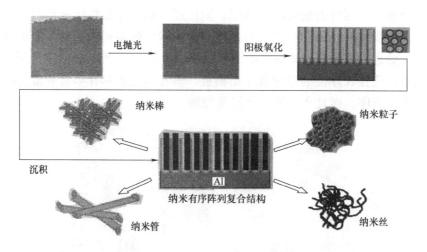

图 10-12　AAO 模板法制备纳米材料与纳米结构的工艺流程

除电化学沉积外，还可通过化学聚合、溶胶-凝胶、化学气相沉积和均匀沉淀等多种方法实现在多孔氧化铝模板中生长二维纳米无机和有机化合物。

（3）软模板法

软模板通常为表面活性剂形成的有序聚集体，主要包括胶束、微乳液、囊泡、LB 膜以及溶致液晶（LLC）等，这些模板分别通过介观尺寸的有序结构以及亲水、亲油区域来控制颗粒的形状、大小与取向。

什么是表面活性剂呢？若一种物质（甲）能降低另一物质（乙）的表面张力，就说甲对乙有表面活性。而以很低的浓度就能显著降低溶剂的表面张力的物质叫表面活性剂（surfactant）。表面活性剂（图 10-13）是一类由非极性的"链尾"和极性的"头基"组成的有机化合物。非极性部分是直链或支链的碳氢链或碳氟链，它们与水的亲和力极弱，而与油（一切不溶于水的有机液体如苯、四氯化碳等统称为"油"）有较强的亲和力，因此被称为憎水基、疏水基或亲油基。极性头基为正、负离子或极性的非离子，它们通过离子-偶极或偶极-偶极作用而与水分子产生强烈相互作用，并且水化，因此被称为亲水基或头基。表面活性剂的亲油基一般是由长链烃基构成的，结构上差别较小，以碳氢基团为主，要有足够大小，一般八个碳原子以上。亲水基（极性基、头基）部分的基团种类繁多，差别较大，一般为带电的离子基团和不带电的极性基团。表面活性剂分子具有亲水油的双亲性质，因此又被称为双亲分子。有些低分子量的醇、酸、胺等也具有双亲性质，但由于亲水基的亲水性太弱它们不能与水完全混溶，因而不能作为主表面活性剂使用。它们（主要是低分子量醇）通

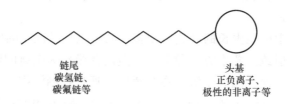

链尾　　　　　　　　　头基
碳氢链、　　　　　　正负离子、
碳氟链等　　　　　　极性的非离子等

图 10-13　表面活性剂分子结构

常与表面活性剂混合组成表面活性剂体系，被称为助表面活性剂。

表面活性剂根据其分子在水溶液中能否解离及解离后所带电荷类型分为非离子型、阴离子型、阳离子型和两性离子型表面活性剂，分类见表10-4。

表10-4　表面活性剂分类

按离子类型分类		按亲水基的种类分类	
离子型表面活性剂	阴离子型 表面活性剂	$R—COONa$ $R—OSO_2Na$ $R—SO_3Na$ $R—OPO_3Na$	羧酸盐 硫酸酯盐 磺酸酯盐 磷酸酯盐
	阳离子型 表面活性剂	RNH_3Cl R_2NH_2Cl R_3NHCl $R_4N^+ \cdot Cl^-$	伯胺盐 仲胺盐 叔胺盐 季铵盐
	两性离子型表面活性剂	$R—NHCH_2—CH_2COOH$　氨基酸型 $R(CH_3)_2N^+—CH_2COO^-$　甜菜碱型	
非离子型表面活性剂		$R—O—(CH_2CH_2O)_nH$　聚氧乙烯型 $R—COOCH_2$ ⎯ CH_2OH ⎯ CH_2OH ⎯ CH_2OH　多元醇型	

① 胶束　胶束又称胶团，是表面活性剂分子或离子在溶液中的胶体聚集物。表面活性剂在溶液中的浓度大于临界胶束浓度时便形成聚集物。胶束在表面活性剂浓度不大时一般是球状，随着浓度的增大成为棒状或层状等。胶束形成过程如图10-14所示。

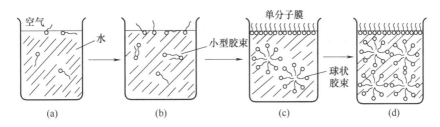

图10-14　胶束形成过程示意

胶束的基本结构分为两大部分：内核和外层。在水溶液中，胶束的内核由彼此结合的疏水基构成，形成胶束水溶液中非极性微区；胶束的内核与溶液之间为水化的表面活性剂极性基构成的外层。表面活性剂在水中由单体或预胶束向胶束转变时的浓度称为临界胶束浓度，它是一段较窄的浓度范围。在该浓度范围内，表面活性剂溶液的各种物理化学性质会发生突变。这种亲油端在内、亲水端在外的"水包油型"胶束，叫作正相胶束，正相胶束的直径为 5~100nm。油相中，亲水端在内、亲油端在外的"油包水型"胶束，叫作反相胶束，反相胶束的直径为 3~6nm。

胶束可以为化学反应提供合适的微环境，同时胶束能使原来不溶或者微溶于反应介质的反应物增溶，增加接触机会，从而使得反应速率加快。利用胶束作为模板已经制备了许多无机纳米结构及其有序超结构。如在 2-乙基己基琥珀酸酯磺酸钠（AOT）反胶束中利用化学还原法制备出 Co 纳米微晶，在还原剂量较低的情况下，反胶束起到反应器的作用，Co 在反胶束内核中结晶成核形成纳米晶；当还原剂在高浓度下，胶束的结构被破坏则不能有效地利用反胶束作为模板来合成纳米粒子。采用正负混合表面活性剂构成的混合反胶束体系制备直径仅为 3.5nm、长度达 50μm 极高长径比的 BaWO₄ 单晶纳米线；在聚乙烯醇 PEG-b-PMMA 与阴离子表面活性剂 SDS 的混合体系，利用聚合物-表面活性剂配合物胶束，制得了纳米、微米的银空心球颗粒。

② 微乳液　微乳液是由表面活性剂、助表面活性剂、油、水或盐水等组分在合适配比下自发形成的具有热力学稳定性的、均一透明的、各向同性的、低黏度的分散体系。微乳液在结构上主要可分为 3 种：水包油（O/W）型、油包水（W/O）型和双连续（BI）结构（如 W/O/W、O/W/O 等），如图 10-15 所示。

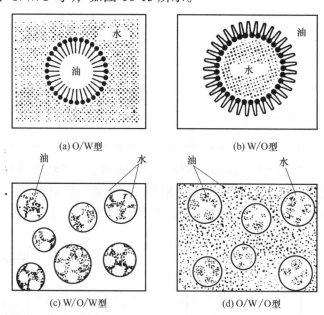

(a) O/W型　　　　　　　　　　(b) W/O型

(c) W/O/W型　　　　　　　　　(d) O/W/O型

图 10-15　不同类型微乳液结构

微乳液法是以微乳液体系为模板制备纳米粒子的方法，通常有 O/W 型和 W/O 型两种类型。在 W/O 型微乳液中，小的"水池"被表面活性剂所形成的单分子界面膜所包覆而形成微乳液液滴，其大小可控制在几纳米到几十纳米之间，水池的半径与体系中表面活性剂的种类和浓度有关。微乳液的"水池"尺寸小，而且彼此分离，因此可以将微乳液液滴作为微反应器，此即微乳液模板。实现微反应器内的反应可以通过直接加入法——向 A 的 W/O 型微乳液中加入反应物 B，通过渗透扩散进入微乳液液滴进行反应；或者通过共混法——向 A 的 W/O 型微乳液中加入含有相同水油比的反应物 B 的 W/O 型微乳液，两种胶束通过碰撞、融合、分离、重组等过程使反应物 A 和 B 在胶束内反应。

以制备羟基磷灰石（HAP）纳米粒子为例，介绍反相微乳液（W/O）法在制备无机纳米粒子的工艺流程：在磁力搅拌器剧烈搅拌的条件下，将 0.3mol/L（NH$_4$）$_2$HPO$_4$ 水溶液逐渐滴入配制有（Triton X-100+Tween 80）/环己烷/（正己醇+正丁醇）表面活性剂和助表面活性剂的 0.5mol/L Ca（NO$_3$）$_2$ 水溶液反相微乳液体系中，保持（NH$_4$）$_2$HPO$_4$ 和 Ca（NO$_3$）$_2$ 水溶液的体积分数相等。然后用 25% 的氨水调节体系 pH=10~11，搅拌 10min 后，密封陈化 24h，再用无水乙醇进行破乳，离心分离，用无水乙醇洗涤，然后将其放在烘箱中，于 80℃ 干燥 6h，烘干的成品放入马弗炉中，于 650℃ 焙烧 6h，即可得到棒状 HAP 纳米粒子。

影响微乳液法制备纳米粒子的影响因素主要有混合表面活性剂的 HLB（亲水亲油平衡值）、表面活性剂浓度和热处理温度等条件。应用该法可制备各种材质的催化剂、半导体等纳米微粒，如金属单质、合金、氧化物等无机化合物，还可根据需要制得结晶粉体和非晶粉体，制备的纳米粉体粒径分布窄，粒径可控制在 10nm 以下。

③ 囊泡　某些两亲分子，如许多天然合成的表面活性剂及不能简单缔合成胶团的磷脂，分散于水中时会自发形成一类具有封闭双层结构的分子有序组合体，称为囊泡（vesicles），也称为脂质体（liposome）。一般认为，如果这些两亲分子是天然表面活性剂卵磷脂，则形成的结构就称为脂质体；若由合成表面活性剂组成，则称为囊泡。囊泡是由封闭双分子层形成的球形或近球形结构，内部含有一个或多个水室，如图 10-16 所示，只含一个水室的囊泡是单室囊泡；多室囊泡则是封闭双分子层形成同心球式的排列，中心及各个双层中间均为水室。双分子层内表面活性剂分子的疏水链"尾对尾"并可能发生交叉或倾斜。常见的囊泡的线性尺寸一般为 30~100nm，也有达到数微米的单室囊泡。多囊泡一般比单室囊泡大一些，在微米数量级附近。除了球形、近球形囊泡外，还发现有管状的囊泡。与反相微乳液类似，囊泡可作为微反应器，提供晶体生长的间隙化空间，粒径及粒径分布比较容易控制，本身还可作为稳定剂防止粒子聚结。

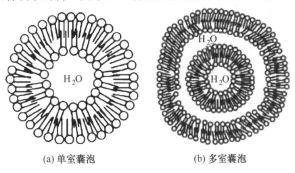

(a) 单室囊泡　　　　　(b) 多室囊泡

图 10-16　囊泡的结构

④ 溶致液晶　液晶分为溶致液晶和热致液晶,溶致液晶主要是由一种或多种双亲化合物组成的化学体系,即双亲化合物和溶剂形成的有序体系。常见的表面活性剂液晶有三种:层状相、立方相和六角相液晶。结构如图 10-17 所示,层状相液晶中表面活性剂形成的双分子层与水层相互间隔,平行排列,形成长程有序而短程无序的层状结构;立方相液晶是表面活性剂形成的球形或圆柱形胶束在溶液中立方堆积,形成的面心或体心立方结构;六角相液晶则是圆柱形聚集体平行排列形成的六角结构。

(a) 层状相　　　　　(b) 六角相　　　　　(c) 立方相

图 10-17　溶致液晶的结构

溶致液晶模板结构多样,模板的连续性、对称性以及微观区域的尺寸大小可以预先设计和调节;并且液晶相具有较大的黏度,其中生成的粒子不易团聚;同时液晶模板在纳米材料合成过程中性能稳定,材料合成后在一定温度下通过灼烧、溶解等方法即可除去模板。因此,溶致液晶是合成纳米材料重要的一种软模板。

⑤ 生物分子模板法　一些生物组织和大分子,如蛋白质、DNA、微生物等,由于它们具有特定的晶格结构以及分子识别功能,可用作生物模板来引导纳米材料的合成。生物分子模板法合成纳米材料就是指以具有特定结构的生物组织和大分子为模板,利用生物自组装及其空间限域效应,通过一定的合成方法并按照设计要求形成纳米结构。

例如蛋白质是若干个氨基酸通过肽键连成的长链生物大分子,蛋白质以一定的自组装结构存在而具有相应的生物功能。某些细菌和藻类中就有自发组装的数十纳米宽,几百纳米长的蛋白管状结构,是很好的一维纳米线的软模板。DNA 分子是直径约 2nm 的双螺旋体,具有线型、环型等拓扑结构,其长度可达几十微米,并且通过碱基对的裁剪可以人为设计和精确控制 DNA 分子的长短。DNA 分子直径较小,分子识别能力和自组装能力很强,使得纳米团簇组装过程具有高度的选择性;又因为生物分子的热不稳定性,当将组装起来的纳米团簇加热到一定温度时,DNA 分子被破坏,纳米团簇将重新分散。此外,由于组装的动力来源于纳米团簇外包覆分子的分子识别,因此,采用 DNA 模板法可实现不同种类及不同粒径的纳米团簇的组装。例如以 DNA 作为模板,将硝酸银溶液中的 Ag^+ 和 DNA 链上的 Na^+ 进行离子交换,银离子就组装到 DNA 链上,在两个相距 12~16μm 的金电极之间合成了直径为 100nm、长度达 12μm 的银纳米线。

微生物包括病毒、细菌以及真菌,具有独特而有趣的结构组成,能够迅速、廉价地再生。另外,它们的细胞具有各种各样的几何外形,如球状、杆状、丝状、螺旋状、管状、轮状、玉米状、香蕉状、刺猬状等,为纳米材料的合成提供了丰富的模板。

10.2.3　化学还原法

金属纳米晶和金属胶体在催化、吸附、传感、能量转换等多个方面具有优异的性能而备受瞩目。化学还原法制备金属胶体在控制粒子尺寸、尺寸分布和粒子形貌上具有十分突出的优势，用这种方法现已制备了各种金属和合金的纳米杆、立方体、棱锥、水滴状物、四足动物形状、板以及盘等各种形状的纳米材料。

所谓化学还原法，是指选择合适的还原剂，在溶剂中将金属离子还原为零价的金属，并且在合适的保护剂下生成1~100nm的金属纳米粒子。影响粒子的大小和形貌的关键因素是如何选择合适的还原剂、保护剂和溶剂，以及它们的相对和绝对浓度，反应温度等。水溶液中的纳米颗粒胶体称为水溶胶，有机溶剂中的称为有机溶胶。

（1）还原剂

使用的还原剂有醇、醛、H_2、CO、CS_2、柠檬酸及其钠盐、硼氢化物、硅氢化物、肼、盐酸羟胺等。

以氢气为还原剂：

$$M^{n+}+n/2H_2 \longrightarrow M^0+nH^+$$

以硼氢化物为还原剂：

$$M^{n+}+n/8BH_4^-+3n/8H_2O \longrightarrow M^0+n/8B（OH）_3+7n/8H^+$$

以肼为还原剂：

$$M^{n+}+n/4N_2H_4+nOH^- \longrightarrow M^0+n/4N_2\uparrow+nH_2O$$

以醇为还原剂：

$$M^{n+}+n/2RCH_2OH \longrightarrow M^0+n/2RCHO+nH^+$$

（2）溶剂

以水为溶剂可合成许多金属纳米粒子，如Turkevich广泛深入地研究了以柠檬酸钠为还原剂制备出Au、Pd、Pt胶体及Pt-Au、Pt-Pd双金属胶体。Au胶体的粒径大小为（20.0±1.5）nm，Pd胶体的为7.5nm，并且以7.5nm的Pd胶体为"晶种"，生长出了15nm和30nm的Pd水溶胶。这里的柠檬酸负离子兼具还原剂和胶体保护剂的作用。Chen等给出了一种用还原法制备了Ag纳米片的方法：第一步，将$NaBH_4$快速地倒入$AgNO_3$和柠檬酸钠混合溶液中，得到粒子大小为（15±6）nm。第二步，将上述溶液与十六烷基三甲基溴化铵、$AgNO_3$和抗坏血酸溶液混合后，快速加入NaOH溶液中，轻轻地摇动，溶液的颜色在5min之内就会从微黄转为褐色、红色，最后变为绿色。图10-18是新制备好的Ag纳

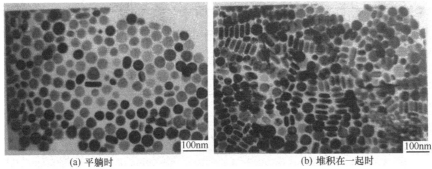

(a) 平躺时　　　　　　　　　　　　　(b) 堆积在一起时

图10-18　新制备的Ag纳米片的TEM照片

米晶平躺和立在衬底上时的 TEM 像，显示了其片状的形貌，平均直径为（59±10）nm，厚度为（26±3.4）nm。

表 10-5 给出了不同研究者在水溶液中利用不同的还原剂和不同保护剂还原金属盐所得纳米颗粒的粒径范围。

表 10-5　水溶液中利用化学还原法制备金属纳米粒子典型事例

金属	金属前体	还原剂	保护剂	平均粒径/nm
Co	$Co(OAc)_2$	$N_2H_4 \cdot H_2O$	无	约 20
Ni	$NiCl_2$	$N_2H_4 \cdot H_2O$+NaOH	CTAB	10~36
Ni	$Ni(OAc)_2$	$N_2H_4 \cdot H_2O$+NaOH	无	10~20
Cu	$CuSO_4$	$N_2H_4 \cdot H_2O$	SDS	约 35
Ag	$AgNO_3$	抗坏血酸	Daxad 19	15~26
Ag	$AgNO_3$	$NaBH_4$	TADDD	3~5
Pt	H_2PtCl_6	酒石酸钾	TDPC	<1.5
Au	$HAuCl_4$	柠檬酸钠	S3MP	

注：CTAB——十六烷基三甲基溴化铵；SDS—十二烷基硫酸钠；Daxad 19——高分子量的萘磺酸钠盐甲醛缩合物；TADDD——二（11-三甲基葵酰氨基乙基铵）；TDPC——3,3′-疏代二丙酸；S3MP——3-巯基丙酸钠。

在有机溶剂中还原金属离子合成金属纳米粒子也得到了广泛研究，如在 NaOH 的乙二醇溶液中还原相应前驱体，合成了由溶剂稳定的 Pt、Ru、Rh 纳米颗粒，颗粒尺寸小、分布窄、浓度高、稳定性好。采用三缩四乙二醇为溶剂、还原剂和稳定剂，制备了 Pd 金属纳米颗粒。Bonnemann 提出可采用下式的方法制备周期表中ⅠB、ⅣB-Ⅷ族金属的胶体：

$$nMXv+nvNR_4(BEt_3H) \longrightarrow nM+nvNR_4X+nvBEt_3+nv/2H_2$$

式中，X 为卤素；M 为ⅠB、ⅣB-Ⅷ族金属；v=1、2、3；R 为 C_6~C_{20} 烷基。这里化合物 $NR_4(BEt_3H)$ 中的有机胺正离子为阳离子表面活性剂，发挥保护胶体的作用；有机硼负离子则起还原剂的作用。若用金属盐的混合物，共还原时能得到双金属合金胶体，如 Ru-Pt、Pd-Pt、Pt-Cu、Pt-Co、Ni-Co、Fe-Co 等。表 10-6 给出了不同研究者在有机溶液中利用不同的还原剂和不同保护剂还原金属盐的条件和所得纳米颗粒的粒径范围。

表 10-6　有机溶剂中利用化学还原法制备金属纳米粒子典型事例

金属	金属前体	溶剂	还原剂	保护剂	条件	产物粒径/nm
Fe	$Fe(OEt)_2$	THF	$NaBEt_3H$	THF	67℃，16h	10~100
Fe	$Fe(acac)_2$	THF	Mg	THF		约 8
$Fe_{20}Ni_{80}$	$Fe(OAc)_2$ $Ni(OAc)_2$	EG	EG	EG	回流（150~160℃）	6（A）
Co	$Co(OH)_2$	THF	$NaBEt_3H$	THF	23℃，2h	10~100
Co	$CoCl_2$	THF	Mg	THF		约 12
$Co_{20}Ni_{80}$	$Co(OAc)_2$ $Ni(OAc)_2$	EG	EG	EG	回流（150~160℃）	18~22（A）
Ni	$Ni(acac)_2$	HDA	$NaBH_4$	HDA	160℃	3.7（C）

金属	金属前体	溶剂	还原剂	保护剂	条件	产物粒径/nm
Ni	$NiCl_2$	THF	Mg	THF		约94
Ni	$Ni(OAc)_2$	EG	EG	EG	回流（150~160℃）	25（A）
Ru	$RuCl_3$	1,2-PD	1,2-PD	Na(OAc)和DT	170℃	1~6（C）
Ag	$AgNO_3$	甲醇	$NaBH_4$	MSA	室温	1~6（C）
Ag	$AgClO_4$	DMF	DMF	3-APTMS	20~156℃	70~20（C）
Au	$AuCl_3$	THF	$K^+(15C5)_2K^-$	THF	−50℃	6~11（C）
Au	$HAuCl_4$	甲酰胺	甲酰胺	PVP	30℃	30（C）

注：EG——乙二醇；DMF——二甲基酰胺；HDA——十六烷基胺；THF——四氢呋喃；1,2-PD——丙二醇；MSA——巯基琥珀酸；3-APTMS——氨丙基三甲氧基硅烷；PVP——聚乙烯吡咯烷酮；DT——正十二硫醇。（A）——团聚的；（C）——胶体的/单分散的。

（3）保护剂

制备金属胶体的保护剂有四种：①溶剂：如乙二醇、四氢呋喃；②表面活性剂：如十二烷基苯磺酸钠；③小分子配体：如三磺酸钠三苯磷、柠檬酸；④高分子：高分子又分为天然高分子（如明胶、藻酸钠等）和合成高分子（如聚丙烯酸、聚乙烯醇、聚-N-乙烯基吡咯烷酮等）。保护剂的作用是：①使金属纳米粒子的粒径在 1~100nm 范围内；②使颗粒分散于介质中且能稳定存在。

不过，用溶剂、配体及表面活性剂作为稳定剂不易得到稳定的金属纳米胶体。这些稳定剂稳定的金属胶体即使在温和的反应条件下也是不稳定的，会产生金属沉淀。相反，聚合物稳定的纳米胶体是很稳定的，可以适应较苛刻的反应条件，如丙烯氢甲酰化（4.0MPa 和 363K）、甲醇羰基化（3.0MPa 和 413K）、α，β-不饱和醛的选择性氢化等。因此很多研究者就把注意力集中到高分子稳定的金属胶体上，其中比较有代表性的是夏幼南用乙二醇既作为溶剂又作为还原剂,加入聚乙烯吡咯烷酮 PVP 在 160℃还原 $AgNO_3$，制备了不同形状的 Ag 纳米颗粒，图 10-19 是制取的 Ag 纳米立方体的电镜照片。研究发现，材料的形貌与 $AgNO_3$ 的浓度、$AgNO_3$ 与 PVP 的比例以及温度等反应条件密切相关。控制纳米粒子的尺度、形状和结构在技术上具有重要意义，因而它们与其光学、电学和催化性能紧密相关。

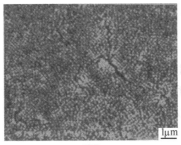
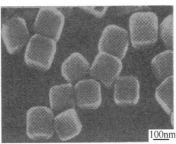

(a) 低倍　　　　　　　　　　(b) 高倍

图 10-19　还原法制备的 Ag 纳米立方体 SEM 照片

10.2.4　金属醇盐水解法

金属醇盐水解法是利用一些金属有机醇盐能溶于有机溶剂并可能发生水解，生成氢氧化物或氧化物沉淀的特性来制备超细粉末的一种方法。

金属醇盐可用一般式 $M(OR)_n$ 表示，即金属离子与烷氧基结合的产物。采用金属醇盐水解制备纳米颗粒必须首先获得金属醇盐，制备金属醇盐有以下几种方法。

（1）单金属醇盐的制备

① 由金属和醇反应制备。碱金属、碱土金属、镧系等元素可以与醇直接反应生成金属醇盐和氢。

$$M+nROH \longrightarrow M(OR)_n+n/2H_2 \uparrow$$

其中，R 为有机基团，如烷基—C_3H_7、—C_4H_9 等；M 为金属，如 Li、Na、K、Ca、Sr、Ba 等强正电性元素，在惰性气氛下直接溶于醇而制得醇化物。但是 Be、Mg、Al、Y、Yb 等弱正电性元素必须在催化剂（I_2、$HgCl_2$、HgI_2）存在下进行反应。另外，La、Si 及 Ti 的醇盐也可用这种方法制备。

② 由金属氢氧化物、氧化物与醇反应或交换反应制备。对于正电性小的元素的醇盐可由下述平衡反应制备，生成的水不断被除去，致使反应平衡向右移动。

$$M(OR)_n+nROH \longrightarrow M(OR)_n+nH_2O \uparrow$$

$$MO_{n/2}+nROH \longrightarrow M(OR)_n+n/2H_2O \uparrow$$

可用于 B、Si、Ce、Sn、Pb、As、Se、V 和 Hg 的醇盐制备。

③ 金属不能与醇直接反应，可以用卤化物与醇反应制备。

$$MCl_3+3C_2H_5OH \longrightarrow M(OC_2H_5)_3+3HCl$$

不过，多数金属氯化物与醇的反应，仅部分 Cl 与烷氧基发生置换。可加入 NH_3、吡啶、三烷基胺、醇钠等含碱性基团的物质，使反应进行到底。

④ 由烷氨基金属和醇反应制备。

$$M(NR_2)_n+nROH \longrightarrow M(OR)_n+nHNR_2 \uparrow \quad (M=U、V、Cr、Sn、Ti)$$

（2）双金属醇盐的制备

可采用下列方法：两种醇盐之间直接反应、一种醇盐和另一种金属反应、金属卤化物置换两种醇盐中的一种金属以及两种金属卤化物和钾醇盐反应得到。

（3）金属醇盐水解制备纳米粉体

金属醇盐与水反应生成氧化物、氢氧化物、水合氧化物的沉淀。

除硅的醇盐（需要加碱催化）外，几乎所有的金属醇盐与水反应都很快，产物中的氢氧化物、水合物灼烧后变为氧化物。迄今为止，已制备了 100 多种金属氧化物或复合金属氧化粉末。

① 一种金属醇盐水解制备纳米颗粒。水解条件不同，沉淀的类型亦不同，例如铅的醇化物，室温下水解生成 $PbO_{1/3}H_2O$，而回流下水解则生成 PbO 沉淀。

② 复合金属氧化物粉末。可以通过制备多金属复合醇盐然后水解制备，由复合醇盐水解的产物一般是原子水平混合均一的无定形沉淀。如 Ni[Fe(OEt)$_4$]$_2$、Co[Fe(OEt)$_4$]$_2$、Zn[Fe(OEt)$_4$]$_2$ 的水解产物，灼烧后为 NiFe$_2$O$_4$、CoFe$_2$O$_4$、ZnFe$_2$O$_4$；或者采用两种及以上的单金属醇盐混合溶液（无化学结合）水解制得。它们的水解具有分离倾向，但是大多数金属醇盐水解速率很大，仍然可以保持粒子组成的均一性。两种以上金属醇盐水解速率差别很大时，可采用溶胶-凝胶法制备均一性的超微粉。

举例说明用金属醇盐混合溶液水解法制备 BaTiO$_3$ 的详细过程（图 10-20）。

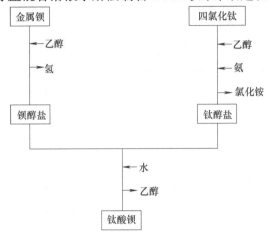

图 10-20　钛酸钡的合成工艺流程

由钡与醇直接反应得到钡的醇盐，并放出氢气；醇与加有氨的四氯化钛反应得到钛的醇盐，然后滤掉氯化铵。将上述两种醇盐混合溶入苯中，使 Ba∶Ti 为 1∶1，再回流约 2h，然后在此溶液中慢慢加入少量蒸馏水并进行搅拌，可制得了粒径为 10~15nm 的晶态 BaTiO$_3$。

10.2.5　有机金属热分解法

金属有机化合物热解法，也称金属有机化合物前驱体法，是通过配合物与不同金属离子的配合作用，得到高度分散的复合前驱体，最后通过热分解的方法去除有机配体得到纳米粒子。

金属有机化合物热解法制备纳米粒子的优点如下。

① 由于金属有机化合物可以通过精馏或重结晶达到高纯，保证了纳米粒子的纯度。

② 金属有机化合物种类繁多，具有广泛的选择性。

③ 金属有机化合物可以溶于许多溶剂中，因此可以在许多介质中制备纳米粒子。

但金属有机化合物本身具有的毒性，在一定范围内限制了其应用。

Alivisatos 等在 300℃ 的高温下热分解三辛基膦酸（TOPO）配合物合成了棒状（rod）、箭状（arrow）、泪滴状（teardrop）和四莢型（tetrapod）CdSe 纳米粒子。香港大学蔡植豪博士以苯醚作为高沸点溶剂，醋酸银为原料，采用有机金属热分解法制备出分散性良好的粒径范围在 3~10nm 的球形金属银纳米粒子。图 10-21 为不同反应时间下所得银纳米粒子的 TEM

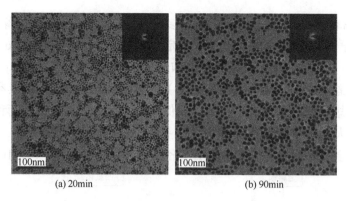

(a) 20min   (b) 90min

图 10-21　不同反应时间下所得银纳米粒子的 TEM 照片

照片，反应 20min 所得银纳米粒子的平均粒径为（3.7±1.1）nm，反应时间为 90min 时，平均粒径增加为（8.4±1.0）nm，粒径分布随反应时间延长而变窄。

10.2.6　熔盐法

熔盐法是采用一种或几种低熔点的盐类作为反应介质，在高温熔融盐中完成合成反应。反应结束后，将熔融盐冷却，用合适的溶剂将盐类溶解，过滤洗涤后即可得到合成产物。

熔盐法主要是利用参与合成的反应物在熔融态盐中有一定的溶解度，这样就可以使反应物在液相中实现原子尺度的混合。另外，反应物在液相介质中具有更快的扩散速度。这两种效应能使合成反应在较短的时间内和较低的温度下完成。另外由于反应体系为液相，因而合成产物各组分配比准确，成分均匀，无偏析。同时在反应过程中，熔融盐贯穿在生成的粉体颗粒之间，阻止了颗粒之间的相互连接，使合成的粉体的分散性很好，经溶解洗涤后的产物几乎没有团聚现象存在。在熔盐的反应过程以及随后的清洗过程中，熔盐法也有利于杂质的清除，形成纯度较高的反应产物。熔盐法的缺点是在热处理时若密封不好，高温下挥发的溶剂易侵蚀材料和设备。

熔盐法在合成金属间化合物、简单和复杂氧化物陶瓷粉体材料有比较重要的应用。如将 Ni 粉和 Ti 粉在 760℃的 NaCl-KCl 混合盐进行反应 10min 可得到形状记忆合金 NiTi 粉末；以 Bi_2O_3、$SrCO_3$ 和 TaO_5 为原料，在 1000℃的 NaCl-KCl 混合盐进行反应得到纯铋系层状结构的 $SrBi_2Ta_2O_9$ 粉体，与固相法制备的颗粒相比基本无团聚、晶体生长均匀。通过调整原料与盐的比例以及合成温度可以方便地控制粉末颗粒的形状与尺寸。

10.2.7　超临界流体法

超临界流体（super critical fluid，SCF）所具有的许多独特的物理化学性质，使其在制备超细微粒材料领域中得到了广泛应用。目前，SCF 技术制备超微粉体的方法，主要包括：超临界流体沉积法、超临界流体中的化学法、超临界流体干燥法等。

（1）超临界流体沉积法

在超临界情况下，降低压力可以导致过饱和的产生，而且可以达到高的过饱和速率，固体溶质可从超临界溶液中结晶出来。由于这种过程在准均匀介质中进行，能够更准确地控制结晶过程，生产出平均粒径很小的细微粒子，而且还可以控制其粒度尺寸的分布。先将溶质溶解在超临界流体中，然后使超临界溶液通过一个喷嘴（直径为 25~60μm，长度<5mm）以极大的流速（通常达到超音速）喷出，膨胀时间极短（10^{-8}~10^{-5}s），在此过程中产生强烈的机械扰动和极大的过饱和比，过饱和比可达 10^6 以上。处于过饱和状态的溶质以固体形式析出，而形成超细微粒。

（2）超临界流体中的化学法

SCF 中的化学法制备纳米材料主要是以 SCF 为介质，通过不同的化学反应如热分解反应、氧化还原反应等制备金属、半导体、氮化物、氧化物等材料。SCF 的传质性能远优于普通溶剂，以其为介质反应速率非常快，所产生的母体的溶解度又很小，这样可以产生很高的过饱和度，通过控制压力和温度等条件，可以控制反应速率，获得粒度、形状不同的超细微粒。如有机金属化合物可溶于非极性的 SCF，如 SC-CO_2 等，而无机材料难溶于非极性 SCF，因此可利用这一特性，以有机金属化合物为前驱物，在非极性的 SCF 中进行化学反应，得到无机物颗粒并可连续分离。在超临界水中，金属盐的水解速率非常快，所产生的金属氢氧化物的溶解度又比较低，这就会在极短的时间内达到很高的过饱和度，导致很高的成核速率，从而获得粒径很小的微粒。由于超临界水的平衡及传递特性会随压力和温度的变化发生很大的改变，因此，可通过调节系统压力和温度来控制反应速率，进而控制晶核生成和长大的速率。

（3）超临界流体干燥法

超临界流体干燥（supercritical fluid drying，SCFD）技术是近年来制备纳米材料的一种新技术和新方法，它是在干燥介质临界温度（T_c）和临界压力（p_c）条件下进行的干燥。当干燥介质处于超临界状态时，物质以一种既非液体也非气体，但兼具气液性质的超临界流体形式存在。此时干燥介质的气-液界面消失，表面张力为零，因而可以避免物料在干燥过程中的收缩和碎裂，从而保持物料原有的结构和状态，防止初级纳米粒子的团聚。

用 SCFD 技术制得的粉体具有良好的热稳定性，且具有收集性好、制样量大、溶剂回收率高和样品纯等特点。缺点是由于超临界流体干燥一般都在较高压力下进行，所涉及的体系也比较复杂，对设备的要求较高，需要进行工业放大过程的工艺和相平衡研究才能保证提供工业规模生产的优化。

超临界化学法是具有应用前景的制备超细纳米粉体的新方法，但目前大部分研究都处在实验室阶段，生产率低，不适合工业化大生产。

10.3 纳米块体的制备方法

　　三维块体纳米材料是纳米材料的重要组成部分，制备高质量三维大尺寸纳米块体材料是现实纳米材料大范围应用的关键。目前，制备块体纳米材料的方法有许多，一般可形象地分为"由小到大"的合成法和"由大到小"的细化法。所谓"由小到大"合成法就是先制备出纳米小颗粒或纳米粉体，再通过压制和烧结等工艺获得块体纳米材料。这类方法在制备块体纳米材料时普遍存在一定的缺点，主要是制备的块体纳米材料较易被污染，污染源主要包括制粉过程中外界带来的杂质和纳米粉体自身的氧化，制备的块体纳米材料存在孔隙、不致密，从而严重影响纳米块材的性能。"由大到小"的细化法是将块体粗晶材料通过一些特殊工艺和设备处理使材料结构细化至纳米级，如非晶晶化法、大塑性变形法、急冷法等便属于这一类。这类方法从根本上避免了合成法难以解决的粉末污染和残留孔隙的危害，可直接制备出二维或三维块体纳米材料，便于研究和应用。

　　目前三维块体纳米材料研究较为广泛的有纳米陶瓷、纳米晶金属块体材料、块体金属基纳米复合材料、钙钛矿型纳米块体复合氧化物等，下面主要通过纳米陶瓷和纳米晶金属块体材料来介绍三维块体纳米材料的制备方法。

10.3.1 纳米陶瓷

　　纳米陶瓷是指在纳米长度范围内的微粒或结构、结晶或纳米复合的陶瓷材料。由于纳米微粒有小尺寸效应、表界面效应，纳米陶瓷具有锻造、挤压、拉拔、弯曲等特种加工性能以及优异的电、光、声、磁、热等物理化学性能。纳米陶瓷可在比普通陶瓷低几百摄氏度的温度下完成烧结，这样不仅可以节省大量宝贵的能源，同时也利于环境的净化。另外，纳米复相陶瓷是复相材料和纳米材料结合的产物，它已经成为提高陶瓷材料性能的一个重要途径。

　　烧结是陶瓷材料致密化、晶粒长大、晶界形成的过程，是陶瓷制备过程中最重要的阶段，这意味着制备纳米陶瓷最关键的是将所得的纳米粉体通过特殊烧结方式控制晶粒尺寸在纳米级的同时使其致密化。由于纳米陶瓷素坯晶粒很小，素坯致密度一般没有普通陶瓷高，对烧结温度、时间、气氛和压力等要求也较为苛刻，因而纳米陶瓷的制备研究主要集中在特殊的烧结技术上。关于烧结的原理已在本书第 6 章予以阐述，这里对几种常用于纳米陶瓷的烧结方法进行介绍。

（1）热压烧结

　　热压烧结（hot pressing，HP）是纳米陶瓷粉体在加热的同时还受到外加压力的作用，陶瓷体的致密化主要靠外加压力作用下物质的迁移而完成，为了获得高致密度，在适当温度下用热压处理，热压造成颗粒重排和塑性流动、晶界滑移、应变诱导孪晶、蠕变以及后阶段体积扩散与重结晶相结合等物质迁移机理。热压烧结分真空热压烧结、气氛热压烧结、连续热压烧结等。对很多微米、亚微米材料的研究表明，热压烧结与常压烧结相比，烧结温度低得多，而且烧结体中气孔率也低。另外，由于在较低温度下烧结，抑制了晶粒的生长，则所得的烧结体晶粒较细，且有较高的强度。热压烧结广泛地应用于在普通无压条件下难致密化的材料的制备，近年来在纳米陶瓷的制备中得到应用。

（2）热等静压烧结

热等静压（hot isostatic pressing，HIP）是一种成形和烧结同时进行的方法，它利用常温等静压工艺与高温烧结相结合的新技术，解决了普通热压中缺乏横向压力和制品密度不均匀的问题，并可使纳米陶瓷的致密度进一步提高。热等静压的基本原理是：以气体作为压力介质，使材料（粉末、素坯或烧结体）在加热过程中经受各向均衡的压力，借助于高温和高压的共同作用促使材料致密化，热等静压在工艺上优于常压烧结和热压烧结（HP），现已广泛应用在 Si_3N_4、SiC 等陶瓷的烧结中。

热等静压烧结纳米陶瓷的工艺路径有四种：①陶瓷材料与添加剂混合制得陶瓷粉体，装入包套内，直接在 HIP 设备内致密烧结成形，这种工艺流程能制作形状简单的陶瓷制品；②陶瓷材料与添加剂混合制得陶瓷粉体，压模成形，制得陶瓷素坯，包套封装，再进行 HIP 致密烧结成形；③陶瓷材料与添加剂混合制得陶瓷粉体，压模成形，预烧结使陶瓷体致密度达到理论致密度的 97%左右，再进行 HIP 致密化处理；④陶瓷粉体压模成形，在 HIP 中将素坯一次完成陶瓷预烧结和烧结体致密化处理。

（3）放电等离子烧结

放电等离子烧结（spark plasma sintering，SPS）也称等离子活化烧结，是给一个承压导电模具加上可控脉冲电流，通过样品的部分电流激活晶粒表面，击穿孔隙内残留气体，局部放电，甚至产生等离子体，促进晶粒间的局部结合；通过模具的部分电流加热模具，给样品提供一个外在的加热源。因此在 SPS 过程中样品同时被内外加热，加热可以很迅速，又因为仅仅模具和样品导通后得到加热，断电后它即迅速冷却，冷却速度可达 300℃/min 以上。SPS 具有快速、低温、高效率等优点，可获得高致密度的产品，其独特的等离子体活化和快速烧结作用，抑制了晶粒长大。

SPS 在颗粒样品上施加了由特殊电源产生的直流脉冲电流，并有效地利用了在粉体颗粒间放电所产生的自身热作用，具有以下不同于传统烧结方法的特点。

① 表面活化作用，在 SPS 过程中晶粒表面容易活化，通过表面扩散的物质传递得到了促进，晶粒受脉冲电流加热和垂直单向压力的作用，体扩散和晶界扩散都得到加强，加速了致密化进程。

② 自发热作用，在 SPS 过程中，当在晶粒的空隙处放电时，会产生局部高温，在晶粒表面引起蒸发和熔化，并在晶粒接触点形成颈部，促进材料的烧结，又由于局部发热，因此所形成的颈部快速冷却，使颈部的蒸气压降低，引起物质的蒸发-凝固传递，比传统的烧结方法中蒸发-凝固的物质传递强烈得多。

③ 能量集中，在 SPS 过程中，放电点（局部高温源）可在压实颗粒间移动而布满整个样品，这样就使样品均匀地发热并节约了能源，因此能将高能脉冲集中在晶粒结合处

是 SPS 过程不同于其他烧结过程的又一个主要特点。

因此，一般认为 SPS 烧结可能存在以下两种致密化途径：①晶粒间的放电（尤其在烧结初），这会瞬时产生高达几千至一万摄氏度的高温，在晶粒表面引起蒸发和熔化，并在晶粒表面接触点形成"颈部"，从而促进了材料的烧结。②在脉冲电流作用下，晶粒表面容易活化，各种扩散作用都得到加强，从而促进了致密化的进程。

SPS 系统可用于短时间、低温、高压（500~1000MPa）烧结，也可用于低压（20~30MPa）、高温（1000~2000℃）烧结，因此可广泛地用于金属、陶瓷和各种复合材料的烧结，包括一些用通常方法难以烧结的材料，特别适合纳米陶瓷的制备。如表面容易生成硬的氧化层的金属钛和铝，用 SPS 技术可在短时间内烧结到 90%~100%的致密度。

（4）微波烧结

微波烧结是指利用微波将材料生坯升温至 1000℃到 2000℃以上使之转化为制品的整个物理化学过程。微波烧结是利用微波加热来对材料进行烧结，不同于传统的加热方式。传统的加热是依靠发热体将热能通过对流、传导或辐射方式传递至被加热物而使其达到某一温度，热量从外向内传输，烧结时间长，很难得到细晶。微波烧结是利用微波将其具有的特殊波段与材料的基本细微结构耦合而产生热量，材料在电磁场中的介质损耗使材料整体加热至烧结温度而实现致密化的方法。对 TiO_2 纳米陶瓷的微波烧结，在 950℃下可使 TiO_2 达到理论致密度98%的致密度。为了阻止烧结过程中的晶粒长大，可采用快速微波烧结的方法，例如含钇 ZrO_2 纳米粉（10~20nm）坯体的烧结，若升温、降温速率保持在 500℃/min，在 1200℃下保温 2min，烧结体密度可达理论密度的 95%以上，整个烧结过程仅需 7min，烧结体内的晶粒尺寸可控制在 120nm 以下。

材料吸收微波能转化为材料内部分子的动能和势能，热量从材料内部产生，而不是来自于其他发热体，这样材料就被整体同时均匀加热，材料内部温度梯度很小或者没有。在微波电磁能的作用下，材料内部分子或离子动能增加，降低了烧结活化能，从而加速了陶瓷材料的致密化速度，缩短了烧结时间，同时由于扩散系数的提高，材料晶界扩散加强，提高了陶瓷材料的致密度，从而实现了材料的低温快速烧结。微波作为热源可以瞬时被切断和及时发热，体现了节能和易于控制的特点。同时，微波热源纯净，不会污染所烧结的材料，能够方便地实现在真空和各种气氛及压力下的烧结。微波烧结不会像其他燃烧矿物，如煤、石油、轻柴油及煤气等产生 SO_2、NO_x、CO、CO_2 等有害物污染环境及大气。

尽管微波烧结有很多优点，但可成功烧结的材料种类并不是很多，一个重要原因就是烧结材料的介质损耗过小或过大，使之不能进行有效的微波加热。对于介质损耗过低的材料，主要采取添加介质损耗较高的第二相作为微波耦合剂，或者采取混合加热的方法。对于介质损耗过高的材料，如 TiB_2、B_4C 等，一般要对这些材料的表面进行涂层处理后再进行微波烧结。微波烧结中存在的另一个问题是，大尺寸、复杂形状的陶瓷材料在烧结过程中还是很容易出现非均匀加热现象，严重时还会导致陶瓷材料开裂。其原因主要有：①微波场分布不均匀；②特有的微波加热现象，如热失控、热点、选择加热等；③陶瓷材料本身的原因，如热膨胀系数大、导热率低、形状复杂尺寸过大等。

除以上常用的烧结方法之外，还可采用预热粉体爆炸烧结、激光选择性烧结、原位加压成形烧结、烧结-锻压法、快速无压烧结等方法制备纳米陶瓷块材。

10.3.2　纳米晶金属块体材料

纳米晶金属块体材料是指晶粒的特征尺寸在纳米数量级范围的金属单相或多相块体材料，其特点是晶粒细小、缺陷密度高、晶界所占的体积分数很大。由于纳米晶金属块体材料具有高强度、高电阻率和良好的塑性变形能力等许多传统材料没有的优异性能，所以受到人们的特别关注。制备纳米晶金属块体材料的方法可分为两大类：一是先制备纳米级的金属小颗粒，再经过压制、烧结的途径来获得纳米晶金属块体材料，如惰性气体冷凝法、机械球磨法、粉末冶金法；二是对宏观的大块固态材料进行特殊的工艺处理从而获得纳米晶金属块体材料，如非晶晶化法、大塑性变形法，或者经过特殊工艺直接制备纳米块体材料，如快速凝固法、电沉积法、磁控溅射法、放电等离子烧结法、燃烧合成熔化法等。这些方法实际上也是制备普通粉体和块体的方法，只不过要在晶粒形成过程中严格控制工艺条件达到细化晶粒的目的。

 思考题 ▶▶▶

1. 什么是纳米材料？按尺寸可分为哪几类？举例说明。
2. 简述纳米材料具有的特性。
3. 简述化学液相沉淀法制备纳米粉体的基本原理和影响因素。
4. 举例阐述硬模板和软模板在制备纳米粉体上的异同。
5. 阐述化学还原法制备金属纳米粒子的基本过程及所需试剂。
6. 如何用金属醇盐水解法制备钛酸钡纳米晶？
7. 查阅文献，了解如何用有机金属热分解法制备立方体、八面体和截角八面体等形貌的 Fe_3O_4 纳米晶。
8. 查阅文献，了解如何用熔盐法制备 $BaFe_{12}O_{19}$ 片状纳米晶。
9. 纳米块体材料有哪些？纳米陶瓷的制备技术有哪些？
10. 查阅文献了解大塑性变形法制备纳米晶金属块体的具体技术方法。

参 考 文 献

［1］ 王社斌，林万明. 钢铁冶金概论［M］. 北京：化学工业出版社. 2014.

［2］ 吕学伟. 冶金概论［M］. 北京：冶金工业出版社. 2017.

［3］ 薛正良. 钢铁冶金概论［M］. 北京：冶金工业出版社. 2016.

［4］ 张训鹏. 冶金工程概论［M］. 长沙：中南大学出版社. 2005.

［5］ 陈家祥. 钢铁冶金学［M］. 北京：冶金工业出版社. 1990.

［6］ 包燕平，冯捷. 钢铁冶金学教程［M］. 北京：冶金工业出版社，2008.

［7］ 张昌钦，田彬. 简明钢铁冶金学教程［M］. 北京：化学工业出版社，2016.

［8］ 何志军，张军红，刘吉辉，等. 钢铁冶金过程环保新技术［M］. 北京：冶金工业出版社，2017.

［9］ 王社斌，林万明. 钢铁冶金概论［M］. 北京：化学工业出版社. 2014.

［10］ 吕学伟. 冶金概论［M］. 北京：冶金工业出版社. 2017.

［11］ 张廷安，朱旺喜，吕国志，等. 铝冶金技术［M］. 北京：科学出版社，2014.

［12］ 康宁，等. 电解铝生产［M］. 北京：冶金工业出版社，2015.

［13］ 冯乃祥. 现代铝电解［M］. 北京：化学工业出版社，2020.

［14］ 毕诗文. 氧化铝生产工艺［M］. 北京：化学工业出版社，2006.

［15］ 邱竹贤. 铝电解原理与应用［M］. 徐州：中国矿业大学出版社，1998.

［16］ 邓国珠. 钛冶金［M］. 北京：冶金工业出版社，2010.

［17］ 莫畏，邓国珠，罗方承. 钛冶金学［M］. 北京：冶金工业出版社，1998.

［18］ 李大成，周大利，刘恒. 镁热法海绵钛生产［M］. 北京：冶金工业出版社，2009.

［19］ 戴永年，杨斌. 有色金属材料的真空冶金［M］. 北京：冶金工业出版社，2000.

［20］ 周松林，耿连胜. 铜冶炼渣选矿［M］. 北京：冶金工业出版社，2014.

［21］ 刘瑜，余志翠. 铜电解操作技术［M］. 长春：吉林大学出版社，2017.

［22］ 张毅，陈小红，田保红，等. 铜及铜合金冶炼、加工与应用［M］. 北京：化学工业出版社，2017.

［23］ 谢水生，李兴刚，王浩，等. 金属半固态加工技术［M］. 北京：冶金工业出版社，2012.

［24］ 王平，刘静. 铝合金半固态加工理论与工艺［M］. 北京：科学出版社，2016.

［25］ 沙罗兹·纳菲思，雷扎·高马仕其. 铝合金半固态加工技术［M］. 山东省科学院新材料研究所，译. 北京：化学工业出版社，2020.

［26］ 高倩. 铝合金半固态成形技术［M］. 北京：中国石化出版社，2020.

［27］ 王开坤. 铝镁合金半固态成形理论与工艺技术［M］. 北京：机械工业出版社，2011.

［28］ 范才河. 快速凝固与喷射成形技术［M］. 北京：机械工业出版社，2019.

［29］ 陈光，傅恒志，等. 非平衡凝固新型金属材料［M］. 北京：科学出版社，2004.

［30］ 翟薇，等. 金属材料凝固过程研究现状与未来展望［J］. 中国有色金属学，2019. 19：1953-2008.

［31］ 蔡志勇，王日初. 快速凝固铝硅合金电子封装材料［M］. 长沙：中南大学出版社，2016.

［32］ 邹俭鹏. 粉末冶金材料学［M］. 北京：科学出版社，2017.

［33］ 韩凤麟. 粉末冶金汽车关键零件开发与应用［M］. 北京：化学工业出版社，2015.

［34］ 柯华. 现代粉末冶金基础与技术［M］. 哈尔滨：哈尔滨工业大学出版社，2020.

［35］ 易健宏. 粉末冶金材料［M］. 长沙：中南大学出版社，2016.

［36］ 陈振华. 现代粉末冶金技术［M］. 北京：化学工业出版社，2013.

［37］ 曲选辉. 粉末冶金原理与工艺［M］. 北京：冶金工业出版社，2013.

［38］ 申小平. 粉末冶金制造工程［M］. 北京：国防工业出版社，2015.

［39］ 黄培云. 粉末冶金原理［M］. 北京：冶金工业出版社，1997.

［40］ 田民波. 薄膜技术与薄膜材料［M］. 北京：清华大学出版社，2006.

［41］ 宋贵宏，杜昊，贺春林. 硬质与超硬涂层——结构、性能、制备与表征［M］. 北京：化学工业出版社，2007.

［42］ 杨邦朝，王文生. 薄膜物理与技术［M］. 成都：电子科技大学出版社，1994.

［43］ 王福贞，马文存. 气相沉积应用技术［M］. 北京：机械工业出版社，2006.

［44］ Robertson J. Diamond-like amorphous carbon［J］. Materials Science and Engineering R，2002，37（4-6）：129-281.

［45］ 许春香，张金山. 材料制备新技术［M］. 北京：化学工业出版社，2010.

［46］ 刘启明，潘春旭. 材料的物理制备［M］. 北京：化学工业出版社，2015.

［47］ 皮锦红，庄华雯，倪住嘉，等. 大块非晶合金的制备方法［I］ 铸造技术，2011，32（11）：1598-1601.

［48］ 王翠玲，吴玉萍. 非晶态合金的优异性能及应用［J］. 煤矿机械，2005（2）：74-77.

［49］ Inoue A，Zhang T，Masumoto T. Glass-forming ability of alloys［J］. Journal of Non-Crystalline Solids，1993，156：473-480.

［50］ Lu Z P，Liu C T. A new glass-forming ability criterion for bulk metallic glasses［J］. Acta Materialia，2002，50（13）：3501-3512.

［51］ Busch R，Bakke E，Johnson W L. On the glass forming ability of bulk metallic glasses［J］. Materials Science Forum，1997，235：327-336.

［52］ 赵文君，王智平，徐晖. 大块非晶合金的形成准则及应用进展［J］. 新技术新工艺，2007，4：66-70.

［53］ 许宏伟，杜宇雷，成家林，等. 块体金属玻璃制备技术的研究进展［J］. 材料导报，2010，24(12)：24-28.

［54］ 刘漫红，等. 纳米材料及其制备技术［M］. 北京：冶金工业出版社，2014.

［55］ 唐元洪，裴立宅，赵新奇. 纳米材料导论［M］. 长沙：湖南大学出版社，2010.

［56］ 孙玉绣，张大伟，金政伟. 纳米材料的制备方法及其应用［M］. 北京：中国纺织出版社，2010.

［57］ 王玲，李林枝. 纳米材料的制备与应用研究［M］. 北京：中国原子能出版社，2019.

［58］ 王训，倪兵，等. 纳米材料液相合成［M］. 北京：化学工业出版社，2017.

［59］ 朱心昆，陶静梅. 块体纳米结构材料［M］. 北京：科学出版社，2014.

［60］ R. A. 劳迪斯. 单晶生长［M］. 北京：科学出版社，1979.

［61］ 张克从，张乐溥. 晶体生长科学与技术（上册）［M］. 北京：科学出版社，1997.

［62］ 曹茂盛，徐群，杨俪，等. 材料合成与制备方法［M］. 哈尔滨：哈尔滨工业大学出版社，2001.

［63］ 陈乾旺，娄正松，王强，等. 人工合成金刚石研究进展［J］. 物理，2005，34（3）：199-204.

［64］ 何小玲，张昌龙，周海涛，等. 氮化镓晶体的氨热法生长进展［J］. 人工晶体学报，2013，42（7）：1293-1298.

［65］ 周海涛，李东平，何小玲，等. 氨热法生长氮化镓体单晶的工艺与设备［J］. 硅酸盐通报，2013，32（10）：2046-2050.

［66］ 吕反修，黑立富，刘杰，等. CVD金刚石大单晶外延生长及高技术应用前景［J］. 热处理，2013，28（5）：1-12.